工程建设标准规范分类汇编

建 筑 物 理 规 范

本 社 编

中国建筑工业出版社

（京）新登字 035 号

工程建设标准规范分类汇编
建 筑 物 理 规 范
本 社 编

*

中国建筑工业出版社出版、发行（北京西郊百万庄）
新华书店经销
北京市兴顺印刷厂印刷

*

开本：787×1092 毫米 1/16 印张：$17\frac{1}{2}$ 插页：1 字数：426 千字
1997 年 12 月第一版 1997 年 12 月第一次印刷
印数：1—4000 册 定价：**38.00** 元
ISBN 7-112-03308-X
TU·2550（8453）

出 版 说 明

    随着我国基本建设的蓬勃发展和工程技术的不断进步,几年来国务院有关部委组织全国各方面专家陆续制订、修订并颁发了一批新标准、新规范、新规程。至今,现行的工程建设标准、规范、规程已达400多个。这些标准、规范、规程是人们在从事工程建设过程中通过总结、归纳、分析、提高形成的必须共同遵循的准则和规定,对提高工程建设科学管理水平,保证工程质量和工程安全,降低工程造价,缩短工期,节约建筑材料和能源,促进技术进步等方面有着显著的作用。

    这些标准、规范、规程,绝大部分已由我社以单行本或汇编本公开出版,并作为强制性标准和推荐性标准在全国各地贯彻执行。标准、规范、规程单行本灵活、方便,但由于近几年出版单位不一,出版时间各异,加之专业分工越来越细,同一专业涉及的标准种类较多,专业读者很难及时购到、购齐。为了更加方便广大读者购买和使用,我社通过调查分析,并与标准、规范管理部门建设部标准定额研究所研究决定,现向广大工程技术人员推出工程建设标准规范分类汇编,计划36册,分两期出版。先期推出的工程建设标准规范分类汇编共16册,已于1996年6月出版发行,分别是:

《通用建筑结构设计标准》

《混凝土结构规范》

《预应力混凝土结构规范》

《建筑结构抗震规范》

《建筑工程施工及验收规范》

《安装工程施工及验收规范》

《建筑工程质量标准》

《安装工程质量标准》

《电气装置工程施工及验收规范》

《工程设计防火规范》

《电气设计规范》

《建筑施工安全技术规范》

《室外给水工程规范》

《室外排水工程规范》

《建筑给水排水工程规范》

《暖通空调规范》

这期推出的工程建设标准规范分类汇编共19册,分别是:

《土木建筑制图标准》

《民用建筑设计规范》

《工业建筑设计规范》

《建筑物理规范》

《土木建筑术语标准》

《地基与基础规范》

《砌体结构规范》

《钢木结构规范》

《特种结构与特殊施工技术规范》

《结构试验方法标准》

《工程勘察规范》

《测量规范》

《建筑防水工程技术规范》

《建筑材料应用技术规范》

《城镇燃气热力工程规范》

《城镇规划绿化与环境卫生规范》

《城市道路与桥梁设计规范》

《城市道路与桥梁施工验收规范》

《城市公共交通规范》

该类汇编分别将相近专业内容的标准、规范、规程汇编于一册,方便各种专业读者使用,也便于对照查阅;各册收编的均为现行的标准、规范、规程,大部分为近几年出版实施的,有很强的实用性;为了使读者更深刻地理解、掌握标准、规范、规程内容,该类汇编还收入了已公开出版过的有关条文说明;该类汇编单本定价,方便读者购买。该类汇编是广大工程设计、施工、科研、管理等有关人员必备的工具书。

尽管我们对已出版的现行工程建设标准规范作了精心的归纳、分类,但由于标准规范的不断修订和新标准、新规范的陆续颁布,有些标准规范暂时未能收入本次汇编中,不过今后我们将在该分类的基础上及时替换或增补新的标准规范。关于工程建设标准规范的出版、发行,我们诚恳地希望广大读者提出宝贵意见,便于今后不断改进标准规范的出版工作。

中国建筑工业出版社

目　录

关于颁发《混响室法吸声系数测量规范》的通知

经基〔83〕04号

根据原国家标准化技术委员会建发设字546号通知的要求，由全国声学标准化技术委员会归口组织，并由广播电视部会同有关单位共同编制的《混响室法吸声系数测量规范》，已经全国声学标准化技术委员会全体会议审查。现批准《混响室法吸声系数测量规范》GBJ47—83为国家标准，自一九八三年六月一日起试行。

本规范由广播电视部管理，其具体解释等工作，由广播电视部设计院负责。

国家经济委员会

一九八三年一月五日

中华人民共和国国家标准

混响室法吸声系数测量规范

GBJ47—83

（试　行）

主编部门：中华人民共和国广播电视部
批准部门：中华人民共和国国家经济委员会
试行日期：1 9 8 3 年 6 月 1 日

第一章 总 则

第 1.0.1 条 为统一各实验室的测量方法和测量条件，使各实验室所测得的同一种构造（或物体）的吸声系数尽可能地接近，特制定本规范。

第 1.0.2 条 本规范适用于混响室内测量吸声材料的吸声系数和单个物体的吸声量。

编 制 说 明

本规范系由我部会同中国科学院声学研究所、中国建筑科学研究院、清华大学、南京大学和同济大学等单位共同编制而成。

在编制过程中，通过调查研究，系统总结了我国混响室法吸声系数测量的经验，进行了一定的试验研究，并参考了国际标准化组织有关这方面的材料，广泛地征求了全国各有关单位的意见，最后经全国声学标准化技术委员会全体会议审查定稿。

在本规范试行过程中，希各单位注意积累资料，总结经验。如发现需要修改和补充之处，请将意见和有关资料岔给我部设计院。

广播电视部

一九八二年十二月

声量与其相邻的两个 1/3 倍频程的吸声量的平均值之差不应大于 15%）。

各频段的吸声量　　　　表 2-1-4

频　率 (赫)	吸声量 (米²)	频　率 (赫)	吸声量 (米²)
125	6.5	1000	7.0
250	6.5	2000	9.5
500	6.5	4000	13

注：若语响室的体积大于 200 立方米，表中吸声量应乘以 $(V/200)^{2/3}$。

第二章　测量装置

第一节　混响室

第 2.1.1 条　混响室的体积应大于 200 立方米。
注：对于已有的体积小于 200 立方米的混响室，其下限频率应按下式确定，

$$f=125\left(\frac{200}{V}\right)^{1/3}$$ (2-1-1)

式中　f——混响室的下限频率（赫），
　　　V——混响室体积（米³）。

第 2.1.2 条　混响室的形状可选择矩形或其他形状。房间则界面组成的由不平行以及不规则界面所组成的其他形状比。室内最大线度（l_{max}）不应大于 $1.9V^{1/3}$（对于矩形房是相等等的，亦不应成整数比。室内最大线度即为主对角线）。

第 2.1.3 条　混响室应采取有效的扩散措施使其衰变声场达到足够地扩散。无论房间的形状如何，宜采用悬挂或固定墙面扩散体或旋转扩散体。悬挂扩散体的数量及规格可按附录二确定。
用旋转扩散体或固定扩散体时，也应达到悬挂扩散体同样的效果。

第 2.1.4 条　体积为 200 立方米的混响室，在未装入试件时，各频段的吸声量应小于表 2-1-4 中的数值。

第 2.1.5 条　混响室空室吸声量的频率特性应为平滑的没有明显的峰或谷的曲线（即：在向一个 1/3 倍频程的吸

第二节　声源设备

第 2.2.1 条　混响室内用于发声的扬声器或扬声器组，应尽可能的无指向性。测量 300 赫以下的各频段时，应变换一次扬声器的位置。两位置间的距离应应大于 3 米。也可用等效、分离的两个声源或用两组独立的声源系统轮换发声。

第 2.2.2 条　声源信号频带噪声的宽度应为 1/3 倍频程。

对全频段的各频带可用宽带噪声和计算机控制的实时分析仪同时测量。空室时室内声源的平均声压级谱大体上应为粉红噪声或白噪声，相邻两个 1/3 倍频程的声压级差应小于 6 分贝。

第 2.2.3 条　表变前声源信号的声级与背景噪声级之差不应小于 40 分贝。
切断声源前稳态信号的持续时间不应短于该频段的混响时间。

第三章 测量方法

第一节 混响时间的测量

第 3.1.1 条 混响时间的测量应对以下中心频率的 1/3 倍频程序列进行：

100 125 160 200 250 315 400 500 630
800 1000 1250 1600 2000 2500 3150 4000 5000

注：根据需要，也可采用 1/3 倍频程带宽的接收滤波器但只对以下 1/1 倍频程序列进行测量。

125 250 500 1000 2000 4000

第 3.1.2 条 混响时间的测量应至少有三个传声器的测点，每个测点之间的距离应大于所测频段最低中心频率的波长（λ）的 1/2。每个传声器测点都应远离声源、被测试件和边界面（包括扩散板），这些距离的最小值应分别为：2 米、1 米、1 米。

第 3.1.3 条 用于计算混响时间的衰变曲线，应在稳态声级以下 5～25 分贝范围内成直线性。混响时间应为该线段之平均斜率。所取线段的底端应比背景噪声段至少高 15 分贝，并应注意不要过分延伸 20 分贝的直线范围至非直线性部分。

第 3.1.4 条 按直线性的衰变曲线来处理的折线形衰变曲线时，应满足以下条件：每一段不应小于 10 分贝，将每段延长后各自量得的斜率的差不应大于 10%。

第三节 接 收 设 备

第 2.3.1 条 接收设备应包括传声器、放大器、滤波器及记录设备。传声器应尽可能地无指向性。测量频带宽度应为 1/3 倍频程。记录设备应适合于记录至少为 300 分贝/秒的衰变率。

第四节 被 测 试 件

第 2.4.1 条 平面试件应为一整体。试件面积应为 10～12 平方米。若混响室的体积小于 200 立方米或大于 250 立方米时，试件面积可按（V/200）$^{2/3}$ 的倍数改变。

第 2.4.2 条 平面试件形状为矩形时，其长宽比值应为 0.6～1.0。

第 2.4.3 条 平面试件边缘应采用反射性框架封闭。框架应紧贴地贴在室内一界面上。框架与其他任一界面间的距离不应小于 1 米。框架的厚度不应大于 20 毫米。对试件背后有较大空腔的构造（如无天棚）测量时，其测面应采用反射面封闭，并应垂直试件表面。

第 2.4.4 条 被测单个物体（如人、座椅、空间吸声体等），宜按使用条件布置。人或座椅等应置在地面上。人或座椅等与传声器的距离应大于 1 米，空间吸声体也应按同样的原则处理。

第 2.4.5 条 以单个物体为试件时，测得的吸声量的改变量应为 1～12 平方米。

第 2.4.6 条 被测使用单个试件来处理。若使用单个物体的边缘（单个的或组合的），宜按使用条件封闭。若测量人及座椅时，应采用反射性材料封闭，其高度应为 1 米。

不符合要求的衰变曲线应从计算中排除。

第3.1.5条 每一个1/3倍频程的混响时间应由每一个传声器或扬声器位置的每一次激发所得结果求得算术平均值。空室的混响时间（T_{60-1}）和放入材料后的混响时间（T_{60-2}）都应计算到小数点两位。

每一个1/3倍频程所测的衰变曲线数不应少于表3.1.5的规定，衰变曲线应符合本规范第3.1.3条和第3.1.4条的要求。

若被测试件在低频段的吸声系数较大时，应当增加测量的曲线数。也可采用符合上述要求数目的曲线数自动重叠读出平均值。

衰变曲线条数允许值 表3-1-5

测量频率（赫）	衰变曲线数（条）	每传声器或扬声器点的衰变曲线（条）
100~250	18	3
315~800	9	3
1000~5000	6	2

第3.1.6条 在测量空室混响时间和放入材料的混响时间期间，室内的温度和相对湿度的变化应满足表3-1-6的要求。

测量期间温、湿度变化值 表3-1-6

相对湿度	相对湿度差值	温度差值	最低温度
40~60%	3%	3℃	10℃
60%以上	5%	5℃	10℃

第二节 吸声系数和吸声量的计算

第3.2.1条 吸声系数和吸声量应由各频段的混响时间按下列公式计算：

$$\alpha_s = \frac{55.3V}{C \cdot S}\left(\frac{1}{T_{60-2}} - \frac{1}{T_{60-1}}\right) \quad (3-2-1-1)$$

$$A = \frac{55.3V}{C \cdot n}\left(\frac{1}{T_{60-2}} - \frac{1}{T_{60-1}}\right) \quad (3-2-1-2)$$

式中 α_s——混响室法吸声系数。$\alpha_s = \dfrac{A_2 - A_1}{S}$。为避免与平面波特定入射角的吸声系数混淆，必须加下角标s。α_s 可能大于1，因此不以百分数表示；

A_1——混响室空室吸声量（米²）；

A_2——放入试件后混响室的吸声量（米²）；

A——单个物体的吸声量（米²）；

S——试件面积（米²）；

n——试件单元数；

T_{60-1}——未放入试件前的混响时间（秒）；

T_{60-2}——放入试件后混响室的混响时间（秒）；

C——空气中声速（米/秒），

$$C = 331.5 + 0.5t, \quad (t, 空气温度℃)。$$

第3.2.2条 当试件的体积大于混响室体积的1/100时，3-2-1公式中混响室体积应加以修正。

$A=0$ 至 $A=10$ 米²的距离与横座标上 5 个倍频程间隔的距离之比应为 2：3。

测点结果中若出现了突出的峰或谷而又不能用试件的性能来说明时，应注明这些疑点。

第四章 结 果 表 达

第 4.0.1 条 测量报告应包括以下内容：

一、测量单位名称；

二、测量日期；

三、试件规格、面积及在混响室中的位置，必要时画图表示；

四、混响室的形状、扩散处理措施以及测量传声器的位置数和扬声器位置数；

五、混响室的尺寸、体积及内总表面积；

六、室温及相对湿度；

七、吸声系数图表；

八、本实验室重复性的 r，其计算可按附录三。

第 4.0.2 条 测得的混响室法吸声系数或单个物体的吸声量（A）可采用图形或表格的形式来表达。表格中应给出由 100 赫至 5000 赫 1/3 倍频程序列中各频率的结果。对平面试件应给出其吸声系数；对单个物体应给出其吸声量（米²/个）；对于特定组合的单个物体，应给出整个组合的吸声量（米²/组）。

第 4.0.3 条 吸声系数应四舍五入到 0.05，吸声量应四舍五入到 0.1 平方米。

第 4.0.4 条 图形中各点应采用直线联结。横座标为以对数尺度表示的频率。纵座标上由 $\alpha_s=1$ 或由 $\alpha_s=0$ 至

附录二 悬挂扩散体数量的确定

（一）扩散板为吸声系数很小的略呈凸面的薄板，每块单面面积为0.8～3平方米；其面密度应大于5公斤/米²。

（二）悬挂扩散板的数量应按以下步骤确定：

1. 将高吸声系数扩散体的试件（500赫～4000赫的吸声系数 α_s，>0.9）放入未装扩散体的混响室中，测量其吸声系数；

2. 按5平方米（两面）的等级逐渐增加悬挂扩散体，并测量其吸声系数，随着扩散体的增加，α_s 将逐渐增大，趋向一稳定值；

3. 吸声系数趋于稳定值，扩散体的最小数量即为该混响室应该有的扩散体数。

附录一 名词解释

使用名词	说　明
混响时间	稳态声源停止后声压级衰变60分贝所需要的时间。本定义是基于以下两项假设，即，声压级的衰变与时间具有直线性关系，足够低的背景噪声级。
混响室的吸声量	假设混响室内不存在任何吸声界面或物体，也不考虑衍射效应，将一全吸声的平着吸声块状材料放入室中，其混响时间与测得的值相同，此全吸声量即为混响室的吸声量。
试件的吸声量	混响室内放入与未放入试件的吸声量的差值
试件的吸声系数	试件的吸声量除以试件面积
单个物体的吸声量	试件的吸声量除以被测单个物体的（或组）数

附录四 本规范用词说明

(一)执行本规范条文时,要求严格程度的用词,说明如下,以便在执行中区别对待。

1.表示很严格,非这样作不可的用词,

正面词采用"必须";

反面词采用"严禁"。

2.表示严格,在正常情况下均应这样作的用词,

正面词采用"应",

反面词采用"不应"或"不得";

3.表示允许稍有选择,在条文许可时,首先应这样作的用词,

正面词采用"宜"或"可";

反面词采用"不宜"。

(二)条文中必须按指定的其他有关标准、规范执行的写法为"应按……执行"或"应符合……要求或规定"。非必须按所指定的标准、规范执行的写法为"可参照……"。

附录三 重复性r的定义及计算方法

(一)定义:用同样的试件,具有同样的测量条件,即:同一测量者、同一套测量设备、同一实验室,在较短的时间间隔内进行两次测量,这两次测量结果的绝对差值以一确定的置信度落在r值的区间内。

(二)方法:在短时期内,按本规范的规定测量同一试件,应至少测5次,测量条件应尽可能不变、特别应注意不改变试件的安装固定条件。

重复性r可按下式计算:

$$r = t\sqrt{2}\sqrt{\frac{1}{n-1}\sum_{i=1}^{n}|\alpha_i - \bar{\alpha}|^2}$$

式中 α_i——第i次的测量值;

$\bar{\alpha}$——n次测量的算术平均值;

t——取置信度为95%,自由度数为n-1时从t分布得到的因数,不同测量次数的t值可按附表选取;

n——测量总次数。

给出本实验室的r值,至少应测两种高吸声试件,最好对吸声系数量值范围不同的试件进行。

附表

不同测量次数n的t值

n-1	4	5	6	7	8	9	10	20	∞
t	2.78	2.57	2.45	2.37	2.31	2.26	2.23	2.09	1.96

中华人民共和国国家标准

建 筑 隔 声 测 量 规 范

GBJ 75—84

主编单位：同　　济　　大　　学
批准部门：中华人民共和国国家计划委员会
施行日期：1 9 8 5 年 6 月 1 日

关于发布《建筑隔声测量规范》的通知

计标〔1984〕2592号

根据原国家建委（81）建发设字第546号文的要求，由全国声学标准化技术委员会负责归口组织，具体由同济大学编制的《建筑隔声测量规范》，已经全国声学标准化技术委员会全体会议审查，现批准《建筑隔声测量规范》GBJ75—84为国家标准，自一九八五年六月一日起施行。

本规范由同济大学负责具体解释等工作。

国家计划委员会
一九八四年十二月十七日

主 要 符 号

D —— 声压级差

D_{nT} —— 标准声压级差

$D_{nT,tr}$ —— 用交通噪声测量外墙隔声时的标准声压级差

L_{eq} —— 等效声压级

L_{pi} —— 撞击声压级

L_{pn} —— 规范化撞击声压级

L_{pn0} —— 未作地面处理时的规范化撞击声压级

L_{pnT} —— 标准化撞击声压级

ΔL_p —— 撞击声隔声改善量

L_p —— 室内平均声压级

L_v —— 试件上平均表面速度级

p —— 有效（方均根）声压

p_0 —— 基准声压

R —— 隔声量，传声损失

R' —— 表观隔声量，表观传声损失

R_θ —— 声波从 θ 角方向入射到试件上的隔声量

R_{tr} —— 用交通噪声测得的外墙隔声量

v —— 在试件某个位置上的法向表面有效（方均根）值

v_0 —— 基准速度

$\overline{v_k^2}$ —— 法向表面速度平方的空间平均值

W —— 声功率（稳态值）

W_k —— 构件 k 所辐射的声功率

编 制 说 明

本规范是根据原国家基本建设委员会（81）建发设字546号文的要求，由全国声学标准化技术委员会负责归口组织，具体由同济大学编制的。

在本规范的编制工作中，规范编制组在认真总结国家声学测试基地以来，国内建筑隔声测试工作经验的基础上，通过分析验证国际标准组织发布的国际标准ISO140 Ⅰ—Ⅷ《房屋内和房屋构件的隔声测量》，提出了规范初稿，发送全国有关单位征求意见。最后，经全国声学标准化技术委员会全体会议审查定稿。

本规范共分六章和七个附录。其主要内容有：总则，建筑构件空气声隔声实验室测量，建筑物内两室之间空气声隔声现场测量，外墙构件和外墙面空气声隔声现场测量，楼板撞击声隔声实验室测量和楼板撞击声隔声现场测量等。

在本规范施行过程中，希各单位注意积累资料，总结经验。如发现需要修改或补充之处，请将意见和有关资料寄交我校，以供今后修订时参考。

同济大学
一九八四年八月

第一章 总 则

第 1.0.1 条 为统一实验室和现场对空气声和撞击声隔声的测量方法和测量条件，使所测得的同一种构件的隔声性能尽可能地接近，具备相互可比的统一基础，特制订本规范。

第 1.0.2 条 本规范适用于建筑中空气声和撞击声的实验室和现场隔声测量。

第 1.0.3 条 建筑隔声测量除应执行本规范外，尚应遵守国家现行的有关标准规范。

A——接收室的吸声声量
A_0——接收室基准吸声声量
S——试件面积
T——接收室混响时间
T_0——基准混响时间
T_1——积分时间
V——接收室体积
c——空气中声速
n——测点数
r——重复率
s——方差的正的平方根
σ——标准偏差
ρ——空气密度
ρc——空气特性阻抗
$σ_E$——辐射效率
η——损耗因数
θ——声波的入射角
ν——自由度 （ν = n−1）

第二章 建筑构件空气声隔声的实验室测量

第一节 一般规定

第 2.1.1 条 本章适用于建筑物的墙、楼板、门和窗构件的空气声隔声的实验室测量。

第 2.1.2 条 建筑构件空气声隔声的实验室测量，应达到下列目的：

一、应能为建筑构件的隔声设计提供可比的和可重复的实验数据；

二、应能将建筑构件按照它们的隔声特性进行分级分类。

第二节 测试量和计算量

第 2.2.1 条 室内平均声压级应按下式计算：

$$L_p = 10\lg \frac{1}{n}\sum 10^{0.1L_{p_i}} \qquad (2.2.1)$$

式中 L_p——室内平均声压级（分贝），（基准声压 P_0 取 20 微帕）；

L_{p_i}——室内第 i 个测点上的声压级（分贝）；

n——测点数。

第 2.2.2 条 隔声量应按下式计算：

$$R = 10\lg \frac{W_1}{W_2} \qquad (2.2.2-1)$$

式中 R——隔声量（分贝）；

W_1——入射到试件上的声功率（瓦）；

W_2——通过试件传透的声功率（瓦）。

注：W_1 和 W_2 都应是稳态值。

若声场是扩散的和声音只通过试件传透，无规入射的隔声量应按下式计算：

$$R = \bar{L}_{p_1} - \bar{L}_{p_2} + 10\lg \frac{S}{A} \qquad (2.2.2-2)$$

式中 R——隔声量（分贝）；

$\bar{L}_{p_1}$——声源室内的平均声压级（分贝）；

$\bar{L}_{p_2}$——接收室内的平均声压级（分贝）；

S——试件面积（米²），一般等于试件孔面积（米²）。

A——接收室的吸声量（米²）。

注：如声场不是完全扩散的，则公式的计算值应为近似结果。

第 2.2.3 条 表观隔声量应按下式计算：

$$R' = 10\lg \frac{W_1}{W_3} \qquad (2.2.3-1)$$

式中 R'——表观隔声量（分贝）；

W_1——入射到试件上的声功率（瓦）；

W_3——传透到接收室的全部声功率（瓦）。

注：传透到接收室的全部声功率 W_3 通常由以下几部分声功率组成：

①直接传入室的全部声功率并且直接从隔墙端辐射的声功率（W_{Dd}）；

②直接传入侧向结构但是由侧向结构辐射的声功率（W_{Dt}）；

③传入侧向结构但直接从隔墙端辐射的声功率（W_{Fd}）；

④传入侧向结构并从侧向结构辐射的声功率（W_{Ft}）；

⑤通过漏洞、通风管等传声（传入接收室空气声）的声功率（W_t）。

若两房间同声场扩散的，表观隔声量应按下式计算：

$$R' = \bar{L}_{p_1} - \bar{L}_{p_2} + 10\lg \frac{S}{A} \qquad (2.2.3-2)$$

第三节 实验室和试件

第2.3.1条 实验室应由两个相邻的混响室构成，在两个混响室之间应有一个安装试件的洞口。实验室的房间应符合下列要求：

一、测试房间的体积不应小于50米³，两个房间的体积和形状不应完全相同，其体积相差不应小于10%；

二、房间尺寸的比例应合理选择，诸尺寸中不应有两个是相等的，亦不应成整数比；

三、必要时，在两个测试房间内均应安装扩散体；

四、接收室内环境噪声应足够低，并应估计好声源室的输出功率和实验室内准备安装试件的试件隔声量；

五、在测量隔声量的实验装置中，任何接传声与通过试件的传声相比可予以忽略。但声源室和接收室的整个房间应采取有效的隔振措施，在两个房间上宜覆盖一层降低声辐射的衬壁；

六、接收室的低频混响时间应控制在2秒左右。

第2.3.2条 试件洞口应符合下列要求：

一、试件墙的面积取10平方米，试件楼板的面积宜取10～20平方米，墙与楼板的短边长度均不应小于2.3米；

注：所考虑的最低频率的自由弯曲波波长尺寸的一半时，试件可采用较小的尺寸。

二、窗、门及类似的构件，可采用较小的尺寸，装门的制隔墙装在特制的墙口内，其下边位置应靠近试件洞口应与实际建筑物中的条件相同，其安装位置应相似于实际构造形式。其安装试件洞口与实验室的地面；

三、试件洞口的布置，应使装置的试件在其周边和墙板间的正常连接及密封状况尽可能类似于实际构造形式。其安装条件应在测试报告中说明。

第2.3.3条 隔墙测试件应符合下列要求：

一、试件大小应根据本规范第2.3.2条规定的试件洞口大小确定；

二、试件安装在声源室和接收室之间洞口内的位置应于直接通路的传声与通过试件的传声相比可予以忽略；

三、在抑制侧向结构声辐射的实验室内，对任何非直接通路的传声与通过试件的传声相比可予以忽略。

注：①对于实验室本身应测量其表观隔声量最大值。具体方法是在试件洞口内装一个高隔声结构，测量其表观隔声量。若进一步改进这一结构的隔声的声特性，表观隔声量不再增加，即可认为此表观隔声量等于实验室表观隔声量最大值。

如一个试件的表观隔声量测量值R'小于实验室表观隔声量最大值R'_{max}10分贝（即$R'_{max}—R'>10$分贝），则间接传声可忽略，该表观隔声量即为该试件的隔声量。

如试件表观隔声量与实验室'表观隔声量最大值之差小于10分贝附时（$R'_{max}—R'<10$分贝），则间接传声的作用可按本规范附录二中所述的方法之一进行校核。

②若试件小于试件洞口，应进行预备实验，证明在特制的墙的能通过周围隔墙传声的能量比通过试件传声与通过其它间接途径的传声相比要小。

第2.3.4条 门和窗等测试构件应符合下列要求：

一、应采取本规范第2.3.3条相同的方法进行试验；

二、若试件比试件洞口小，应将一个有足够隔声量的特制隔墙装在特制的墙口内。试件放在特制的墙内。通过特制的隔墙和其它间接途径的传声与通过试件的传声相比，可予以忽略。

三、对门、窗等构件的面积，应按构件单体开孔面积计算（包括可能用到的框架与密封装置）；

四、安装门时，应使下部位置尽量接近实验室地面；

五、若试件可以开、关，应按正常形式安装成能开启和关闭的，在实验之前应至少开、关十次。

第四节 实验方法和计算

第2.4.1条 声源室内声场的产生，应符合下列要求：

一、所用声源应能发射稳定的声波，在所考虑的频率范围内应有一个连续的频谱，所采用的滤波器应为1/3倍频程带宽；

二、声源的声功率应足够高，使接收室内任一个频带的声压级比环境噪声级至少高10分贝，

三、若声源有两个或两个以上的扬声器同时工作时，这些扬声器则应安装在一个箱内，箱的最大尺寸不应超过0.7米，各扬声器应同相位驱动；

四、扬声器箱的位置，应合理布置，并与试件有一定距离；通常应放在试件对面的墙角上，并且不应指向试件。

第2.4.2条 平均声压级的测量，应符合下列要求：

一、可采用多个固定的传声器来获得平均声压级。传声器位置在1/3倍频程中心频率高于500赫时可取8点，低于和等于500赫时可取6点；

二、每个传声器位置上对每一频率用5秒的平均时间读取平均值；

三、所有传声器位置离房间界面或扩散体应大于或等于0.7米；

四、如果室内声压级变化范围小于或等于6分贝，可直接以分贝值按算术平均计算平均声压级。如果室内声压级变化范围大于6分贝，则应按本规范第2.2.1条本规定的方法计算。

五、测量声压级用的声级计或其它测量仪器，应符合现行的国家标准《声级计的电声性能及测试方法》中2型或2型以上声级计的有关规定。

第2.4.3条 测量的频率范围应符合下列要求：

一、宜采用1/3倍频程频带的滤波器测量声压级。滤波器的频率特性应遵守现行的国家标准《声和振动分析用1和1/3倍频程滤波器》的规定。

二、测量1/3倍频程时，应采用以下中心频率：

100、125、160、200、250、315、400、500、630、800、1000、1250、1600、2000、2500和3150（赫）。

第2.4.4条 接收室的吸声量的测量和计算，可采用下列方法之一：

一、在公式（2.2.2.2）中包括的吸声量的修正项，可按现行的国家标准《混响室吸声法测量声系数测量规范》的规定测量混响时间。传声器位置宜取3个，每个位置至少作2次混响时间分析。吸声量应按下式计算：

$$A = \frac{0.163V}{T_{60}}$$
(2.4.4)

式中 A——接收室的吸声量（米²）；

V——接收室体积（米³）；

T_{60}——混响时间（秒）。

二、测量一个有足够稳定和已知输出功率的声源在该室内的平均声压级。

第2.4.5条 在测量中，应考虑下列影响测量结果置

复性的必要技术条件:

一、扩散体的数目和大小;

二、声源的位置;

三、传声器和声源以及房屋界面之间的最小距离;

四、传声器位置的数目或采用移动传声器时传声器的移动路径;

五、读取声压级的平均时间;

六、确定吸声量的方法,包括在每个测点上重复读数的次数。

第五节 结 果 表 达

第 2.5.1 条 隔声量测量结果的精密度,应以所达到的重复率来表示。

注:

① 所用测量方法应达到满意的重复率,有关重复率的说明及暂定应要求。可按本规范附录二测量结果的精密度和精密度要求执行。

② 不同单位附录对同种试件进行比较测量,以检验他们的实验方法的重复率。

第 2.5.2 条 试件空气声隔声性能的表达,应采用表格或曲线形式给出所有测量频率的隔声量。在纵座标以分贝为单位的声压级和横座标以频率为对数刻度的图上画出,频率比10∶1的长度应等于纵座标25分贝或50分贝的长度。

第 2.5.3 条 实验报告宜包括下列内容:

一、进行测量的单位名称;

二、测试日期;

三、画出试件剖面图和写明结构情况及安装条件,包括大小、厚度、单位面积质量、构件的养护时间等;

四、两个混响室的体积;

五、所用噪声源和滤波器的类型;

六、按频率给出试件的隔声量;

七、对测试方法和设备的细节作一简单说明;

八、由于环境噪声(声或电的)而使某一频带隔声量不低于多少分贝的不能有效地检测出时,应注明该下限值;

九、从隔声特性曲线进行单值评价的估算时,应注明该值是根据实验室方法获得的测量结果。

第 2.5.4 条 实验报告在必要时还应包括下列内容:

一、若声量最大值,且应注明侧向传声对结果的影响。空气声隔声向侧向传声测量可按附录三的规定进行。

二、若需要测量试件的总损耗因数 η,可采用表格或曲线形式给出所有频率的测量结果。

第三章　建筑物内两室之间空气声隔声的现场测量

第一节　一般规定

第3.1.1条 本章适用于基本上达到扩散声场条件下，两邻室之间的内隔墙、楼板和门的空气声隔声的现场测量，以及确定对房室使用者所提供的隔声效果。

注：如果现场的声学条件很不扩散，则要求用加装扩散体的方法进行。

第3.1.2条 按本方法测得的结果，应能用于比较两个房间之间的隔声性能，并将实际隔声效果与规定要求作比较。

在确定为房屋使用者提供隔声效果时，宜采用标准声压级差。在确定房屋构件隔声特性时，宜采用表观隔声量。

第二节　测试和计算量

第3.2.1条 室内平均声压级的计算，应按本规范第2.2.1条进行。

第3.2.2条 在两室中的一个房间内装有一个或多个声源时，两室间所产生的空间和时间平均的声压级差，应按下式计算：

$$D = \overline{L_{p1}} - \overline{L_{p2}}$$ (3.2.2)

式中 D——声压级差（分贝）；

$\overline{L_{p1}}$——声源室内的平均声压级（分贝）；

$\overline{L_{p2}}$——接收室内的平均声压级（分贝）。

第3.2.3条 相应于接收室内某一混响时间基准值的标准声压级差，应按下式计算：

$$D_{nT} = D + 10\lg\frac{T}{T_0}$$ (3.2.3)

式中 D_{nT}——标准声压级差（分贝）；

T——接收室内的混响时间（秒）；

T_0——基准混响时间（秒），对于住宅 T_0 宜取 0.5 秒。

注：如果两房间具有不同的体积，则 D_{nT} 与传声方向有关。在给出结果时应同时注明传声方向。

第3.2.4条 表观隔声量的计算，应按本规范第2.2.3条进行。

注：① 在计算门的表观隔声量时，面积S是指包括门框在内的总开孔面积。并须证明通过周围墙的传声可以忽略。

② 在相邻房间公共墙有交错时，面积 S 是指两个房间所共有部分的隔墙面积。

第三节　实验安排

第3.3.1条 在现场测量中，试件面积和房间体积及形状可不加限制。

在相同尺寸的两小空室之间进行测量时，可在每个房间内加装扩散体。但这些扩散体应与建筑物有良好隔振，例如将扩散体放在弹性垫上。

第四节　实验方法和计算

第3.4.1条 声源室内声场的产生，宜符合本规范第2.4.1条规定。但所采用的滤波器可为1/3倍频程或1倍频程带宽。

如试件为楼板时，声源应布置在楼下。

第3.4.2条 平均声压级的测量，宜符合下例要求：

一、可采用多个固定声器位置或采用一个具有 p^2 积分的连续移动传声器来获得平均声压级，通常传声器位置不宜少于无规分布的三点；

二、每个传声器位置上，宜对每一频率用5秒的平均时间读取平均值；

三、所有传声器位置离房间界面或扩散体应大于0.5米；

四、当任何频带声源在发声时接收室的声压级，及发声之前或即测量声源声级之后的环境噪声级按表3.4.2加以修正。

声压级读数的修正 表3.4.2

声源工作时测得的声压级与单独背景噪声声级之间的差值（分贝）	从声源工作时测得的声压级中减去的修正项及两者合成由声源产生的声压级（分贝）
<3	测量无效
3	3
4～5	2
6～9	1
>10	0

注：上述修正项应用于每一组读数上。

第3.4.3条 测量的频率范围，应符合下列规定：

一、宜采用1或1/3倍频程频带滤波器测量声压级。滤波器的频率特性应遵守现行的国家标准《声和振动分析用1和1/3倍频程滤波器》的规定。

二、测量1/3倍频程时，应采用以下中心频率：

100、125、160、200、250、315、400、500、630、800、1000、1250、1600、2000、2500、3150（赫）。

三、测量1倍频程时应采用以下中心频率：

125、250、500、1000、2000（赫）。

第3.4.4条 吸声量的测量和计算，应采用本规范第2.4.4条所规定的方法进行。

第3.4.5条 在测量中，应根据本规范第2.4.5条的规定，考虑影响测量结果重复性的必要技术条件。

第五节 结果表达

第3.5.1条 隔声量测量结果的精密度，应以所达到的重复率和复现率来表示。

第3.5.2条 试件的表观隔声量或两室之间的标准声压级差的表达，应遵守本规范第2.5.2条的规定。

第3.5.3条 实验报告宜包括下列内容：

一、进行测量的单位名称；

二、测试日期；

三、建筑结构和实验装置，如果沿试件表面有家具布置也应有说明或图示；

四、两个房间的体积；

五、所用噪声源和滤波器的类型；

六、按频率给出两室之间试件的现场表观隔声量或标准声压级差，两者中取较适宜的一个表示；

七、计算表观隔声量所用的试件面积；

八、测试方法和装置细节的简单说明；

九、由于环境噪声（声和电的），而使某一频带的声压级不能有效地测出时，应给出该频带隔声量不低于多少分贝的下值。

第四章 外墙面构件和外墙面空气声隔声的现场测量

第一节 一般规定

第 4.1.1 条 本章适用于某些特定声学条件下外墙空气声隔声性能的现场测量，以及确定外墙给房屋使用者所提供的隔声效果。

第 4.1.2 条 本章中所指系指装在外墙上的构件（例如窗）或是外墙本身（例如整个外墙面）。

第 4.1.3 条 为了确定现有声学条件下的隔声效果，应按本章第二节采用交通噪声的方法进行测量。

第 4.1.4 条 为了确定外墙的隔声性能，应按本章第三节采用扬声器噪声的方法进行测量。

注：由于入射性质不同，两种方法的结果不会完全一致。

第二节 交通噪声测量隔声

第 4.2.1 条 声场的产生，宜采用由不同方向且声强有变化地入射到试件上的现有交通噪声作为激发声源。

第 4.2.2 条 在相同时刻测量试件两侧各频率的等效声压级来确定外墙的交通噪声隔声量时，应按下式计算：

$$R_{tr} = L_{eq,1} - L_{eq,2} + 10\lg S/A \quad (4.2.2)$$

式中 R_{tr}——交通噪声隔声量（分贝）；

$L_{eq,1}$——试件前面 2 米处包括试件反射效应在内的等效声压级（分贝）；

$L_{eq,2}$——接收室内平均的等效声压级（分贝）；

S——试件面积（米²），指从接收室内所看到的整个立面的面积；

A——接收室的吸声量（米²）。

注：只有交通线路足够长而且直，保证入射声均匀地分布，仰角不超过 56° 时，方可采用式（4.2.2）。

第 4.2.3 条 在不考虑外墙构造，表面面积或它相对于噪声源的位置，而只要求测量它所提供的隔声效果时，应采用交通噪声标准声压级差，其计算应按下式进行：

$$D_{nT,tr} = L_{eq,1} - L_{eq,2} + 10\lg (T/T_0) \quad (4.2.3)$$

式中 $D_{nT,tr}$——交通噪声标准声压级差（分贝）；

T——接收室内实测混响时间（秒）；

T_0——基准混响时间（秒），对于住宅 T_0 宜取 0.5秒。

第 4.2.4 条 等效声压级的测量，等效声压级应按下式求。

一、等效声压级应按下式计算：

$$L_{eq} = 10\lg \left(\frac{1}{T} \int_0^T 10^{0.1L_p} dt \right) \quad (4.2.4)$$

式中 L_{eq}——等效声压级（分贝）；

L_p——随时间变化的瞬时声压级；

T——某段时间的总和。

注：① 等效声压级可采用一个适当的积分器或近似地用一个噪声统计分布分析器来测量。

② 积分或统计的取样时间至少取 5 秒。

二、等效声压级应同时在试件两边测量，例如用一个两通道磁带记录机记录两信号，并在同一时间同隔内计算这两个信号。

三、测量室外等效声压级时，传声器应放在试件前面约2米处。

注：若试件前有一个阳台，欲不能用此办法来确定试件的隔声量，至于包括阳台在内的总隔声量，可采用将传声器放在阳台阴台前2米处并采用式(4.2.2)来确定。

四、测量等效声压级时，若将传声器放在紧靠外墙面时，传声器的轴应与试件平行。这时按式（4.2.2）或式（4.2.3）计算的交通噪声隔声量或交通噪声标准声压级差之值中应分别减去3分贝。

五、接收室内的等效声压级应为空间与时间的平均值。

这个平均值可采用多个固定传声器位置（通常取无规分布的6个位置）或一个用遥控可动传声器改变不同位置得到。传声器的位置离试件其它界面间应大于1米，离房间其它界面应大于0.5米。

第4.2.5条 测量的频率范围应采用本规范第3.4.3条的规定。

第4.2.6条 接收室的吸声量的测量和计算，应按本规范第2.4.4条所规定的方法进行。

第4.2.7条 在测量中，应考虑下列影响测量结果重复性的必要技术条件：

一、室外
1. 交通噪声源；
2. 传声器相对于试件的位置。

二、室内
1. 在传声器和房屋界面特别是与试件表面之间的最小距离；
2. 传声器位置的数目；

3. 测量声压级时所采用的方法，包括在每个位置上重复读数的次数；
4. 确定吸声量的方法。

第4.2.8条 不同单位应定期对同样实验对象进行比较测量，以校核其实验方法的重复率和复现率。

第4.2.9条 外墙对交通噪声的空气声隔声效果的表达，应遵守本规范第2.5.2条的规定。

第4.2.10条 实验报告应包括下列内容：

一、进行测量的单位名称；
二、测量日期；
三、试件的描述，包括剖面图和给出安装细节；
四、说明交通情况和等效声压级 $L_{aq,i}$；
五、建筑物的有关平面图，并标出试件位置与车流线路的关系；
六、接收室的体积和吸声量；
七、确定等效声压级时所用时间间隔和如果利用声压分布分析时所用的分级宽度在内；
八、所用滤波器的类型；
九、按频率给出试件的交通噪声隔声量或交通噪声标准声压级差中的任一个，但应予说明；
十、计算交通噪声隔声量时所用的外墙面积；
十一、测试方法和设备细节的简要说明；
十二、由于环境噪声（声和电的）而使某一频带的声压级不能有效地测出时，应给出该频带隔声量不低于多少分贝的下限值。

第三节 扬声器噪声测量隔声

第4.3.1条 声场的产生,宜采用从一个方向入射到试件上的扬声器发出的噪声作为激发声源。扬声器应放置在建筑物外外面距试件一个适距距离处,其确定方法按附录六的规定进行。

第4.3.2条 测量贴近试件前面的平均声压级和接收室内的平均声压级来确定外墙的扬声器噪声隔声量。其值宜按下式计算:

$$R_\theta = L''_{p1} - L_{p2} + 10\lg\frac{4S\cos\theta}{A} \quad (4.3.2)$$

式中 R_θ——在θ入射角下的隔声量(分贝);

θ——入射角,指向试件中心的扬声器轴和试件表面法线间的角度;

L''_{p1}——贴近外墙试件表面(但不考虑试件反射效应时)的平均声压级(分贝);

L_{p2}——接收室内的平均声压级(分贝);

S——试件面积(米²);

A——接收室的吸声量(米²)。

第4.3.3条 现场实验中,外墙试件面积及接收室体积和形状可不加限制。

第4.3.4条 声场的产生应符合下列要求:

一、所用噪声在考虑的频率范围内应稳定而有连续的频谱;

二、采用1或1/3倍频程带宽的滤波器;

三、试件表面的局部声压级差异不应超过5分贝;

四、测量应在45°入射角条件下进行。此外也可加测0°、15°、30°、60°、75°入射角时的隔声量。

第4.3.5条 平均声压级的测量,应符合下列要求:

一、在其它条件基本相同但没有测试墙的自由场内,按测量方法测量;在测点相当于测试墙面处相同的位置放置扬声器和传声器,然后测出相当于测试墙表面处的平均声压级L'_{p1}。

注:若试件前面有一个阳台,可得到所给入射角条件下由试件和阳台提供的综合隔声效果。

二、扬声器的声辐射在隔声量测量与声校准时不应有变化。

注:这可采用一个传声器放在距扬声器约1米处的辐射轴上或测量扬声器输入电流来作校准。

三、接收室内的声压级是一个空间与时间的平均,可采用多个固定的传声器位置(通常取无规分布的6个位置)或采用一个具有p^2积分的连续移动传声器来获得平均声压级。传声器位置离其它界面应大于1米,离房间其它界面应大于0.5米。每个传声器位置上宜对每一频率用5秒对时间的平均读取平均值。

四、接收室内任一个频带声压级高出环境噪声级不到10分贝时,应立即测量声源正在发声时的接收室的声压级及发声之前或之后的环境噪声级,并宜按表3.4.2加以修正。

第4.3.6条 测量的频率范围,应符合本规范第3.4.3条规定。

第4.3.7条 接受室的吸声量的测量和计算,应按本规范第2.4.4条所规定的方法进行。

第4.3.8条 在测量中,应考虑下列影响测量结果重复性的必要技术条件:

九、计算一定入射角下隔声量所用到的试件面积；

十、测试方法和设备细节的简要说明；

十一、由于环境噪声（声和电的）而使某一频带的声压级不能有效地测出时，应给出该频带隔声量不低于多少分贝的下限值。

一、室外

1.扬声器相对于试件的位置；

2.扬声器的指向性；

3.入射角度；

4.扬声器的标准。

二、室内

1.传声器和房间界面特别是与试件之间的最小距离，或采用移动试件传声器的移动路径；

2.传声器位置的数目，或采用移动式传声器时传声器的移动路径；

3.读取声压级的平均时间；

4.确定吸声量的方法，包括在每个位置上重复读数的次数。

第 4.3.9 条 外墙用扬声器发声测得的空气声隔声效果的表达，应遵守本规范第 2.5.2 条的规定。

隔声量应应标明入射角度，例如45°入射角时的隔声量写作 R_{45}。

第 4.3.10 条 实验报告宜包括下列内容：

一、进行测量的单位名称；

二、测试日期；

三、试件的描述，包括剖面图和给出安装细节；

四、建筑物的有关平面图，并标出试件位置；

五、接收室的体积和吸声量；

六、扬声器的位置（即试件高度，扬声器至外墙面的距离和横向于试件的位置（即试件高度，扬声器至外墙面的距离和横向于试件的位移，或是仰角 φ 和方位角 β ），包括入射声的角度 θ 和扬声器相对于试件的位置；

七、所用噪声和滤波器的类型；

八、试件在一定入射角下的隔声量与频率的函数关系；

第五章 楼板撞击声隔声的实验室测量

第一节 一般规定

第5.1.1条 本章适用于采用标准撞击器对建筑物的楼板撞击声隔绝的实验室测量。

第5.1.2条 按本章方法测得的结果应能用于比较楼板的撞击声隔声特性，并按照它们的隔声特性将楼板进行分类。

第5.1.3条 本章适用于确定标准条件下楼板面层对降低撞击声效果的测量。

第二节 测试量和计算量

第5.2.1条 室内平均声压级的计算，应按本规范第2.2.1条进行。

第5.2.2条 当测试楼板用一个标准撞击声源激发时，由接收室内某一规定频带的平均撞击声压级来确定该楼板的撞击声压级。

第5.2.3条 规范化撞击声压级应按下式计算：

$$L_{pn} = L_{pj} + 10\lg\frac{A}{A_0}$$ （5.2.3）

式中 L_{pn}——规范化撞击声压级（分贝）；
L_{pj}——接收室内的平均撞击声压级（分贝）；
A——接收室的吸声量（米²）；
A_0——等效吸声量，宜取10米²。

注：在不能确定所得结果是否有漏向传声时的所有情况下，标准撞击声压级应采用L'_{pn}表示。现场测量结果宜采用L'_{pn}。

第5.2.4条 在地板面层铺放之前和之后，接收室内对某一规定频带的平均撞击声压级差，应按下式计算：

$$\Delta L_p = L_{pn0} - L_{pn}$$ （5.2.4）

式中 ΔL_p——撞击声压级改善量（分贝）；
L_{pn0}——接收室内未铺地面层时的规范化撞击声压级；
L_{pn}——铺地面层时的规范化撞击声压级。

注：①如果测试时，接收室内的声吸收不变，可把撞击声压级改善量看作等于规范化撞击声压级改善量。
②对小尺寸地面层试件测试时，接收室内可只用一个传声器位置。

第三节 实验室和试件

第5.3.1条 接收室应符合下列要求：

一、体积应大于50米³；

二、房间尺寸的比例应合理地选择，诸尺寸中不应有两个是相等的，亦不应成整数比；

三、必要时，在测试的房间内应安装扩散体；

四、接收室内环境噪声级应足够低，并应能测量出传来的撞击声。这时要考虑撞击声源的性能和实验室内待测试件的隔声性能。

五、接收室和声源室之间空气声隔声应足够高，使接收室内测得的声场仅由撞击声激发试验楼板所产生。即从声源室到接收室内的空气传声声级，应至少比撞击声传过楼板在每个频带都低10分贝。

六、在具有抑制侧向结构辐射声音的实验间，任何间接通道所传过的声音与通过试件所传过的声音相比，可予以忽略。

作为面层的撞击声级改善量测量时，阐明测量的大小和形状块可不作严格规定。

第 5.3.2 条 试件洞口应符合下列要求：

一、楼板的试件洞口面积宜在10米²到20米²之间；

二、短边的长度不宜小于2.3米。

注：如测量楼板面层的撞击声压级改善量时，则试件洞口可不需采用大洞口或特别措施。

第 5.3.3 条 楼板试件应符合下列要求：

一、试件大小应按本规范第5.3.2条规定的试件洞口大小确定；

二、试件大小和组成部件宜直接近现场楼板实际装置的大小；

三、宜采取类似实际结构的条件来安装试件，在试件周围和试件内部的节点，应仔细模拟常用的连接与密封方法。安装条件应在实验报告中说明。

四、铺放试验地面面层应为120±20毫米厚的钢筋混凝土板，并应是均质的和厚薄一致的。楼板面面积从接收室看应至少10米²。在声源室一边，铺放Ⅰ类面层的允许试件面积，应距楼板边界至少0.5米；

五、实验楼板的表面应相当平整，在200毫米水平距离之内平整度应达到±1毫米，且应足够的坚硬以保证撞击器的撞击。如果地面上做一层找平层，则所有各点应完全粘接，并应不降、不裂和不因受撞击而成粉末。

第 5.3.4 条 地面面层的试验样品大小，可略大于撞击器或与房间尺寸相同。地面面层的试验样品，可按下列要求分类：

一、Ⅰ类（小样品）包括软面层（塑料、橡皮、软木、席垫或它们的组合），可散铺或粘贴到楼板表面。报告中应明确说明装置方法。

二、Ⅱ类（大样品）包括硬的均匀表面材料或至少一层是硬的复合地面层。铺放这种地面面层时可在加负载下进行测试。在此情况下，平均负载应是100千克/米²（图5.3.4）。

三、Ⅲ类（卷材）包括从墙到墙铺满楼板的柔软面层，应采用大样品进行测试。当材料没有合适类型可归类时，宜由测试实验室决定，但不需加负载。

四、

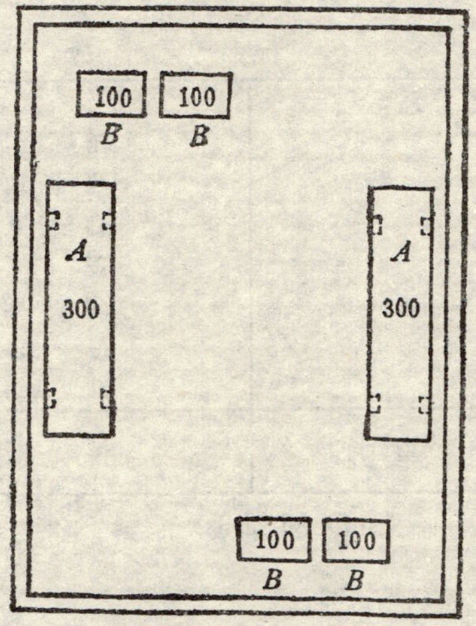

图 5.3.4　Ⅱ类楼板面层的典型负载布置示意图

注：载重可采用每个近似50千克的混凝土块，其大小为290×290×280毫米，A是由4个50×50毫米的脚支持的，共负载6个置块，B代表2个置块。

（单位：千克）

是采用小的或大的样品进行测试。

第5.3.5条 地面面层试验样品的安装，应符合下列要求：

一、粘贴的面层应仔细铺放，并应作整个表面粘贴，若分格粘贴成小块时，应确切说明所用方法；用量和敞露时间应按照所用粘结材料制造厂的说明书进行施工。报告上应说明粘贴类型及敞露时间。

二、实验前应保证固化时间。如混凝土浮筑面层，应在常规养护时间（通常为三周）以后进行测试。

三、根据不同类型地面层材料决定样品的大小及数目。对Ⅰ类材料，应铺放三个样品，宜取自同一来源的不同生产线上。每个样品应足够大，足以放下整个撞击器。对Ⅱ类和Ⅲ类材料，应满铺到墙的整个楼板表面，或面积不应少于10米²，其中短边长度不应小于2.3米。

四、应测量和写明楼板表面的中心温度及声源室的空气温度。楼板温度宜为18～25℃。

第5.3.6条 实验采用的标准撞击声源——撞击器，应符合下列要求：

一、撞击器应有5个锤子，排列在一直线上，两锤的中心距离应为10厘米；

二、连续两次撞击之间的时间应是100±5毫秒，每个锤子的有效质量应是0.5千克（公差±2.5%）；

三、在平面的地面上每锤应有等于4厘米无摩擦的自由下落距离（公差±2.5%）；

四、撞击楼板的锤头部分应是黄铜或钢制的，直径为8厘米的圆柱体，其顶端宜为50厘米半径的球面；

五、必要时锤头可粘合一个橡皮头，其外形应和黄铜或

钢的锤头一样。这个橡皮层一面为平面，另一面为曲面，其最大厚度应为5毫米，曲面部分应粘在硫化金属锤头上；橡胶的组成应符合表5.3.6的要求，其硫化时间在140℃（290千帕）下应为45分钟；

六、撞击器的支脚与锤子直线间的距离，不应小于10厘米。

锤头橡胶的组成 表5.3.6

配　料	质　量　比
天然橡胶	100
氧化锌	15
硬脂酸	2
炭黑	40
苯基-β-萘胺	1
硫化加速剂	1.2
二苯基胍	0.4
硫	3

第四节 实验方法和计算

第5.4.1条 撞击声应由符合本规范第5.3.6条的撞击器产生。在光裸楼板上或在浮筑楼板上，测量时间宜相当短，以保证表面不被破坏。在一个弹性面层上撞击时，应在噪声级达到稳定时开始测量。

第5.4.2条 撞击声压级的测量，应按下列规定进行：

一、接收室内的撞击声压级应为空间和时间的平均值，这个平均值可采用多个固定传声器位置（对每个撞击器位置

的光裸实验楼板上，并尽量靠近。一排锤的轴线，应平行于样品的长方向（图5.4.6）。

宜采用一个或一个以上的传声器位置）或一个具有p²积分的连续移动传声器来获得；

二、指示仪表应能读出有效数声压或相应的声压级；在每个传声器位置上的每个频带用5秒的平均时间读取平均值；

注：若使用声级计，应该符合现行的国家标准《声级计的电声性能及测试方法》中2型或2型以上声级计的规定，并宜采用"慢档"测量。

三、包括传声器在内的全部测量系统在每一系列测量前，应进行校准；

注：在平面内任何校准的声级时，必须加上扩散声场修正。

四、接收室内任一频带的声压级高出环境噪声级不到10分贝时，应即测量声源正在发声时内的声压级及发声之前或改变之后的环境噪声级，并宜按表3.4.2加以修正。

第5.4.3条 测量的频率范围，应遵守本规范第2.4.3条的规定。

第5.4.4条 接收室的吸声量的测量和计算，应按本规范第2.4.4条所规定的方法进行。

第5.4.5条 撞击器的位置应符合下列规定：

一、撞击器在楼板试件上应至少放置4个不同的位置；

二、对各向异性的楼板结构（如有梁或肋等），一排锤的连线应与梁或肋的方向成45°角。撞击器位置与楼板边界和各撞击器位置之间的距离应不小于0.5米；

三、撞击器若放在一个弹性很好的面层上，在撞击器支脚下面宜采用一个便垫，以保证锤有4厘米的下降量。

第5.4.6条 测量楼板面层的撞击声压级改善量时，撞击器应放在面层样品之上，锤接触样品的位置应至少放至样品边界100毫米。

一、对Ⅰ类材料。撞击器应放在面层样品上和样品两侧

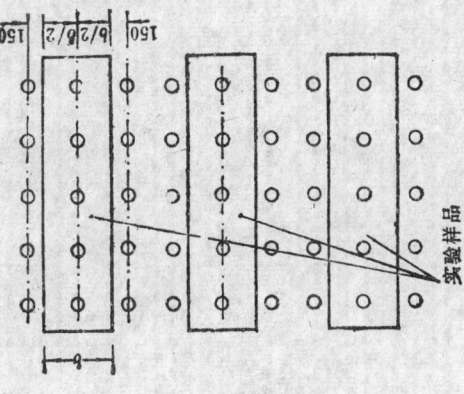

图5.4.6 Ⅰ类地面材料样品的典型实验布置示意图

注：小圆分别标记撞击锤头应当撞击光裸楼板或者面层样品的位置。

对每种地面面层样品来说，相应的光裸楼板撞击声级是在所铺样品两侧的两个撞击器位置上测定的声压级的算术平均值。

二、对Ⅱ类和Ⅲ类材料，撞击器应先后放在光裸楼板和全部铺满面层的楼板上，撞击器位置不应靠近楼板边缘（0.5米以外）或房间同角上。

每组测量（光裸楼板和铺面层的楼板）的撞击器位置应尽量多些，以达到可靠平均值所必需的数量。但在任何情况下位置数目不应少于8点。

一频带的声压级不能有效地测出时，应给出该频带撞击声声压级不高于多少分贝的限值；

九、如测量中受到侧向传声的影响而成为 L'_{in} 时，可按附录四的规定进行。并应详细说明侧向传声测量结果中包括了哪些部分传声。

第 5.4.7 条 在测量中，应考虑下列影响测量结果重复性的必要技术条件：

一、扩散体的数目和大小；

二、撞击器的位置。

三、传声器和房间界面之间的最小距离；

四、传声器位置的数目或采用移动传声器时传声器的移动路径；

五、读取声压级的平均时间；

六、确定吸声量的方法，包括在每个测点上重复读数的次数。

第五节 结 果 表 达

第 5.5.1 条 对试件撞击声隔声性能的表达，应采用表格或曲线形式给出所有测量频率的归一化撞击声压级。曲线图的格式，应遵守本规范第 2.5.2 条的规定。

第 5.5.2 条 所用测量方法应达到满意的重复性。在重复率的暂定数值，宜符合本规范附录四的要求。

第 5.5.3 条 实验报告宜包括下列内容：

一、进行测量的单位名称；

二、测试日期；

三、楼板结构和安装条件的说明，包括尺寸和侧向结构的剖面图；

四、接收室的体积；

五、所用滤波器的类型；

六、按频率给出楼板试件的归一化撞击声压级；

七、所用锤头的类型（用或不用橡皮头）；

八、由于环境噪声（声和电的）或空气声的透射而使某

第六章 楼板撞击声隔声的现场测量

第一节 一般规定

第6.1.1条 本章适用于采用标准撞击器对建筑物内两室之间楼板撞击声隔声的现场测量，以及确定楼板对房屋使用者所提供的隔声效果。

第6.1.2条 按本章方法测得的结果应能用于比较两室之间楼板撞击声隔声特性，并将实际撞击声效果与规定要求进行比较。

第6.1.3条 在确定建筑物构件的撞击声特性时，宜采用归一化撞击声压级。

在确定建筑物对居住者所提供的隔声效果时，宜采用标准化撞击声压级。

第二节 测试量和计算量

第6.2.1条 室内平均声压级的计算，应按本规范第2.2.1条进行。

第6.2.2条 撞击声压级的确定，应按本规范第5.2.2条进行。

第6.2.3条 规范化撞击声压级的计算，应按本规范第5.2.3条进行。

第6.2.4条 标准化撞击声压级应按下式计算：

$$L'_{pnT} = \overline{L}_{pi} - 10\lg\frac{T}{T_0} \qquad (6.2.4)$$

式中 L'_{pnT}——标准化撞击声压级（分贝）。

第6.2.5条 撞击声压级改善量的计算，应按本规范第5.2.4条进行。

第三节 实验安排

第6.3.1条 测试用标准撞击声源即撞击器的规格，应符合本规范第5.3.6条的规定。

第6.3.2条 在现场测量中，试件面积和房间体积及形状可不加限制。

第四节 实验方法和计算

第6.4.1条 撞击声的产生，应符合本规范第5.4.1条的规定。

第6.4.2条 撞击声压级的测量，应符合本规范第5.4.2条的规定。

第6.4.3条 测量的频率范围，应符合本规范第3.4.3条的规定。

第6.4.4条 接收室的吸声量的测量和计算，应采用本规范第2.4.4条规定的方法进行。

第6.4.5条 撞击器的位置，应符合本规范第5.4.5条的规定。

第6.4.6条 在测量中，应考虑到本规范第5.4.7条所指明的影响测量结果重复性的必要技术条件。

第五节 结果表达

第6.5.1条 对试件撞击声隔声性能的表达，应采用所有测量频率的归一化撞击声压级结果，给出表格或曲线形式。

附录一 名词解释

现用名词	惯用名词	说明
空气声		建筑物中经过空气传播来的噪声
室内平均声压级		某一声音的声压平方的空间或(和)时间的平均值以基准声压(20微帕)平方比的常用对数乘以10，以分贝计。对声压平均的方式应同时指明。空间或界面有显著影响。通常是在靠近声源（墙等）近场影响（例如离墙1/4波长之内）部分以外的整个房间内进行
隔声量	传声频失	墙或间壁一面的入射声能与另一面的透射声能相比差的分贝数。通常取最受入射声上的声功率 W_1 对通过试件传透的声功率 W_2 之比的常用对数乘上10
表观隔声量	表观传声损失	空气声入射到试件上的声功率 W_1 对传透到接收室的全部声功率 W_3 之比的常用对数乘上10
声压级差		两室中的一个房间内装有一个或多个声源时，两室间所产生的空间和时间平均的声压级差
标准声压级差		相应于接收室内某一混响时间基准值(0.5秒)的声压级差
侧向传声		空气声或撞击声由声源室不经过共同墙（墙或楼板等）而传到接收室的情况
等效声压级		在指定时间内某一稳态声具有与随时间变化的噪声相同的方均声压，则这一稳态声级的等效声级（连续）声压级
交通噪声隔声量		以街道上繁忙交通噪声作为声源，测量外墙构件两侧各频率的等效声级而得出的隔声量
撞击声		在固体上撞击而引起的室内的噪声。脚步声是最常听到的撞击声

果。

对建筑物使用者所提供的撞击声隔声效果的表达，应采用表格或曲线形式，给出所有测量频率的标准化撞击声压级结果。

曲线图的格式，应遵守本规范第2.5.2条的规定。

第6.5.2条 实验报告宜包括下列内容：

一、进行测量的单位名称；

二、测试日期；

三、楼板结构和安装条件的说明，包括尺寸和侧向结构的剖面图；

四、接收室的体积；

五、所用滤波器的类型；

六、按频率给出楼板撞击声压级或标准化现场撞击声压级，选择合理的一种列出；

七、测试方法和装置细节的简单说明，包括所用锤头类型（用或不用橡皮头）；

八、由于环境噪声（声或电的）或空气声的透射而使某一频带的声压级不能有效地测出时，应给出该频带撞击声级不高于多少分贝的限值；

九、若测量侧向传声，可按附录四的规定进行，并应尽量详细说明侧向传声测量结果中包括了哪些部分传声。

现用名词	曾用名词	说 明
撞击声压级		测试楼板被一个标准撞击器激发时，在楼下接收室内某一规定频带的平均的声压级
规范化撞击声压级		撞击声压级加上一个用分贝计的修正项，它等于接收室实测等效吸声面积与基准等效吸声面积（10米²）之比的常用对数乘以10
标准化撞击声压级		在现场（常指住宅内）测得的撞击声级加上一个用分贝计的修正项。它等于实测混响时间与基准混响时间（0.5秒）之比的常用对数乘以10
撞击声压级的改善量		在地板面层铺放之前和之后接收室内某一规定频带的平均声压级差值
平均表面速度级		试件法向方表面速度对基准速度（10米/秒）平方之比的常用对数乘以10
平均值的正确度		指真值（期望值）和采用本实验方法作大量取样所得出的平均值间的一致程度。影响结果的实验误差在于，系统误差部分越小，这个方法的准确度越高
精密度		在规定条件下采用本测试方法取得的几次结果之间的一致程度
重复率		定性地说，在同样条件下（同一实验员，同一仪器对同一试件用同样实验方法在很短的时间间隔内进行）对同一对象多次所得结果之间的一致程度。定量地说，当规定某一几率时，期望上述条件下两次（一对）间的绝对差值要低于某一数值

现用名词	曾用名词	说 明
复现率		定性地说，同一试作在不同条件下（不同的实验员、不同仪器、不同的实验室和不同的时间）用同样方法的实验结果的一致程度。定量地说，同一试作用规定实验方法，所得两对（一对）间的绝对差值要低于某一数值
方差		定性地说，一系列随机结果对它们的平均值的离散程度。定量地说，对一组给定值的，其每个结果对平均水平的差值的平方总和除以自由度数目。对接连作n次（不分组）观测值以的简单事例中，按下式计算方差 $$s^2 = \frac{1}{n-1} \sum_{i=1}^{n} (x_i - \bar{x})^2$$ 式中，s^2是方差真值的估计值，n是观测次数，$\bar{x}$是平均测量值 x_i对真值的估计值
标准偏差		方差的正平方根σ的估计值，s，s是标准偏差真值的估计值
自由度		自由度数目ν等于平方表达式中所包含的独立项数目。在接连n次（不分组）观测值的简单事例中 $$\nu = n - 1$$
置信度		表达问题真实性的几率。本标准中，用95%置信度
损耗因数		是一个无量纲量，用它可量度结构放阻尼比何种程度

附录二　测量结果的精密度和精密度要求

为了与现代统计学方法一致，这里采用整个结果的重复性和复现性这两个概念，而不用构成测量结果各个量值的偏差。前者提供了一种校核和说明测量结果的精密度的简单方法。

一、按常规测试时，在许多情况下对一个试件可只进行一次测试，此结果出具有一定信度的可靠性数据。为了考虑到可靠性，就要作两次测试。并对照测试方法的重复率 r 来校核其结果的差值。如它们的差值小于或等于 r，实验者可认为是在可以控制的条件下工作，结果的平均值来作为待测量的估计值。

一个机构进行常规声学测试之前，应对实验方法与实验装置所能产生的可重复而可靠的结果的可能性进行校核。将特别在实验方法和实验装置有改变的时候。

建议不同的实验机构进行合作校核以核查此结果的系统重复率。

二、重复率的校核

作为在给定条件下空气声和撞击声声测量的重复率的标准校核方法，应采取下列步骤；

1.将6次完整测量结果（例如空气声隔离量 R 或标准声压级差 D_{ntw} 等情况）的系列分成对的组而不改变系列的原始次序。

三、重复率的综合确定

1.在给定实验条件下得到的重复率 r 与在同样条件下从

2.按附表2.1的要求对每一对中两个结果的差，全部结果作所，按有频率进行比较，如有任一频率超出这些量值的偏废，校核方法再全部重做一次。如果第二次还达不到上述指标，可认为实验方法和实验装置不合适，应加以改进使之达到所需的重复率。

3.在进行重复率校核测量时，实验方法的细节不要完全重复，例如用完全相同的传声器、扬声器或撞击器位置，否则所得 r 值不能代表实际情况下的结果。这些影响因素应有一些变化，使各房间的平均重复率的量（即房间的平均声压级）具有独立而又有代表性的取样。

对空气声隔离量 R 和撞击声压级 L_{pn} 要求的重复率　附表 2.1

1/3 倍频程频带中心频率（赫）	空气声 r（分贝）	撞击声 r（分贝）
100	5	3
125	5	2
160	5	2
200	5	2
250	3	2
315	2	2
400	2	2
500	2	2
630	1	1
800	1	1
1000	1	1
1250	1	1
1600	2	1
2000和以上	2	1

大量测试得出的标准偏差σ的关系式宜为

$$r = 1.96\sqrt{2\sigma^2}$$ （附2-1）

对于足够大数量的结果，r 可用以下近似式

$$r \approx ts\sqrt{2}$$ （附2-2）

式中，t 是从学生分布得出的因数，取置信度95%和适当的自由度，见附表2.2。s 是方差s²的正平方根，是标准偏差σ的估计值。

置信度95%时计算置重r的因数t   附表 2.2

自由度个数 ν	t	自由度 ν	t	自由度 ν	t
1	12.706	11	2.201	21	2.080
2	4.303	12	2.179	22	2.074
3	3.182	13	2.160	23	2.069
4	2.776	14	2.145	24	2.064
5	2.571	15	2.131	25	2.060
6	2.447	16	2.120	26	2.056
7	2.365	17	2.110	27	2.052
8	2.306	18	2.101	28	2.048
9	2.262	19	2.093	29	2.045
10	2.228	20	2.086	30	2.042
				40	2.021
				60	2.000
				120	1.980
				∞	1.960

2. 按照此法要在一个实验室内确定重复率是很费力的，因为考虑到需要大约35个自由度才能算出足够准确的s值。

3. 若在不同实验室内对相同结构的各个试件进行大量测试，可以得出标准方法下更可靠的 s 值。此时，用以计算重复率 r 的 s 值可按下式计算：

$$s = \sqrt{\frac{(n_1-1)s_1^2+(n_2-1)s_2^2+\cdots+(n_j-1)s_j^2+\cdots+(n_k-1)s_k^2}{(n_1+n_2+\cdots+n_j+\cdots+n_k)-k}}$$ （附2-3）

式中 s_j——第 j 个实验室从 n_j 个陆续（不分组）的结果算出的值；

k——参加的实验室数目。

4. 实验室的数目和每个实验室内结果的数目应选得使自由度（由上式中平方根内分母所给出）至少为35。因此，每一个实验室至少需要5次测量结果。确定 s 的实验条件应尽可能与本标准方法一致。

附录三 空气声侧向传声的测量

侧向传声可采用下面两个方法之一进行测量。

一、在试件两侧可各加装一柔性层（例如加在独立的框架上钉13毫米石膏板），附加板距离试件距离应低于该层与空腔所组成的系统的共振频率范围。空腔内还应填充吸声材料。这样使（1）直接传入隔墙并直接从隔墙辐射 W_{Dd}，（2）直接传入隔墙但由侧向结构从隔墙辐射 W_{Df} 和（3）传入侧向结构但直接从隔墙辐射 W_{Fd} 的三部分声能受到抑制。于是测得的表观隔声量由传入侧向并从侧向结构辐射的声 W_{Ff} 所决定。在某些特定侧向表面上附加柔性层后有可能是可以忽略的。在实验室条件下假设 W_1（缝的）结构辐射主要来侧向传声途径。

二、通过测量接收室内试件和侧向构件表面振动的平均速度级来确定。

1. 平均速度级可按下式计算：

$$L_v = 10\lg \frac{1}{n} \sum_{i=1}^{n} 10^{0.1 L_{vi}} \qquad (附3-1)$$

式中 L_v——试件或侧向构件表面平均速度级（分贝），
（基准速度 v_0 取 10^{-9}米/秒）；
L_{vi}——试件上第 i 个位置上的有效法向表面速度级；
n——测点数。

2. 测量平均速度级所用的振动换能器应很好地贴附在试件表面上，其质量阻抗与表面上的点阻抗相比应足够低。

3. 若试件或侧向构件的临界频率比之要考虑的频率范围低，在接收室内第 k 个构件所辐射的声功率，可按下式计算：

$$W_k = \rho c S_k \bar{v}_k^2 \sigma_k \qquad (附3-2)$$

式中 W_k——构件 k 所辐射的声功率（瓦），
S_k——构件 k 的面积（米²），
$\bar{v}_k^2$——结构表面速度方均值的空间平均，
σ_k——辐射效率，在临界频率以上大概是一个纯数1；
ρc——空气的特性阻抗。

4. 若侧向构件辐射的功率是用此法来确定，则可用此测量值按下式来计算总的侧向隔声量：

$$R'_{Df+Ff} = 10\lg \frac{W_1}{W_{Df} + W_{Ff}} \qquad (附3·3)$$

式中 W_1——入射到试件上的声功率（瓦），
W_{Df}——直接传入隔墙但由侧向结构辐射和直接传入隔墙并由侧向结构并由它辐射 这两条途径所得出两室之间的隔声量；
W_{Ff}——直接传入侧向结构并由它向邻室辐射的声功率（瓦）。

附录四 撞击声侧向传声的测量

1.通过测量接收室内楼板试件和侧向构件表面振动的平均速度来确定。平均速度级可按下式计算：

$$L_v = 10\lg\frac{1}{n}\left(\sum_{i=1}^{n}10^{0.1L_{vi}}\right) \qquad (附4-1)$$

式中 L_v——墙或平顶试件表面速度级（分贝），基准速度 V_0取 10^{-9}米/秒；

L_{vi}——墙或平顶试件上第 i 个位置上的法向表面速度级（分贝）；

n——测点数目。

2.测量平均速度级所用振动换能器应很好地贴附在试件表面上，其质量阻抗与表面上的点阻抗相比之要足够低。

3.若试件或侧向构件的临界频率处于要考虑的频率范围低，在接收室内第 k 个构件所辐射的声功率，可按(附3-2)式计算。

4.接收室内第 k 个侧向构件所辐射的平均声压级，可按下式计算：

$$L_{pk} = L_{vk} + 10\lg\frac{4S_k}{A} \qquad (附4-2)$$

式中 L_{pk}——第 k 个侧向构件所辐射的平均声压级（分贝）；

L_{vk}——第 k 个侧向构件平均表面速度级（分贝）；

S_k——第 k 个侧向构件的面积（米²）；

A——接收室的吸声量（米²）。

5.所有侧向构件合成的声压级，可按下式计算：

$$L_{pDf} = 10\lg\left(\sum_k 10^{0.1L_{pk}}\right) \qquad (附4-3)$$

式中 L_{pDf}——所有侧向构件合成的声压级（分贝）；

L_{pk}——第 k 个侧向构件所辐射的平均声压级（分贝）。

式中 $A_开$ 和 $A_关$ 是室内当试件开启和关闭时的吸声声量（米²）。

4. 若试件中只有一部分（不小于试件总面积 S 的 $\frac{1}{3}$ ）是可以打开的，则应在（附5-1）式中另加一个修正项 $10\lg\frac{S}{S_开}$（分贝）。式中 $S_开$ 为试件能够打开的那部分面积（米²）。

附录五 用"开—关"方法在现场测量外墙构件的空气声隔声

门或窗之类试件的隔声量可采用只在接收室内测量开启或关闭试件（如门或窗）时的声压级来获得。这种被称为"开—关"测量方法只适用于开启和关闭试件，且外墙隔声量显著地比试件高时的情况。

1. 采用扬声器作为噪声源的方法所确定的外墙构件隔声量，可按下式计算：

$$R_{0开关} = L_{p_2开} - L_{p_2关} + 10\lg\frac{T_关}{T_开} \qquad （附5-1）$$

式中 $R_{0开关}$——用扬声器的"开—关"试验方法确定的外墙构件隔声量（分贝）；

$L_{p_2开}$、$L_{p_2关}$——试件开启和关闭时室内的声压级（分贝）；

$T_开$ 和 $T_关$——试件开启和关闭时室内测得的混响时间（秒）。

2. 修正项 $10\lg\frac{T_关}{T_开}$（分贝）是考虑到接收室内当试件开启时等效吸声面积有了改变。

3. 若这个影响用一个标准声源产生的平均声压级来计算，修正项应改为 $10\lg\frac{A_开}{A_关}$（分贝）。

附录六 测量外墙空气声隔声时
扬声器的位置

1.扬声器放在地上 Q 点（附图6—1），其与试件的相对位置，可由试件的高度 h、扬声器和外墙立面的距离 d 和横向距离 b 确定。

2.入射声角度 θ 的应按下式计算：

$$\cos\theta = \frac{a}{(h^2 + d^2 + b^2)^{\frac{1}{2}}}$$

（附6—1）

3.在现场为了满足要求的入射角度，在给定高度 h 和横向距离 b 时，扬声器需要离外墙的距离 d 应按下式计算：

$$d = \operatorname{ctg}\theta \, (h^2 + b^2)^{\frac{1}{2}}$$

（附6—2）

4.在给定高度 h 和距离 d 时，横向距离 b 应按下式计算：

$$b = (d^2 \operatorname{tg}^2\theta - h^2)^{\frac{1}{2}}$$

（附6—3）

5.扬声器相对于试件的位置，可分别由仰角 φ 和方位角 β 来表示：

$$\left.
\begin{aligned}
\cos\varphi &= \frac{(b^2 + d^2)^{\frac{1}{2}}}{(h^2 + d^2 + b^2)^{\frac{1}{2}}} \\
\cos\beta &= \frac{d}{(d^2 + b^2)^{\frac{1}{2}}}
\end{aligned}
\right\}$$

（附6 4）

入射角 θ 可按下式计算：

$$\cos\theta = \cos\varphi\cos\beta$$

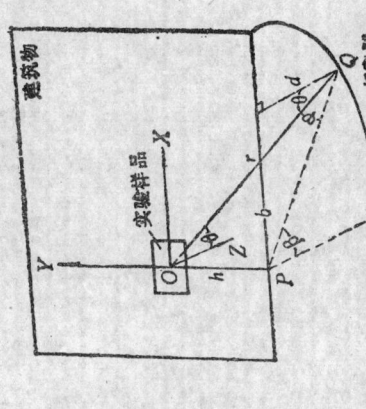

附图 6—1 扬声器相对于试件的位置

附录七 本规范用词说明

（一）执行本规范条文时，对于要求严格程度的用词，说明如下，以便在执行中区别对待。

1. 表示很严格，非这样作不可的用词：

正面词采用"必须"；

反面词采用"严禁"。

2. 表示严格，在正常情况下均应这样作的用词：

正面词采用"应"；

反面词采用"不应"或"不得"。

3. 表示允许稍有选择，在条件许可时，首先应这样作的用词：

正面词采用"宜"或"可"；

反面词采用"不宜"。

（二）条文中指明必须按其他有关标准和规范执行的写法为："应按……执行"或"应符合……要求或规定"。非必须按所指定的标准和规范执行的写法为"可参照……"。

附加说明

本规范主要起草人：同济大学 王季卿

中华人民共和国国家标准

厅堂混响时间测量规范

GBJ 76—84

主编单位：清 华 大 学
批准部门：中华人民共和国国家计划委员会
施行日期：1 9 8 5 年 6 月 1 日

关于发布《厅堂混响时间测量规范》的通知

计标〔1984〕2496号

根据原国家标准化技术委建委（81）建发设字第546号文的要求，由全国声学标准化技术委员会负责归口组织，具体由清华大学编制的《厅堂混响时间测量规范》，已经全国声学标准化技术委员会审查。现批准《厅堂混响时间测量规范》GBJ76—84为国家标准，自一九八五年六月一日起施行。本规范具体解释等工作由清华大学负责。

国家计划委员会

一九八四年十二月四日

第一章 总 则

第 1.0.1 条 为统一厅堂混响时间的测量系统和测量方法，使不同单位测量的结果具备互相可比的统一基础，特制定本规范。

第 1.0.2 条 本规范适用于一般厅堂的混响时间的测量。

第 1.0.3 条 测量厅堂混响时间，除应执行本规范外，尚应遵守国家现行的其它有关标准或规范。

编 制 说 明

本规范是根据原国家基本建设委员会（81）建发设字546号文的要求，由全国声学标准化技术委员会负责归口组织，具体由清华大学编制的。

在本规范的编制过程中，进行了广泛的调查，认真总结了国内从事建筑声学工作的有关单位多年实践的经验及可行的测量方法，对不同类型的厅堂进行了一定的对比试验，并参考了国际标准化组织 ISO-3382《声学—会堂中混响时间的测量》等有关单位的意见，提出了规范初稿，广泛地征求了国内各有关单位的意见，最后经全国声学标准化技术委员会审查定稿。

在本规范的施行过程中，希各单位注意积累资料，认真总结经验，如发现有需要修改或补充之处，请将意见和有关资料寄给我校，以供今后修改时参考。

清华大学
一九八四年十月八日

第二章 测量系统

第一节 一般规定

第 2.1.1 条 被测厅堂应等三种被测状况——空场状况、满场状况和排演状况和排演状况。

对以上任何一种状况进行测量时，厅堂的门、窗均应关闭。门、窗帘应展开。

第二节 声源设备

第 2.2.1 条 噪声讯号应尽可能通过一个1/1倍频程或1/3倍频程的滤波器产生。滤波器应符合现行的国家标准GB3241-82《声和振动分析用的1/1和1/3倍频程滤波器》的要求。

测量时用于发声的扬声器系统应是无指向性的。

测量用声源（集中声源）应置于大幕线中心，离地面高度宜为1.5米处。

第 2.2.2 条 在混响时间较长（1000赫以下大于1.5秒）的厅堂中，也可采用脉冲讯号（如讯号枪、爆竹和气球等）作声源，此时，要保证声讯号包括所有被测频带的宽度。在被测频率范围内，声压级应符合本规范第2.2.4条的要求。

第 2.2.3 条 用交响乐作声源时，为测量所取的声讯号，其频带范围应包含被测频带的宽度，并应具有足够长的、不致影响衰变的停息时间。

注：乐器在音乐停止时应能立即阻尼，无益立即阻尼的乐器不应列入声源，特别是管乐器。

第 2.2.4 条 在所有测点上，衰变前各个被测频率的声压级，应比相应的背景噪声级高35分贝。

第 2.2.5 条 测量同一厅堂的满场、空场或排演状况的混响时间，宜使用相同的声源。

第三节 接收记录设备

第 2.3.1 条 接收系统应包括传声器、测量放大器、1/3倍频程滤波器和记录仪器。接收系统的设备，宜符合下列要求：

一、传声器应是无指向性的。

二、记录系统采用声级记录仪（电平记录仪）。记录时，所选用的记录仪级的笔速，不得影响衰变特性，并应调节记录仪级的纸速使衰变曲线的斜度接近45°。

记录系统亦可采用与声级记录仪（电平记录仪）性能相当的能直接读出混响时间数字的记录仪器。

如采用录声机（录音机）记录声衰变，录声机（录音机）的录放系统则应在本规范要求的频率范围内具有线性频率特性，其信噪比不应少于40分贝。

测量用的录音机（录音机）基本参数和技术要求，应符合现行的国家标准GB2019-80《磁带录音机技术条件》中盘式二级、盒式三级的规定。

第三章 测量方法

第一节 测量频率

第3.1.1条 测量混响时间所选取的频率，不应少于以下6个频程中心频率：

125 250 500 1000 2000 4000（赫）

如有必要，应增加频率间隔为1/3倍频程的中心频率。频率的选用应符合现行的国家标准GB3240—82《声率测量中的常用用频率》。

第二节 测点选择

第3.2.1条 测量厅堂的混响时间的测点数，满场时不应少于8个，空场时不应少于5个。

对于非对称性厅堂，应适当增加测点。

第3.2.2条 所选择的测点应有代表性。对于对称性厅堂，测点必须在偏离中心纵轴1.5米的纵轴上及侧座内选取。

测点位置的选择，应包括座池前部约1/3处，挑台下以及侧座，但应避免在直达声区内。

对于有楼座的厅堂，应有楼座区域的测点。

满场时的测点位置应尽量与空场时的测点位置相重合。对有明显耦合测点，应在如有必要应加测点，对有明显耦合变异处加测点，其结果不计入全场平均。

第3.2.3条 测点距离地面高度应为2.3米，与墙面的距离，应大于所测频带下限中心频率的半波长。

第三节 记录数目与选值

第3.3.1条 每一测点对于每一测量频率的有效混响时间衰变曲线不应少于三条。

第3.3.2条 衰变曲线的衰变范围不应少于35分贝，在该范围的衰变曲线应从起始水平以下5分贝到25分贝呈直线，并应由此直线的斜率决定混响时间。

当衰变曲线呈折线形状时，应取前线形，即自起始水平以下5分贝到15分贝以内呈直线部分，并应由此决定混响时间，按此规定所取的混响时间应在报告中说明。在绘制混响时间频率特性曲线时，该点应以空心圆表示，以与其它之值有所区别。

对于在某些测点或在某些频率下，测得的所有曲线均为非直线形的弯曲线时，亦应在报告中加以讨论说明，必要时，应附衰变曲线。所求之值，不应参与全场平均。

四、座椅数量和材料类型，如果是软椅，应说明材料类型；测量时翻起或平放；满场时应说明观众占座情况；

五、乐池敞开或封闭，防火窗开闭，舞台、反射罩与乐池状况；

六、按比例绘出厅堂的平面和纵剖面简图，并标明测点位置；

七、厅堂内各界面材料的布置与内装修情况（包括舞台幕布、各门窗帘的质量，反射罩等）；

八、测量时室内的温度和相对湿度；

九、声源类别或声源设备、仪器的类别、型号和置放位置，如果是乐队应给出具体人数或占地面积，并说明舞台陈设和舞台反射罩情况；

十、所用记录仪器的类别和型号，如采用录声机（录音机）记录，应予具体说明；

十一、测量的混响时间频率特性表和频率特性曲线；

十二、测量方框图。

第四章 结 果 表 达

第一节 混响时间的表达形式

第4.1.1条 按测点对每一测量频率求出混响时间的平均值和标准偏差，应按所述的倍频程中心频率列成混响时间频率特性表。

对混响时间分布较均匀的厅堂，亦可按全场每一测量频率给出相应的混响时间频率特性和标准偏差，平均值应按国家标准GB11—81《标准化工作导则，编写标准的一般规定》附录C数字修约规则计算到小数点后第二位。

第4.1.2条 用曲线图形表达混响时间时，应按现行的国家标准《绘制频率特性曲线和极坐标图的标度和尺寸》的要求，在横座标给出对数标度的频率，纵坐标以线性标度表示时间。

1个倍频程与1秒的刻度比应为3：4，并应取10倍频程，图中各点应采用直线（即频率比为10：1）之长度为5厘米，图中各点应采用直线连接。

第二节 测 量 报 告 内 容

第4.2.1条 混响时间测量报告应包括下列内容，并应按本规范附录二的要求编写。

一、测量厅堂所在地及名称；

二、测量项目、测量单位、测量日期和主要测量者；

三、厅堂体积，每座容积和内表面积；

附录二 混响时间测量报告

本测量按GBJ76—84《厅堂混响时间测量规范》进行。

厅堂名称 _____

测量日期 _____年_____月_____日

大厅体积 $V =$ _____ $\times$ _____ $\times$ _____ $=$ _____米^3　　室内温度 _____°C　相对湿度 _____%

每座容积 _____　　内表面积 $S =$ _____米^2

座椅数量和材料类型 _____

测量状况(满场、排演状况和空场、满场时观众占座 _____%、满场时观众为成人或儿童、衣着的季节性等) _____

大厅内装修情况 _____

乐池的敞开或封闭 _____

舞台陈设和舞台反射罩情况　　防火幕或大幕挂起或放下 _____

声源类别型号和位置 _____

记录仪器(包括录声机)的类别和型号 _____

大厅的平面和剖面简图并标明测点位置 _____

测量方框图

附录一 名词解释

现用名词	说　明
混响时间	当声源停止后声压级衰变60分贝(相当于平均声能密度降为原来的1/10⁶)所需的时间。本定义假设之前设之声衰变时,声衰变时,被测之声压级衰变量与时间呈线性关系,以及背景噪声足够低
满场	正常使用(或演出)状况,观众占座率达80%以上
排演状况	厅内只有必要的测量技术人员和参加演出的演员,以及必要的布景、道具,而这些都必须与相对应的满场正常使用时相同,但没有任何观众
空场	除必要的测量技术人员外,厅内没有观众和演员,测量时,厅内设施与相对应的满场正常使用时完全相同

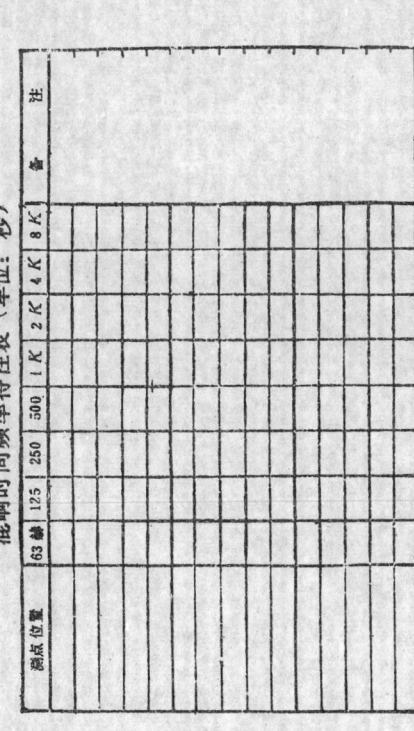

混响时间频率特性表（单位：秒）

测点位置	63赫	125	250	500	1K	2K	4K	8K	备注

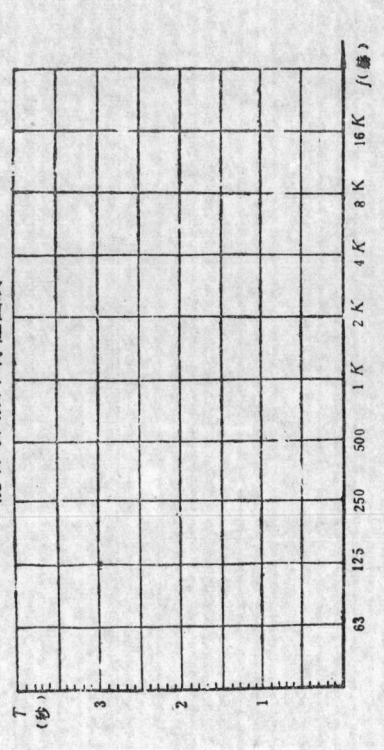

混响时间频率特性曲线

测量单位 ——
主要测量者 ——

附录三 本规范用词说明

一、执行本规范条文时，对于要求严格程度的用词，说明如下，以便在执行中区别对待。

1.表示很严格，非这样作不可的用词：

正面词采用"必须"；
反面词采用"严禁"。

2.表示严格，在正常情况下均应这样作的用词：

正面词采用"应"；
反面词采用"不应"或"不得"。

3.表示允许稍有选择，在条件许可时，首先应这样作的用词：

正面词采用"宜"或"可"；
反面词采用"不宜"。

二、条文中指明必须按其他有关标准和规范执行的写法为"应按……执行"或"应符合……要求或规定"。非必须按所指定的标准和规范执行的写法为"可参照……"。

附加说明：

本规范主要起草人：清华大学 谭思慈

中华人民共和国国家标准

工业企业噪声控制设计规范

GBJ 87—85

主编部门：北 京 市 基 本 建 设 委 员 会
批准部门：中华人民共和国国家计划委员会
施行日期：1986 年 7 月 1 日

关于发布《工业企业噪声控制
设计规范》的通知

计标〔1986〕07号

根据原国家建委（78）建发设字第562号通知的要求，
由北京市劳动保护科学研究所会同有关单位共同编制的《工
业企业噪声控制设计规范》已经全国声学标准化技术委员会
会同有关部门会审。现批准《工业企业噪声控制设计规范》
GBJ87—85为国家标准，自一九八六年七月一日起施行。
本规范具体解释等工作由北京市劳动保护科学研究所负
责。

国家计划委员会
一九八五年十二月十七日

第一章 总　则

第1.0.1条　为防止工业噪声的危害，保障职工的身体健康，保证安全生产与正常工作，保护环境，特制订本规范。

第1.0.2条　本规范适用于工业企业中的新建、改建、扩建与技术改造工程的噪声（脉冲声除外）控制设计。新建、改建和扩建工程的噪声控制设计必须与主体工程设计同时进行。

第1.0.3条　对于生产过程和设备产生的噪声，应首先从声源上进行控制，以低噪声的工艺和设备代替高噪声的工艺和设备；如仍达不到要求，则应采用隔声、消声、吸声、隔振以及综合控制等噪声控制措施。

第1.0.4条　工业企业噪声控制设计，应对生产工艺、操作维修、降噪效果进行综合分析，积极采用行之有效的新技术、新材料、新方法，以降低成本、提高效能，力求获得最佳的经济效益。

第1.0.5条　对于少数生产车间及车间内噪声级仍不能达到噪声控制设计标准时，则应采取个人防护措施。

对这类生产车间及作业场所，噪声控制设计应根据车间内的噪声级以及所采取的个人防护装置的插入损失值进行。

第1.0.6条　工业企业噪声控制设计，除执行本规范规定外，尚应符合国家现行的其它有关标准规范的规定。

编制说明

本规范是根据原国家基本建设委员会(78)建发设字第562号文件，由北京市劳动保护科学研究所为主编单位，会同十二个单位共同编制的。

在本规范编制过程中，编制组在全国范围内进行了较广泛的调查测试工作，收集了国内外有关资料，并就噪声的各种效应进行了必要的专题试验研究工作，组织实施了典型行业的噪声控制工程。在广泛征求了全国有关单位的意见之后，经全国审查会议和全国声学标准化技术委员会审查定稿。

本规范共分七章和三个附录。主要内容包括：工业企业中各类地点的噪声控制设计以及设计中为达到这些标准所应采取的措施。

鉴于本规范系初次编制，在施行过程中，请各单位结合工程实践，认真总结经验，注意积累资料。如发现需要修改和补充之处，请将意见和资料寄交北京市劳动保护科学研究所。

北京市基本建设委员会
一九八五年十二月

第二章　工业企业噪声控制设计标准

第2.0.1条 工业企业厂区内各类地点的噪声A声级，按照地点类别的不同，不得超过表2.0.1所列的噪声限制值。

工业企业厂区内各类地点噪声标准　　表2.0.1

序号	地点类别		噪声限制值(dB)
1	生产车间及作业场所（工人每天连续接触噪声8小时）		90
2	高噪声车间设置的值班室、观察室、休息室（室内背景噪声级）	无电话通讯要求时	75
		有电话通讯要求时	70
3	精密装配线、精密加工车间的工作地点、计算机房（正常工作状态）		70
4	车间所属办公室、实验室、设计室（室内背景噪声级）		70
5	主控制室、集中控制室、通讯室、电话总机室（室内背景噪声级）		60
6	厂部所属办公室、会议室、设计室、中心实验室（包括试验、化验、计量室）（室内背景噪声级）		60
7	医务室、教室、哺乳室、托儿所、工人值班室（室内背景噪声级）		55

注：①本表所列的噪声级，均应按现行的国家标准测量确定。
②对于工人每天接触噪声不足8小时的场合，可根据实际接触噪声的时间，按接触时间减半噪声限制值增加3dB的原则，确定其噪声限制值。
③本表所列的室内背景噪声级，系在室内无声源发声的条件下，从室外经由墙、门、窗（门窗启闭状况为常规状况）传入室内的平均噪声级。

第2.0.2条 工业企业由厂内声源辐射至厂界的噪声A声级，按照毗邻区域类别的不同，以及昼夜时间的不同，不得超过表2.0.2所列的噪声限制值。

厂界噪声限制值(dB)　　表2.0.2

厂界毗邻区域的环境类别	昼间	夜间
特殊住宅区	45	35
居民、文教区	50	40
一类混合区	55	45
商业中心区、二类混合区	60	50
工业集中区	65	55
交通干线道路两侧	70	55

注：①本表所列的厂界噪声级，应按现行的国家标准测量确定。
②当工业企业厂外受该厂辐射噪声危害的区域同厂界间存在缓冲地域时（如街道、农田、水面、林带等），表2.0.2所列厂界噪声限制值可作为缓冲地域外缘的噪声限制值处理。凡拟作缓冲地域处理时，应充分考虑该地域未来的变化。

第三章 工业企业总体设计中的噪声控制

第一节 一般规定

第3.1.1条 工业企业噪声控制设计应包括：环境影响报告书中噪声环境影响的预估，环境保护篇章中各种噪声控制设施的设计，以及建设项目施工图设计中各种噪声控制设施的设计。对于未能满足噪声控制设计目标要求的部分作出必要的修改与补充设计。

编写环境影响报告书，可根据建设项目的主要声源特性，以及类似企业的噪声环境影响状况，作出建设项目噪声环境影响的预估。有条件时，可根据声源特性及噪声传播衰减规律，作出工业企业各车间、各功能区及至厂界或厂内外生活区的噪声环境的预断评价。

第3.1.2条 工业企业总体设计中的噪声控制应包括：厂址选择，总平面设计、工艺、管线设计与设备选择，车间布置中的噪声控制。

第二节 厂址选择

第3.2.1条 产生高噪声的工业企业，应在集中工业区选择厂址，不得在噪声敏感区域（如居民区、医疗区、文教区等）选择厂址。

第3.2.2条 对外部噪声敏感的工业企业，应根据其正常生产运行的要求，避免在高噪声环境中选择厂址，并应远离铁路、公路干线、飞机场及主要航线。

第3.2.3条 产生高噪声的工业企业的厂址，应位于城镇居民集中区的当地常年夏季最小风频的上风侧；对噪声敏感的工业企业的厂址，应位于周围主要噪声源的当地常年夏季最小风频的下风侧。

第3.2.4条 工业企业的厂址选择，应充分利用天然缓冲地域。

第三节 总平面设计

第3.3.1条 工业企业的总平面布置，在满足工艺流程与生产运输的要求的前提下，应符合下列规定：

一、结合功能分区与工艺分区，应将生活区、行政办公区与生产区分开布置，高噪声厂房（如高炉、空压机站、锻压车间、发动机试验台站等）与低噪声厂房分开布置。工业企业内的主要噪声源应相对集中，并应远离厂内外要求安静的区域。

二、主要噪声源设备及厂房周围，宜布置对噪声较不敏感的、较为高大的、朝向有利于隔声的建筑物、构筑物。在高噪声区与低噪声区之间，宜布置辅助车间、仓库、料场、堆场等。

三、对于室内要求安静的建筑物，其朝向布置与高度应有利于隔声。

四、在交通干线两侧布置生活、行政设施等建筑物，应与交通干线保持适当距离。

第3.3.2条 工业企业的立面布置，应充分利用地形、地物阻挡噪声；主要噪声源宜低位布置，噪声敏感区宜布置在自然屏障的声影区中。

第3.3.3条 工业企业的交通运输设计，应在保证各种使用功能要求的前提下，满足下列要求：

一、交通运输线路不宜穿过人员稠密区。

二、在生活区及其他噪声敏感区中布置道路，宜采用尽端式布置，减少交通噪声影响的措施。

三、铁路站场附近的设置，应充分利用周围的建筑物、构筑物隔声。对用喇叭式扬声器（高音喇叭）指挥作业的扩音点，还应考虑扬声器指向性的影响，不得将声音最强的方向指向噪声敏感区。

第3.3.4条 当工业企业总平面设计中采用以上各条措施后，仍不能达到噪声设计标准时，宜设置隔声用的屏障或各厂房、建筑物之间保持必要的防护间距。

第四节 工艺、管线设计与设备选择

第3.4.1条 工业企业的工艺设计，在满足生产要求的前提下，应符合下列规定：

一、减少撞击工艺。在可能条件下，以焊代铆、以液压代冲压，以液动代气动。

二、避免物料在运输中出现大高差翻落和直接撞击。

三、采用较少向空中排放高压气体的工艺。

四、采用操作机械化（包括进、出料机械化）和运行自动化的设备工艺，实现远距离监视操作。

第3.4.2条 工业企业的管线设计，应正确选择输送介质在管道内的流速；管道截面不宜突变；管道连接宜采用顺流走向；管道与强烈振动的设备连接，应采用柔性连接。阀门宜选用低噪声产品。有强烈振动的管道与建筑物、构筑物或支架的连接，不应采用刚性连接。

辐射强噪的管道，宜布置在地下或采取隔声、消声处理措施。

第3.4.3条 工业企业设计中的设备选择，宜选用噪声较低、振动较小的设备。主要噪声源设备的选择，应收集和比较同类型设备的噪声指标。

第3.4.4条 工业企业设计中的设备选择，应包括噪声控制专用设备的选择。

第五节 车间布置

第3.5.1条 在满足工艺流程要求的前提下，高噪声设备宜相对集中，并应尽量布置在厂房的一隅。如对车间环境仍有明显影响时，则应采取隔声等控制措施。

第3.5.2条 有强烈振动的设备，不宜布置于楼板或平台上。

第3.5.3条 设备布置，应考虑与其配用的噪声控制专用设备的安装和维修所需的空间。

第四章 隔声设计

第一节 一般规定

第4.1.1条 隔声设计适用于可将噪声控制在局部空间范围内的场合。

对声源进行的隔声设计，可采用隔声罩的结构型式；对接收者进行的隔声设计，可采用隔声间（室）的结构型式；对噪声传播途径进行的隔声设计，可采用隔声墙与隔声屏障（或利用路堑、土堤、房屋建筑等）的结构型式，必要时也可同时采用上述几种结构型式。

第4.1.2条 对于车间内独立的强噪声源，应按操作、维修及通风冷却的要求，采用相应型式的隔声罩，如固定密封型隔声罩、活动密封型隔声罩，以及局部开敞式隔声罩等。

隔声罩降噪量的设计，可按表 4.1.1 规定的范围选取。

隔声罩的降噪量　　　　表 4.1.1

隔 声 罩 结 构 形 式	A 声级降噪量（dB）
固定密封型	30～40
活动密封型	15～30
局部开敞型	10～20
带有通风散热消声器的隔声罩	15～25

第4.1.3条 当不宜对声源作隔声处理、而又允许操作管理人员不经常停留在设备附近时，隔声设计应采取控制、监督、观察、休息用的隔声间（室）。

隔声间（室）的设计降噪量，可在 20～50dB 的范围内选取。

第4.1.4条 对于工人多、强噪声源比较分散的大车间，可设置隔声屏障或屏障带有生产工艺孔洞的隔墙，将车间在平面上划分为几个不同强度的噪声区域。

隔声屏障的设计降噪量，可在 10～20dB 范围内选取。对高频声源，隔声屏障的设计降噪量可选取较高值。

第4.1.5条 在可能条件下，车间的隔声处理也可在竖向上划分不同强度的噪声区域。对于带有较强振动的强噪声源，宜设置地面下开有生产工艺孔洞的地下室，必要时也可以利用路堑、土堤、房屋建筑等的隔声屏障（或同时采用上述几种结构型式）。

第4.1.6条 对于组合隔声构件、墙、楼板、门窗等的隔声量设计，宜符合下列公式的要求：

$$S_1\tau_1 = S_2\tau_2 = \cdots\cdots = S_i\tau_i \qquad (4.1.6)$$

式中　S_1, S_2, $\cdots\cdots S_i$——各分构件的面积（m²）；

τ_1, τ_2, $\cdots\cdots\tau_i$——各分构件的透射系数。

第4.1.7条 进行隔声设计，必须注意孔洞与缝隙的漏声。对于构件的拼装节点、电缆孔、管道的通过部位以及一切施工上容易忽略的隐蔽声通道，应作密封或消声处理，并给出施工说明和详细大样图。

第二节 隔声设计程序和方法

第4.2.1条 隔声设计，应按下列步骤进行：

一、由声源特性和受声点的声学环境估算受声点的各倍频带声压级；

二、确定受声点各倍频带的允许声压级；

三、计算各倍频带的需要隔声量；

四、选择适当的隔声结构与构件。

第 4.2.2 条 对于室内只有一个声源的情形，估算受声点各倍频带的声压级，应首先查找，估算量声源 125～4000Hz 六个倍频带的功率级，然后根据测量声源特性和声学环境，按下式进行计算：

$$L_p = L_w + 10\lg\left(\frac{Q}{4\pi r^2} + \frac{4}{R_t}\right) \quad (4.2.2-1)$$

式中 L_p——受声点各倍频带声压级 (dB)；

L_w——声源各倍频带功率级 (dB)；

Q——声源指向性因数。当声源位于室内几何中心时，$Q=1$；当声源位于室内地面中心或某一墙面中心时，$Q=2$；当声源位于室内某一边线中点时，$Q=4$；当声源位于室内某一角落时，$Q=8$；

r——声源至受声点的距离 (m)；

R_t——声学环境的房间常数 (m²)。

房间常数 R_t，应按下式计算：

$$R_t = \frac{S\bar{\alpha}}{1-\bar{\alpha}} = \frac{A}{1-\bar{\alpha}} \quad (4.2.2-2)$$

式中 S——房间内总表面积 (m²)；

$\bar{\alpha}$——房间内各倍频带的平均吸声系数；

A——房间内各倍频带的总吸声量 (m²)。

对于多声源情况，可分别求出各声源在受声点产生的声压级，然后按声压级的合成法则计算受声点各倍频带的合成声压级。

第 4.2.3 条 受声点 125～4000Hz 各倍频带的允许声压级，应根据本规范第二章对不同地点所规定的噪声限制值，按附表 2.1 确定。

第 4.2.4 条 各倍频带需要隔声量的计算，应按下式进行：

$$R = L_p - L_{pa} + 5 \quad (4.2.3)$$

式中 R——各倍频带的需要隔声量 (dB)；

L_p——受声点各倍频带的声压级 (dB)；

L_{pa}——受声点各倍频带的允许声压级 (dB)。

第 4.2.5 条 隔声结构与各倍频带隔声构件的确定，应能满足各频带需要隔声量的要求。

第 4.2.6 条 隔声罩或隔声间（室）的结构设计，必须有足够的吸声衬里。各倍频带的插入损失，应满足需要隔声量的要求，其值可按下式计算：

$$D = R_0 + 10\lg\frac{R_t}{S} \quad (4.2.6)$$

式中 D——各倍频带的插入损失 (dB)；

R_0——隔声构件各倍频带的固有隔声量 (dB)；

S——隔声构件的透声面积 (m²)。

第三节 隔声结构的选择与设计

第 4.3.1 条 隔声结构的设计，应首先收集隔声构件固有隔声量的实测数据。

单层均质构件（墙与楼板）的固有隔声量，可按质量定律的经验公式进行估算。

选用单层隔声构件，应防止吻合效应的影响。需要以较轻重量获得较高隔声量（如超过 30dB）时，隔声结构可选用复合结构。

第 4.3.2 条 双层结构的设计，应符合下列要求：

一、有大量自动化与各种测量仪表的中心控制室，或高噪声设备试验车间的试验控制室，宜采用以砖、混凝土等建筑材料为主的高性能隔声室。必要时，墙体与屋盖可采用双层结构，门窗等隔声构件宜采用带双道隔声门斗与多层隔声窗。

围护结构的内表面应有良好的吸声设计。

二、隔声室的组合隔声量，可按下列公式计算：

$$R = 10 \lg \frac{1}{\bar{\tau}} \qquad (4.3.4-1)$$

$$\bar{\tau} = \Sigma S_i \tau_i / \Sigma S_i \qquad (4.3.4-2)$$

式中 R——隔声室的组合隔声量（dB）；

$\bar{\tau}$——隔声室的平均透射系数。

三、为高噪声车间工人设置临时休息用的活动隔声间，体积不宜超过 14m³，以便必要时移动。其围护结构宜采用金属或非金属薄板的双层轻结构。通风设备可采用带简易消声器的排风扇。

第4.3.5条 隔声罩的设计，应遵守下列规定：

一、隔声罩宜采用带有阻尼的，厚度为 0.5~2mm 的钢板或铝板制作；阻尼层厚度不得小于金属板厚的 1~3 倍。

二、隔声罩所占空间与机械设备间应留有较大的空间，通常隔声罩所占空间与设备的空间应留金属板的 1/3 以上。各内壁面与设备的空间距离，不得小于 100mm。

三、罩的内侧面，必须敷设吸声层，吸声材料应有较好的护面层。

四、罩内所有焊接缝与拼缝，应避免漏声；罩与地面的接触部分，应注意密封和固体声的隔离。

五、设监视设备运行的观察窗，宜引到罩外进行操作，并设设备的控制与计量开关。所有需要的通风、排烟以及生产工艺

一、隔声结构的共振频率，宜设计在 50Hz 以下；空气层的厚度，不宜小于 50mm。

二、吻合频率不宜出现在中频段。双层结构各层的厚度不宜相同，或采用不同刚度，或增加阻尼。

三、双层间的连接，应避免出现声桥。双层结构的层与层之间，双层结构与基础之间，宜彼此完全脱开。

四、双层结构间宜填充多孔吸声材料。此时的平均隔声量可按增加 5dB 进行估算。

第4.3.3条 设计与选用隔声门窗时，必须防止缝隙漏声，并应满足下列要求：

一、门窗和窗扇的隔声性能应与缝隙处理的严密性相适应。

二、门窗构造宜选用填充多孔材料（如矿棉、玻璃棉等）的夹层复合结构。多层复合结构的分层，不宜过多。门扇不宜过重，面密度宜控制在 60kg/m² 以内。

三、门缝宜采用斜口密封；使用压紧密封条时，密封条必须柔软而富于弹性。企口道数不应超过两道，并应有压紧装置。

四、隔声窗，需根据需要的隔声量确定。通常可选用单层或双层。需要隔声量超过 25dB 而又没有开启要求时，可采用双层固定密封窗，并在两层间的边框上敷设吸声材料。特殊情况下（如需要隔声量超过 40dB 时），可采用三层。

五、需要较高隔声性能的隔声门设计，可采用设置有两道门闸的声闸。声闸的内壁面，应具有较高的吸声性能。两道门闸宜错开布置。

第4.3.4条 隔声室的设计，应符合下列规定：

开口，均应设有消声器，其消声量应与隔声罩的隔声量相当。

第4.3.6条 隔声屏障的设置，应靠近声源或接收者。室内设置隔声屏时，应在接收者附近做有效的吸声处理。

第五章 消声设计

第一节 一般规定

第5.1.1条 消声设计适用于降低空气动力机械（通风机、鼓风机、压缩机、燃气轮机、内燃机以及各类排气放空装置等）辐射的空气动力性噪声。

空气动力机械的噪声控制设计，除采用消声器降低空气动力性噪声外，尚应根据设计要求，配合相应的隔声、隔振、阻尼等综合措施来降低机械机体辐射的噪声。

第5.1.2条 空气动力机械进、排气口均敞开时（如通风空调用通风机、矿井通风机等），应在进、出风管适当位置装设消声器。

进（排）气口敞开的设备，应装设进（出）口消声器。

进、排气口均不敞开，但管道隔声差，且管道经过的空间对噪声环境要求高时，亦可装设消声器。

第5.1.3条 消声器的消声量，应根据消声要求确定。通常设计消声量，不宜超过50dB。

第5.1.4条 设计消声器，必须考虑消声器的空气动力性能，计算相应的压力损失，把消声器的压力损失控制在机组正常运行许可的范围内。

第5.1.5条 设计消声器，应估算气流通过消声器产生的气流再生噪声，气流再生噪声对环境的影响不得超过该环境允许的噪声级。

第5.1.6条 消声器和管道中气流速度的选择，应符合下列规定：

对于空调系统，从主管道到使用房间的气流速度应逐步降低。主管道内气流速度不应超过10m/s，消声器内气流速度应低于10m/s。

鼓风机、压缩机、燃气轮机的进、排气消声器中，气流速度不宜超过30m/s。

内燃机进、排气消声器中的气流速度，不宜超过50m/s。

对于周围无人工作人员的高压大流量排气放空消声器，气流速度不宜超过60m/s。

第5.1.7条 消声器的设计，应保证其坚固耐用，并应使其体积大小与空气动力机械设备相适应。

对有特殊使用要求的空气动力设备（或系统），消声器还应满足相应的防潮、防火、耐高温、耐油污、防腐蚀等要求。

第二节 消声设计程序和方法

第5.2.1条 消声设计应按下列步骤进行：

一、确定空气动力机械（或系统）的噪声级和各倍频带声压级；

二、选定消声器的装设位置；

三、确定允许噪声级和各倍频带的允许声压级，计算所需消声量；

四、确定消声器的类型；

五、选用或设计适用的消声器。

第5.2.2条 需要消声的空气动力机械（或系统）的噪声声级、以及63~8000Hz八个倍频带的声压级，可由测量、估算或调查找资料的方法确定。

第5.2.3条 消声器的装设位置，应根据辐射噪声的部位和传播噪声的途径，按本规范第5.2.2条的规定选定。

第5.2.4条 允许噪声级和各倍频带的允许声压级，应根据本规范第二章规定的允许声压级制值，由附表2.1确定。所需消声量，应将按第5.2.2条规定求出的噪声级与频带声压级，减去允许的噪声级与频带声压级计算得出。

第5.2.5条 消声器的类型，应根据所需消声量空气动力性能要求以及空气动力设备管道中的防潮、耐高温等特殊使用要求来确定。

第5.2.6条 消声器的型号选择，应根据现有定型系列化消声器的性能参数确定。有条件时，也可自行设计符合要求的消声器。

第5.2.7条 工业企业中的通风空调消声设计，除考虑声源噪声以及消声器和各部件的消声量外，还应计算管道系统各部件产生的气流再生噪声。当气流再生噪声对环境的影响超过噪声限制值时，应降低气流速度或简化消声器结构。

第三节 消声器的选择与设计

第5.3.1条 当噪声呈中高频宽带特性时，消声器的类型，可采用阻性形式。阻性消声器的静态消声量，可按下式计算：

$$D = \varphi (\alpha_0) \frac{Pl}{S} \quad (5.3.1)$$

式中 D——消声器内无气流情况（即静态）下的消声量（dB）;

三、当需要获得比片式消声器更高的高频消声量时，可选用折板式消声器。折板式消声器适用于压力较高的高噪声设备（如罗茨鼓风机等）消声。折板式消声器消声片的弯折，应以视线不能透过为原则，折角不宜超过20°；其A声级消声量可按20dB/m估算，阻力系数可取为1.5～2.5。

四、当需要获得较大消声量和较小压力损失时，可选用消声通道为正弦波形、流线形、或菱形的声流式消声器。其阻力系数可在片式与折板式消声器之间选取。

五、在连通风管道系统中，可利用沿途的箱、室设计室式消声器（即室型式消声器）。通常，用隔断分割的小室数宜取为3～5个。室式消声器内的流速宜小于5m/s。

六、对风量不大、风速不高的通风空调系统，可选用声弯头。其气流速度宜小于8m/s。

第5.3.4条 当噪声呈明显低中频脉动特性时，或气流通道内不宜使用阻性吸声材料时（如空气压缩机进、排气口、发动机排气管道等），消声器的类型可选用扩张室式。扩张室式消声器的设计，应遵守下列规定：

一、扩张室式消声器的消声量，可用增加扩张比（室与管的截面积比）的方法提高；其消声频率特性，可用改变室长的方法来调节。

二、将几个扩张室串联使用来增大消声量时，各室长度不应相等。

三、为消除周期性通过频率的声波，应在室内插入长度分别等于室长的1/2与1/4的内接管。为保持良好的空气动力性能，内接管宜采用穿孔率不小于30%的穿孔管连接起来。

$\varphi(\alpha_0)$——消声系数，由驻波管法吸声系数 α_0 决定，可由表5.3.1查得；

P——消声器通道内吸声材料的饰面周长（m）；
l——消声器的有效长度（m）；
S——消声器通道截面积（m²）。

表5.3.1

消 声 系 数

α_0	0.1	0.2	0.3	0.4	0.5	0.6	0.7	0.8	0.9～1.0
$\varphi(\alpha_0)$	0.1	0.2	0.4	0.55	0.7	0.9	1.0	1.2	1.5

注：①当消声器内有气流时，由于气流再生噪声等原因，消声量将随气流速度增高而降低。
②当消声器长度增加到一定程度时，由于气流再生噪声等原因，沿消声量不再随长度增加而线性增加。因此，不应单纯依靠增加消声器的长度来提高消声器的消声量。

第5.3.2条 设计阻性消声器，应防止高频失效的影响。其上限截止频率可按下式计算：

$$f = 1.85\frac{C}{D} \quad (5.3.2)$$

式中 C——声速，常温常压下可取340m/s；
D——阻性消声器内通道宽度（m）。

第5.3.3条 阻性消声器结构型式的选择，应遵守下列规定：

一、当管道直径不大于400mm时，可选用直管式消声器。

二、当管道直径大于400mm时，可选用片式消声器。片式消声器的片间距宜取100～200mm，片厚宜取50～150mm；通常可使片厚与片距相等。片式消声的A声级消声量可按15dB/m估算；其阻力系数可取为0.8。

二、小孔喷注消声器的孔径宜为 1～3mm，孔中心距应大于孔径的 5 倍。总开孔面积应大于原排气口面积的 1.5～2 倍。

三、节流减压小孔喷注复合消声器可由 1～2 级节流减压加一级小孔喷注组成。

四、扩张室式消声器的内管管径不宜过大，管径超过 400mm 时，可采用多管式。

第 5.3.5 条　当噪声呈低中频特性时，消声器的类型可采用共振式。共振式消声器的设计，应遵守下列规定：

一、单通道共振式消声器，其通道直径不宜超过 250mm。对大流量系统可采用多通道，每一通道宽度可取 100～200mm。

二、共振消声器的共振器，各部分尺寸（长、宽、高）都应小于共振频率波长的 1/3；穿孔应集中在共振腔中部均匀分布；穿孔部分长度不宜超过共振频率波长的 1/12。

第 5.3.6 条　对于下列情形，消声器的类型可选择微穿孔金属板式：

一、消声器需在高温条件下使用；
二、消声器需经受较高速度的气流冲击；
三、消声器需经受短时间的火焰喷射；
四、消声器的压力损失必须控制在很小的值；
五、消声器不宜使用多孔吸声材料而又需要在宽频带范围内具有比较高的消声量。

管式或管片式微穿孔板消声器在流速较低时，其压力损失可忽略不计。当流速为 15m／s 时，管式消声器的压力损失可粗略取为 10Pa。

第 5.3.7 条　高温、高压、高速排气放空噪声的消声器设计，一般可采用节流减压、小孔喷注及节流减压小孔喷注复合等排气放空消声器。排气放空消声器的设计，应遵守下列规定：

一、节流减压消声器的节流级数，应根据驻压比确定，一般可取 2～5 级。对超高压的情况，也可多至 8 级。

第六章 吸声设计

第一节 一般规定

第 6.1.1 条 吸声设计适用于厂房原有吸声较少、混响声较强的各类车间厂房的降噪处理。降低以直达声为主的噪声，不宜采用吸声处理为主要手段。

第 6.1.2 条 吸声处理的 A 声级降噪量，可按表 6.1.2 预估。

吸声降噪量预估表　　　　　表 6.1.2

车间厂房类型	一般车间厂房	混响很严重的车间厂房	几何形状特殊（声聚焦）混响极严重的车间厂房
降噪量范围(dB)	3～5	6～10	11～12

第 6.1.3 条 吸声降噪效果并不随吸声量的增加，必须合理地确定吸声处理面积成正比，必须合理地确定吸声处理面积。

第 6.1.4 条 进行吸声设计，必须满足防火、防潮、防腐、防尘等安全卫生要求；同时，还应兼顾通风、采光、照明及装修要求，注意埋件设置，做到施工方便，坚固耐用。

第二节 吸声设计程序和方法

第 6.2.1 条 吸声设计应按下列步骤进行：

一、确定吸声处理前室内的噪声级和各倍频带的声压级；

二、确定降噪地点的允许噪声级和各倍频带的允许声压级、计算所需吸声降噪量；

三、计算吸声处理后应有的室内平均吸声系数；

四、确定吸声材料（或结构）的类型、数量与安装方式。

第 6.2.2 条 车间厂房吸声处理前的室内噪声级，以及吸声处理后应有的室内噪声级，可实测得出，也可按 125～4000Hz 六个倍频带的声压级，可实测得出，也可按公式 4.2.2 计算或由图 6.2.1 查得。

用公式 4.2.2 计算室内声压级时，室内处理前的平均吸声系数 $\bar{\alpha}_1$（或总吸声量 A_1）可由计算求得，也可通过测量房间混响时间求得。

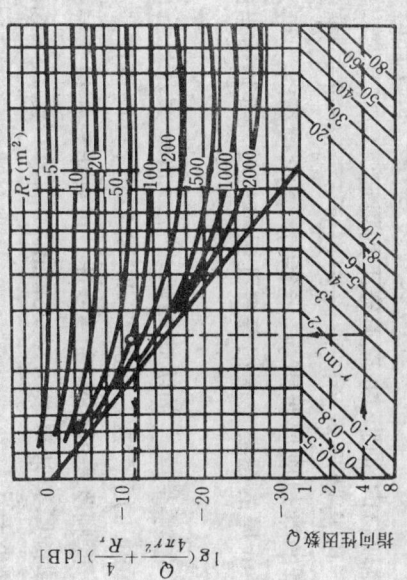

图 6.2.1　室内相对声级查算曲线

图注：图中虚线所示的查算例为：当 $Q=4$，$r=3$m，$R_r=100$m² 时，相对声压级约为11dB。

第6.2.3条 降噪地点的允许噪声级和125~4000Hz六个倍频带的允许声压级，应根据本规范第二章的规定，由附表2.1确定。所需吸声降噪量可将室内吸声处理前的声压级减去许可声压级得出。

第6.2.4条 吸声处理后的室内平均吸声系数，应根据所需吸声降噪量以及吸声处理前室内平均吸声系数，按下列公式计算（或由附表2.2查得）：

采用室内平均吸声系数计算，应按下式进行：

$$\Delta L_p = 10 \lg(\bar{\alpha}_2 / \bar{\alpha}_1) \qquad (6.2.4-1)$$

采用室内总吸声量计算，应按下式进行：

$$\Delta L_p = 10 \lg(A_2 / A_1) \qquad (6.2.4-2)$$

采用室内混响时间计算，应按下式进行：

$$\Delta L_p = 10 \lg(T_1 / T_2) \qquad (6.2.4-3)$$

式中 ΔL_p——吸声降噪量（dB）；

$\bar{\alpha}_1$、$\bar{\alpha}_2$——吸声处理前、后的室内平均吸声系数；

A_1、A_2——吸声处理前、后的室内总吸声量（m^2）；

T_1、T_2——吸声处理前、后的室内混响时间（s）。

注：公式（6.2.4）可适用于$\bar{\alpha}_2 < 0.5$的场合。

第6.2.5条 吸声材料（或吸声结构）的种类、数量与安装方式，应根据吸声处理后所需的室内平均吸声系数（或总吸声量、混响时间）的要求，按本章第三节的有关规定确定。

第6.2.6条 吸声设计的效果，可采用吸声降噪量及室内工作人员的主观听觉感觉来评价。通常，吸声降噪量应通过实测或计算吸声处理前后室内相应位置的噪声水平（A、C声级及125~4000Hz六个倍频带声压级）来求得，也可通过测量混响时间、声级衰减等方法求得吸声降噪量。

第三节 吸声构件的选择与设计

第6.3.1条 吸声构件的设计与选择，应符合因地制宜、就地取材的原则，并应遵守下列规定：

一、中高频噪声的吸声降噪设计，一般可采用20~50mm厚的常规成型吸声板；当吸声要求较高时，可采用50~80mm厚的超细玻璃棉等多孔吸声材料，并加适当的护面层。

二、宽频带噪声的吸声降噪设计，可在多孔材料后留50~100mm的空气层，或采用80~150mm厚吸声层。

三、低频噪声的吸声降噪设计，可采用穿孔板共振吸声结构，其板厚通常可取为2~5mm，孔径可取为3~6mm，穿孔率宜小于5%。

四、室内湿度较高、设有清洁要求的吸声降噪设计，可采用薄膜复面的多孔材料或单、双层微穿孔板吸声结构，微穿孔板的板厚及孔径均应不大于1mm，穿孔率可取0.5~3%，总腔深可取50~200mm。

第6.3.2条 吸声处理方式的选择，应遵守下列规定：

一、所需吸声降噪量较高、房间面积较小的吸声设计，宜对天花板、墙面同时作吸声处理（如单独的风机房、隔声室等）。

二、所需吸声降噪量较高、车间面积较大时，或为扁平状大面车间的吸声设计，一般可只作平顶吸声处理。

三、声源集中在车间局部区域而噪声影响整个车间的吸声设计，应在声源所在位置及墙面作局部吸声处理，且宜同时设置隔声屏障。

第七章 隔 振 设 计

第一节 一般规定

第 7.1.1 条 隔振降噪设计适用于产生较强振动或冲击、从而引起固体声传播及振动辐射噪声的机器设备的噪声控制。

当振动对操作者、机器设备运行或周围环境产生影响与干扰时，也应进行隔振设计。

第 7.1.2 条 对隔振要求较高的车间或设备，应远离振动较强的机器设备或其他振动源（如铁路、公路干线）。

第 7.1.3 条 隔振装置及支承结构型式，应根据机器设备的类型、振动强弱、扰动频率等特点以及建筑、环境和操作者对噪声振动的要求等因素确定。

第 7.1.4 条 各类场所的隔振设计目标值，应根据本规范第二章规定的噪声限制的要求确定；其振动值尚应符合国家现行的有关振动标准的规定。

第二节 隔振设计程序和方法

第 7.2.1 条 隔振降噪设计应按下列步骤进行：

一、确定所需的振动传递比（或隔振效率）；

二、确定隔振元件的荷载、型号、大小和数量；

三、确定隔振系统的静态压缩量、频率比以及固有频率；

四、吸声降噪设计，通常应采用空间吸声体的方式。吸声体面积宜取吊顶面平顶面积的 40% 左右，或室内总表面积的 15% 左右。空间吸声体的悬挂高度宜低些，离声源宜近些。

四、验算隔振参量，估计隔振设计的降噪效果。

第 7.2.2 条 应根据实测或估算得到的需隔振设备或地点的振动水平及机器设备的扰动频率、设备型号规格、使用工况以及环境要求等因素确定。

简单隔振系统（质量弹簧系统）的振动传递比，可按下式计算：

$$T_r = \frac{1}{\left|1 - \left(\dfrac{f}{f_n}\right)^2\right|} \tag{7.2.2}$$

式中 T_r——隔振系统的振动传递比；
f——机器设备的扰动频率（Hz）；
f_n——隔振系统的固有频率（Hz）。

第 7.2.3 条 应遵守下列规定：

一、隔振元件承受的荷载，应根据设备（包括机组和机座）的重量、动态力的影响以及安装时的荷载等情况确定；

二、设备重量均匀分布时，每个隔振元件的荷载可将设备重量除以隔振元件数目得出。隔振元件的型号和大小可据此确定；

三、设备重量不均匀分布时，各个隔振元件的选择，也可采用机座（混凝土块或支架），并根据重心位置来调整支承点；

四、隔振元件的数量，一般宜取 4～6 个。

第 7.2.4 条 隔振系统静态压缩量、频率比以及固有频率的确定，应遵守下列规定：

一、静态压缩量应根据隔振动传递比（或隔振效率），设备稳定性及操作方便等要求确定；

二、频率比中的扰动频率，通常可取为设备最低扰动频率。频率比应大于 1.41，通常宜取 2.5～4；严禁采用接近于 1 的频率比；

三、隔振系统的固有频率及频率比可根据扰动频率及频率比确定，并可按下式估算：

$$f_n = 4.98 \sqrt{\frac{K_D}{W}} \approx 5 \sqrt{\frac{d}{\delta_{st}}} \tag{7.2.4}$$

式中 K_D——隔振元件动刚度（kg/cm）；
W——隔振系统重量（kg）；
d——动态系数（隔振元件的动、静刚度比。钢弹簧可取 1.0；橡胶可取 1.5～2.3）；
δ_{st}——隔振元件在设备总重量下的静态压缩量（cm）。

第 7.2.5 条 隔振参量的验算在隔振系统确定之后进行，通常应包括振动传递比或隔振效率、静态压缩量、动态系数等参数的验算；同时尚应包括对隔振的降噪效果作出的估计。

对于楼板上的隔振系统，其楼下房间内的静态降噪可用下式估算：

$$\Delta L_P \approx \Delta L_V \approx 20 \lg \frac{1}{T_r} \tag{7.2.5}$$

式中 ΔL_P——隔振前、后楼下房间内声压级的改变量（dB）；
ΔL_V——隔振前、后楼板振动速度级的改变量（dB）。

第 7.2.6 条 下列情况的隔振设计，应进行更为详细周密的计算与选择：

一、隔振效率要求非常高（如 $\eta > 97\%$）；

二、冲击和周期性振动联合产生强迫运动；

三、多向隔振。

第三节 隔振元件的选择与设计

第7.3.1条 隔振元件（包括隔振垫层和隔振器）的选择，应遵守下列规定：

一、固有频率为 1～8Hz 的振动隔绝，可选用金属弹簧隔振器、空气弹簧隔振器；

二、固有频率为 5～12Hz 的振动隔绝，可选用剪切型橡胶隔振器、橡胶隔振垫（2～5层）或玻璃纤维板（50～150mm厚）；

三、固有频率为 10～20Hz 的振动隔绝，可选用橡胶隔振垫（1层）、金属橡胶隔振器或金属丝棉隔振器；

四、固有频率大于 15Hz 振动隔绝，可选用软木、或压缩型橡胶隔振器；

五、隔振元件的品种规格，可根据有关产品的技术性能参数选择确定。

第7.3.2条 隔振系统的布置，应符合下列要求：

一、隔振系统的布置，宜采用对称方式，各支点承受的荷载应相应相等；

二、对于机组（如风机、泵、柴油发电机等）不组成整体的情况，隔振元件对机组的支承必须通过公共机座实现。机组的公共机座（或轻型）机器设备的隔振元件，提高隔振效率的情况，隔振元件可串联使用。

三、对于需要降低固有频率、提高隔振效率的情况，隔振元件可串联使用。

四、小型（或轻型）机器设备的隔振元件，可直接设置在地坪或楼板上，通常不必另做设备基础和地脚螺栓；

五、重心高的机器，或承受偶然碰撞的机器，可采用横向稳定装置，但不得造成振动短路。

第7.3.3条 采用弹性连接，应符合下列要求：

一、下列管道系统的振动隔绝，应采用弹性连接：

1.风机送回风管系统的隔振，可采用帆布接头、橡胶软管以及隔振吊钩（或支架）；

2.泵、冷冻机、气体压缩机等管道系统的隔振，应采用橡胶软管。输送介质温度过高、压力过高或者化学活性大的管道系统，则应采用金属软管；

3.电机等设备的电气管线，应采用软管线；

4.穿越楼板或墙的管道，应采用弹性材料隔开。

二、软管的位置，应设置在振源附近和振动运动较小之处；

三、穿过隔振元件的螺栓，必须采用软热噜和软套管与隔振元件相连结。

第7.3.4条 隔振机座应设置在机器设备与隔振元件之间，通常宜自由型钢或混凝土块构成。需要制作安装方便且目重较轻的隔振机座应采用钢或钢构架。隔振系统重心低，系统的固有频率低且隔振量大的机座，宜采用混凝土制作。混凝土机座的重量不得小于机器重量，通常应有机器重量的2倍，对往复式机器等，则宜取机座重量的3～5倍。锻床、冲击等类的隔振机座重量，应由传至机座的动力和机器的容许运动来决定。

续表

名　词	说　　　明
阻力系数	消声器压力损失与通道内平均动压之比
气流再生噪声	管道或消声器内由于气流流动或受激振动而产生的噪声
上限截止频率	管道或消声器内出现非平面波效应的频率。对于超过该频率的高频声，消声器的消声性能急剧下降
振动传递比	振动系统在稳态受迫振动中，响应幅值与激励幅值的比
隔振效率	无量纲比值。它可以是 $\eta = (1 - T_A) \times 100\%$
振动速度级	振动速度与基准速度之比值的对数，再乘以 20。单位：dB。基准速度 $V_0 = 10^{-9}$ m/s

附录一　本规范名词解释

本规范名词解释　　　　附表 1.1

名　词	说　　　明
高噪声设备	辐射噪声对工作环境或生活环境产生明显影响的设备
高噪声车间（厂房、企业、区域）	内部噪声超过某一声级，以至对外部环境或内部工作环境产生明显影响的车间（厂房、企业、区域）
对噪声敏感的企业（车间、建筑、区域）	内部工作性质或使用状况要求较安静条件的企业（车间、建筑、区域）
室内平均声级	室内人员工作或经常经过的各地点声级值的算术平均值
噪声控制专用设备	专门为控制噪声而设计、生产或制造的设备。通常包括：消声器、隔声窗、隔声屏、隔声罩、隔声间、空间吸声体、隔振元件、阻尼材（涂）料等
固定密封型隔声罩	各组合部件均不可经常开启或装制的密封性良好的隔声罩
活动密封型隔声罩	密封性良好，但为操作检修要留有易于启闭的门窗的隔声罩
局部开敞式隔声罩	由于结构所限，或为装配、通风散热、检修所需而局部未加封闭的隔声罩
声桥	双层隔声构件之间的刚性连接
压力损失	消声器内存在给定气流时，消声器进口端与出口端平均全压之差。单位：Pa。通常，消声器两端截面相同，压力损失即为两端静压之差

可由附表 2.2 查得吸声降噪量。

室内吸声降噪量估算表　　　　附表 2.2

$\overline{\alpha}_2$ / ΔL_p / $\overline{\alpha}_1$	0.05	0.10	0.15	0.20	0.25	0.30
0.20	6.0	3.0	1.2	—	—	—
0.25	7.0	4.0	2.2	1.0	—	—
0.30	7.8	4.8	3.0	1.8	0.8	—
0.35	8.5	5.4	3.7	2.4	1.5	0.7
0.40	9.0	6.0	4.3	3.0	2.0	1.2
0.45	9.5	6.5	4.8	3.5	2.6	1.8
0.50	10.0	7.0	5.2	4.0	3.0	2.2
0.55	10.4	7.4	5.6	4.4	3.4	2.6
0.60	10.8	7.8	6.0	4.8	3.8	3.0
0.65	11.1	8.1	6.4	5.1	4.1	3.4
0.70	11.5	8.5	6.7	5.4	4.5	3.7

附录二　倍频带允许声压级查算表和室内吸声降噪量估算表

（一）倍频带允许声压级查算表

根据本规范第二章所列噪声 A 声级限制值，可由附表 2.1 查得八个倍频带的允许声压级。

倍频带允许声压级查算表　　　　附表 2.1

噪声限制值 (dB)	倍频带允许声压级 (dB)							
	63	125	250	500	1000	2000	4000	8000
90	107	97	90	84	81	80	80	82
85	102	92	85	79	76	75	75	77
80	97	87	80	74	71	70	70	72
75	92	82	75	69	66	65	65	67
70	87	77	70	65	61	60	60	62
65	82	72	65	60	56	55	55	57
60	77	67	60	54	51	50	50	52
55	72	62	55	49	46	45	45	47
50	67	57	50	44	41	40	40	42
45	62	52	45	39	36	35	35	37

注：①本附表适用于八个倍频带起同样作用的情形。
②进行隔声、吸声设计，通常只考虑 125～4000Hz 六个倍频带。这时，本附表所列允许声级值可放宽 1dB。

（二）室内吸声降噪量估算表

根据吸声降噪量处理前、后室内各频带平均吸声系数 $\overline{\alpha}_1$ 与 $\overline{\alpha}_2$，

附加说明

本规范主编单位、参加单位和
主要起草人名单

主编单位： 北京市劳动保护科学研究所

参加单位： 中国科学护科学研究院
中国科学院声学研究所
上海工业建筑设计院
上海民用建筑设计院
上海化工设计院
冶金工业部重庆钢铁设计研究院
冶金工业部北京钢铁设计研究总院
机械工业部设计研究总院
电子工业部第十一设计研究院
航空工业部第四规划设计研究院
化学工业部第四设计院
中国环境科学研究院

主要起草人： 方丹群　陈潜　张敬凯　陈道常　孙凤卿　董金英
吴大胜　孙家其　梁其和　穆杨乾　章奎生　徐之江
李芳年　周光源　陈津华　杨臣钧　肖净岚
冯瑞正　朱汝洲　封根泉　虞仁兴　刘惠媛　江珍泉
戚丹

附录三　本规范用词说明

一、执行本规范条文时，对于要求严格程度的用词说明如下，以便在执行中区别对待：

1. 表示很严格，非这样做不可的用词：

正面词采用"必须"；
反面词采用"严禁"。

2. 表示严格，在正常情况下均应这样做的用词：

正面词采用"应"；
反面词采用"不应"或"不得"。

3. 表示允许稍有选择，在条件许可时，首先应这样做的用词：

正面词采用"宜"或"可"；
反面词采用"不宜"。

二、条文中指明必须按其它有关标准和规范执行的写法为"应按……执行"或"应符合……要求或规定。"非必须按所指定的标准和规范执行的写法为"可参照……"。

中华人民共和国国家标准

驻波管法吸声系数与声阻抗率测量规范

GBJ 88—85

主编单位：同　济　大　学

批准部门：中华人民共和国国家计划委员会

施行日期：1 9 8 6 年 6 月 1 日

关于发布《驻波管法吸声系数与声阻抗率测量规范》的通知

计标[1986]04号

根据原国家建委（81）建发设字第546号通知的要求，由全国声学标准化技术委员会负责归口组织，具体由同济大学会同有关单位编制《驻波管法吸声系数与声阻抗率测量规范》，已经全国声学标准化技术委员会会审。现批准《驻波管法吸声系数与声阻抗率测量规范》GBJ 88—85为国家标准，自1986年6月1日起施行。

本规范具体解释等工作由同济大学负责。

国家计划委员会

1985年12月31日

第一章 总 则

第1.0.1条 为了统一驻波管测量，便于测量数据的相互比较，特制订本规范。

第1.0.2条 本规范适用于吸收空气声的吸声材料和吸声构件。采用驻波管测量法向入射时的吸声系数和法向声向阻抗率。

编 制 说 明

本规范是根据原国家基本建设委员会（81）建发设字546号文的要求，由全国声学标准化技术委员会委托同济大学负责编制的。

在本规范的编制过程中，编制单位调查研究了国内有关单位的实践经验和研究成果，收集并分析了国外同类测量标准以及相应的理论分析，对一些重要内容作了较系统的对比试验，提出了规范征求意见稿。广泛征询了国内各有关单位的意见，并召开了座谈会，经反复修改提出了送审稿。经全国声学标准化技术委员会建筑声学分委会讨论同意，最后由全国声学标准化技术委员会审查定稿。

本规范共五个章及七个附录。内容包括：测量设备、测量方法、测量范围和测量要求。

在本规范施行过程中，希各单位注意积累资料，认真总结经验，如发现有需要修改或补充之处，请将意见和有关资料寄交同济大学声学研究所，以供今后修订时参考。

同济大学
1985年12月

第二章 测量基本设备

第一节 测量装置

第2.1.1条 驻波管测量的设备，应由驻波管、声源系统、探测器及输出指示装置等部分所组成，如图2.1.1所示。

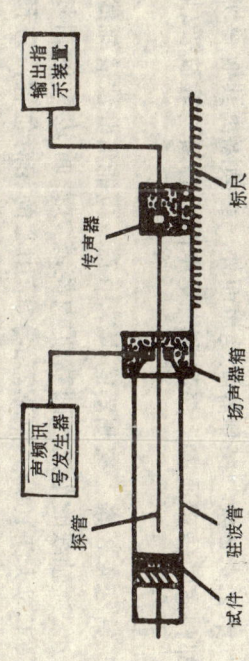

图2.1.1 待测试件和声源装置典型装置

第二节 驻波管

第2.1.2条 待测试件和声源装置应分别置于驻波管的两端。试件表面应与驻波管轴线互相垂直。

第2.2.1条 驻波管内的横截面，一般应采用圆形或正方形。截面面积应均匀，其偏差不应大于0.2%。

第2.2.2条 驻波管的管壁，应以密实而且刚硬的材料制成。管壁的内表面应平滑，且无微细缝隙。

第2.2.3条 驻波管可划分为两段：一为试件段，供装置试件用；另一为测试段，为驻波管主体。两段的横截面和壁厚必须完全相同，且应同轴连接。

如试件段与驻波管主体为整体结构，管上供装卸试件的通道，必须采用厚实的盖板于或接近接管壁的隔声性能。

固定，其隔声性能应优于或接近管壁的隔声性能。

闭口端的盖板，应以10毫米以上的厚实材料制成，底板与侧板间应紧配，并应能在试件筒内平滑移动，开口端的端面必须平整。

试件筒与驻波管主体间应相对固定，并应能将驻波管严密封闭。试件筒的外侧应另加套管连接部位的试件筒。试件典型装置的要求，可按附录一执行。

第2.2.4条 驻波管长度与圆截面内径方截面边长的比值，宜在10～15范围内。

第2.2.5条 驻波管应安装在地面或合架上。采用可装卸的试件筒时，试件筒应另加支承装置。

第三节 声源系统

第2.3.1条 声源系统，应由声频信号发生器、功率放大器、扬声器等部分组成。

第2.3.2条 扬声器应装在与驻波管相连通的箱体内。箱体的壁面，应用厚实材料制成；箱内应无声材料。箱体隔振材料，应充填吸声材料。

第2.3.3条 扬声器箱可直接装置在驻波管的末端，也可装在45°或90°弯头上。扬声器与驻波管应严密结合，并应衬垫隔振材料，在连接部位，通道截面积应没有突变。

第2.3.4条 扬声器必须以纯音信号激发。激发信号，一般由声频信号发生器发生后经功率放大再馈送至扬声器。

器。信号的频率，应采用1/3倍程系列的中心频率。

第2.3.5条 在测试期间，信号一次测量中，信号幅值的漂移，不应大于0.2分贝；频率的漂移，不应大于0.5%。

第2.3.6条 信号的频率，应能精确测量；其准确度，应优于1%。

注：如果只测吸声系数时，其准确度可适当降低。

第四节 探 测 器

第2.4.1条 探测器主体为一可移动的传声器。传声器可直接装置在驻波管内，也可借助探管在管外。探测器在管内装置部分的截面积总和，不应大于驻波管截面积的5%。

第2.4.2条 探测器除受声面外，必须隔离其他一切与外部相通的传声通道。探测器的受声面，必须与驻波管轴线互相垂直。

第2.4.3条 探测器的声学中心，应能沿驻波管轴线移动；偏离轴线的距离或方截面边长的相对位置，不应大于10%。探测器的声学中心的相对位置，应预先加以标定。一般可符合附录二的要求。

第2.4.4条 探测器应附有标尺或传动读数装置，与测量频率上限相对应的波长相比较，距离测量的准确度应优于1%。

第2.4.5条 探测器装设的传声器在探测过程中不会与驻波管管壁或声场接触，并应保证在移动探测器时不会作刚性接触。

第2.4.6条 采用探管探测时，探管的壁厚，不宜小于管径的1/8。探管与传声器间，应作隔振处理。

第五节 输出指示装置

第2.5.1条 输出的指示装置，一般应由信号放大器、衰减器、滤波器和指示器等部分所组成。

第2.5.2条 接收信号自探测器馈送至输出指示装置的电缆，必须采用屏蔽电缆。

第2.5.3条 在测试期间，信号放大器的工作状态，应保持稳定。同一次测量中，放大器增益的漂移，不应大于0.2分贝。在正常工作状态，放大器的失真度，不应大于3%。

第2.5.4条 分档的衰减器，应能连续地或成分档地改变信号的相对强弱。分档的衰减器，应预先标定，其测量的准确度，应优于0.2分贝。

第2.5.5条 滤波器对偏离中心频率为一倍频程的频率，衰减量应增大30分贝以上。当探测器在驻波管内声压级极大处时，接收信号经过放大、滤波后，其谐频成份应比基频成份低50分贝以上。

第2.5.6条 指示器应附有读数装置，并应能精确测量接收信号对比值或相应的级差；其测量的准确度，应优于2%或0.2分贝。

第2.5.7条 指示器的读数，可根据指示器指示量的大小直接读数（如指针的偏转角度、接收信号电平的高低等），也可借助经标定的衰减器，改变接收信号的强弱，使它在指示器上指示给定值，然后根据衰减量进行读数。

第2.5.8条 指示器的指示，应能随接收信号的变化迅速地相应变化，采用声级计指示并读数时，一般不宜采用"慢"档。

第三章 测量方法

第一节 一般要求

第3.1.1条 驻波管的测量,必须先后在声压极大和声压极小两处进行,然后作相对比较。一般应先将探测器移动到声压极大处进行调试,再把探测器移动到声压极小处进行测量。在移动过程中,声源和接收系统的实验条件,必须保持不变。

第3.1.2条 驻波管中声压极大值与极小值间的相对比值,即驻波比,由相应接收信号的电压相对比值来确定。

第3.1.3条 探测器的声学中心作为测量距离的起点,一般可遵守附录二的规定。探测器的位置读数,应为试件表面至声压第一极小的距离;该距离宜以声波半波长为单位来表示,相应值即为相位因子,可按下式计算:

$$b = 2\xi_1/\lambda \qquad (3.1.3)$$

式中 ξ_1——试件表面至声压第一极小的距离(米);

$\lambda/2$——声波半波长(米);

b——相位因子,为试件表面至声压第一极小的距离与声波半波长的相对比值。

第3.1.4条 测量相对法向声阻抗率,应观察并记录室温。宜按下式确定空气中的声速:

$$c = 331.3 + 0.6t \qquad (3.1.4)$$

式中 c——空气中的声速(米/秒);

t——室温(°C)。

第3.1.5条 对于给定的频率,宜按下式确定声波半波长:

$$\lambda/2 = c/(2f) \qquad (3.1.5)$$

式中 f——给定频率(赫)。

第二节 吸声系数的测量

第3.2.1条 测量试件的吸声系数,应测出各给定频率的驻波比或其倒数。吸声系数可根据下式计算:

$$\alpha = \frac{4s}{(s+1)^2} \qquad (3.2.1-1)$$

或

$$\alpha = \frac{4n}{(1+n)^2} \qquad (3.2.1-2)$$

式中 α——吸声系数;

s——驻波比,即声压极大值与极小值间的相对比值;

n——驻波比的倒数。

第3.2.2条 测量时如直接读出的是声压极大与极小值间声压级之差,则吸声系数可根据下式计算:

$$\alpha = \frac{4 \times 10^{L/20}}{1 + 10^{L/20}} \qquad (3.2.2)$$

式中 L——声压极大值与极小值间声压级差(分贝)。

第3.2.3条 驻波比或其倒数、声压级差与吸声系数,也可按附录三查得。

第四章 测量范围

第一节 吸声系数测量范围

第 4.1.1 条 驻波管装置能正常测量的吸声系数范围，应根据空管驻波比来确定。空管驻波比为以刚硬反射面代替试件时测得的驻波比，通常以相应的声压级差来表示。在给定的测量频率，空管驻波比与对试件测量所得的相应值相比较，至少应提高 5 分贝。

第 4.1.2 条 在正常量测频率的范围内，驻波管装置能正常测量的最低吸声系数，可遵守表 4.1.2 的规定。

驻波管的最低吸声系数 表 4.1.2

空管驻波比（分贝）	≥45	40～44	35～39	30～34
最低吸声系数	0.04	0.07	0.12	0.20

在测量频率的范围内，驻波管的空管驻波比起伏较大时，可将频段细分，然后进行分段评价。

第二节 测量频率范围

第 4.2.1 条 测量频率的上限，应根据驻波管截面的形状和几何尺寸确定。在正常测量情况下，测量频率的上限，可按下列公式计算：

圆管

第三节 法向声阻率的测量

第 3.3.1 条 法向声阻率一般为复量，宜以空气特性阻抗为单位来表示，即宜以法向声阻率与空气特性阻抗的相对比值来表示，相应值即为相对法向声阻率，可按下式计算：

$$\zeta = |\zeta| \exp(j\phi).$$ 　　（3.3.1-1）

或

$$\zeta = \mu + j\nu.$$ 　　（3.3.1-2）

式中 ζ ——相对法向声阻抗率；

$|\zeta|$ ——相对法向声阻抗率的模；

ϕ ——法向声阻抗率辐角；

ν ——相对法向声抗率；

μ ——相对法向声阻率。

第 3.3.2 条 测量吸声系数的同时，按第 3.1.3 条规定测量定测量位置，然后按下列公式进行计算：

相对法向声阻抗率的模

$$|\zeta| = \left[\frac{2-\alpha - 2\sqrt{1-\alpha}\cos(2\pi b)}{2-\alpha + 2\sqrt{1-\alpha}\cos(2\pi b)}\right]^{\frac{1}{2}}$$ 　（3.3.2-1）

法向声阻抗率的辐角

$$\phi = \mathrm{tg}^{-1}\{-2\sqrt{1-\alpha}\,\sin(2\pi b)/c\}$$ 　（3.3.2-2）

相对法向声阻率

$$\mu = |\zeta|\cos\phi$$ 　（3.3.2-3）

相对法向声抗率

$$\nu = |\zeta|\sin\phi$$ 　（3.3.2-4）

方管

$$f_1 = \frac{1.84c}{\pi D} \qquad (4.2.1\text{-}1)$$

$$f_1 = \frac{c}{2D} \qquad (4.2.1\text{-}2)$$

式中 f_1——正常测量频率上限（赫）；
c——空气中声速（米/秒）；
D——圆截面内径或方截面边长（米）。

第4.2.2条 当探测器装置符合第2.4.3条规定的要求时，测量频率的上限，可按下列公式计算:

圆管

$$f_1' = \frac{3.83}{\pi} \cdot \frac{c}{D} \qquad (4.2.2\text{-}1)$$

方管

$$f_1' = \frac{c}{D} \qquad (4.2.2\text{-}2)$$

式中 f_1'——容许测量频率上限（赫）。

第4.2.3条 测量频率的下限，应根据驻波管测试段的有效长度确定。在正常测量情况下，应保证在驻波管内至少有一个声压极大和一个声压极小。测量频率的下限，可按下式计算:

$$f_2 = \frac{c}{2l} \qquad (4.2.3)$$

式中 f_2——正常测量频率下限（赫）；
l——驻波管有效测试长度（米）。

第4.2.4条 在很低频率，如在驻波管内不能测到一个声压极大，但仍可测到一个声压极小，可按附录四的方法进行测量，容许测量的测量频率下限，可扩展到一个倍频程左右。

第五章 测 量 要 求

第一节 试件的制备与安装

第5.1.1条 试件应从待测吸声材料或吸声结构中随机取样而得。同一批材料或吸声结构中至少应制备三个试件。

第5.1.2条 试件截面的形状和面积，应与驻波管截面相同。对于较大试件，可用若干相同的单元组合而成。采用圆管时，也可使用面积大于驻波管截面的薄板状试件，不过这时必须保证试件外侧面的严密封闭。典型试件的装置可遵守附录一的规定。

第5.1.3条 试件的表面应平整。对于松散材料，应有透声的护面装置，其透声结构顶端取一假想平面作为试件表面。对于尖劈形吸声结构，应在结构顶端取占总面积的30%以上。

第5.1.4条 试件应可靠地固定在驻波管内，试件的侧面紧贴管壁，但不应受挤压而使它变形。必要时取试件的侧面与管壁间的缝隙，应采取适当的密封措施。

第5.1.5条 当要求试件具有刚性背面时，试件背面必须平整并与驻波管底板紧贴。底板与驻波管侧壁间应密封。

第5.1.6条 当要求试件背后留有空腔时，应使试件背面和底板间的空气层保持给定的厚度。

第二节 测 量 程 序

第5.2.1条 进行测量前，应先完成下列准备工作:

压第一极小间距离。对于给定测量频率，距离读数相比较超过1%时，应测量平均值。当读数最大偏差与波长相比较超过1%时，应增加测量 2～3 次，然后取平均值。

三、按第3.1.4条的规定，确定半波长。

四、按第3.3.3条和第3.3.4条的规定，用空气特性阻抗为单位，计算试件的相对法向声阻抗率的模和辐角。

五、如有需要，可按第3.3.5条的规定，计算相对法向声阻抗率和声抗率。

第三节 测量误差

第5.3.1条 测量结果的误差，可采用所得平均值的标准偏差表达。

第5.3.2条 按第5.2.2条的规定，测量试件吸声系数的误差不应大于0.01。

第5.3.3条 按第5.2.3条的规定，测量试件相对法向声阻抗率模的误差不应大于1%。

第5.3.4条 按第5.2.3条的规定，测量试件相对法向声阻抗率模的相对误差，可由下式计算：

$$\varepsilon_\zeta = \sqrt{(f_\alpha\sigma_\alpha)^2 + (f_b\sigma_b)^2}$$

式中
$$f_\alpha = \frac{\alpha\cos(2\pi b)}{\sqrt{(1-\alpha)}\,[Q^2 + 4(1-\alpha)\sin^2(2\pi b)]}$$

$$f_b = \frac{4\pi\sqrt{1-\alpha}\,(2-\alpha)\sin(2\pi b)}{\alpha^2 + 4(1-\alpha)\sin^2(2\pi b)}$$

(5.3.4)

ε_ζ——相对法向声阻抗率模的相对误差；

σ_α——吸声系数 α 的测量误差；

σ_b——相位因子 b 的测量误差。

一、按第二章各条规定的要求，对驻波管测量设备各部分进行检查。

二、按第4.2.1条至第4.2.4条规定确定测量频率的范围，选取1/3倍频程系列的一系列测量频率。如有需要，可加入一些中间频率。

三、作空管测量，测出空管驻波比，按第4.1.1条或第4.1.2条的规定确定正常测量的最低吸声系数。

四、按照附录二的方法，确定探测器的起始位置。

五、按第5.1.1条至第5.1.6条的规定，制备并安装待测试件。

第5.2.2条 测量试件的吸声系数，应按下列规定进行：

一、探测器移到声压极大处时，应调节信号强度，使读数指示满刻度。

二、当探测器移到声压极小值上才能进行读数。

三、对于给定测量频率，声压极小值应取三次测量平均值。当相应吸声系数值的最大偏差超过0.02时，应增加测量 2～3 次，然后取平均值。在一般情况下，平均值取二位小数，当吸声系数大于0.96时，可取三位小数。

四、对于较高频率，声压极小值与第二、第三极小值可能有所不同，管道衰减引起极小值的变化，可按附录五的方法进行修正。

第5.2.3条 测量试件法向声阻抗率，测量试件的吸声系数或其相应的驻波比，应按下列规定进行：

一、按第5.2.2条的规定，测量试件的吸声系数或其相应的驻波比。

二、探测器移到声压第一极小处时，读取试件表面至声

附录一 试件典型装置

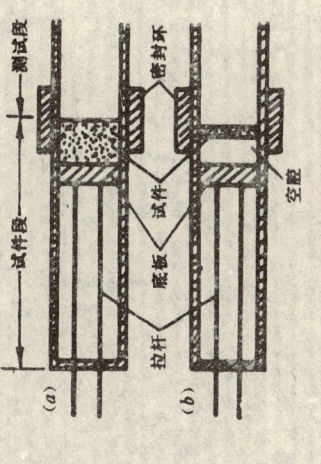

附图 1.1 试件典型装置示意图
（a）普通试件 （b）薄板状试件

第 5.3.5 条 按第 5.2.3 条的规定、测量试件法向声阻抗率辐角的测量误差，可由下式计算：

$$\sigma_\phi = \sqrt{(f'_a \sigma_a)^2 + (f'_b \sigma_b)^2} \qquad (5.3.5)$$

式中

$$f'_a = \frac{\sqrt{1-\alpha} \left[\alpha^2 + 4 (1-\alpha)\right] \sin^2 (2\pi b)}{(2-\alpha) \sin (2\pi b)}$$

$$f'_b = \frac{4\pi\alpha \sqrt{1-\alpha} \cos (2\pi b)}{\alpha^2 + 4 (1-\alpha) \sin^2 (2\pi b)}$$

σ_ϕ——法向声阻抗率辐角的测量误差。

第 5.3.6 条 按第 5.3.2 条至第 5.3.5 条规定的测量误差，一般不应包括吸声材料或吸声结构本身均匀性所产生的影响。对同一批试件测量所得结果的标准偏差超出上述规定所得的测量误差时，应以各试件实测数据间的标准偏差作为测量结果不确定度的评价。

第四节 测量结果的表达

第 5.4.1 条 测量结果采用表格或曲线的形式给出所有测量的实测数据和计算结果。

第 5.4.2 条 实验报告，一般应包括下列内容：

一、吸声材料或吸声构件的名称及制造单位；

二、试件规格（包括几何尺寸、结构及材料容重等）；

三、试件安装情况；

四、测量频率及其相应的实测数据和计算结果；

五、测量时的温度和湿度；

六、测量日期；

七、测量单位名称和测量人员姓名。

附录二 探测器声学中心的相对位置

探测器实际探测到的声压位置，并不在探测器受声面（探管口或传声器表面）上，而在其前面一小段距离处，该处即为探测器的声学中心，如附图2.1中A所示。声学中心至探测器受声面的距离δ与受声面几何尺寸有关的修正值。

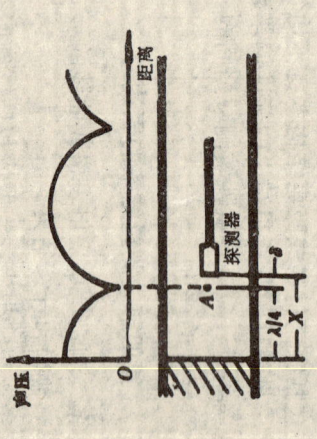

附图2.1 探测器的声学中心

末端的修正值δ，可根据空管实验加以确定。即在空管中以刚硬反射面代替试件，对于给定频率，测出探测器受声面从与刚硬反射面接触处至声压第一级小至声压第一级小至末端的修正值δ，可由下式计算：

$$\delta = X - \lambda/4 \qquad (附2.1)$$

式中λ为声波波长。

3.1.5条的规定求出，也可根据探测器由声压第一级小至第二级小的移动距离测出半波长，再进行计算。

在测量频率的范围内，上述测量步骤，应对几个不同的频率进行，然后取平均。

如果实验标定有困难，也可根据下面的半经验半理论公式进行计算：

$$\delta = 0.6r \qquad (附2.2)$$

对于圆形受声面，r取为半径；对于方形受声面，r取为二分之一边长。

在实际测量时，应先使探测器受声面与刚硬反射面接触，然后将探测器移过一定的距离X。当距离X与末端的修正值相等时，探测器的声学中心A处在反射面上。这时，应把相应的探测器位置读数作为测量探测器移动距离的起点。

α	s	n	L(dB)
0.21	16.99	0.0589	24.6
0.22	16.12	0.0620	24.2
0.23	15.33	0.0652	23.7
0.24	14.60	0.0685	23.3
0.25	13.93	0.0718	22.9
0.26	13.31	0.0751	22.5
0.27	12.74	0.0785	22.1
0.28	12.20	0.0820	21.7
0.29	11.71	0.0854	21.4
0.30	11.24	0.0890	21.0
0.31	10.81	0.0925	20.7
0.32	10.40	0.0961	20.3
0.33	10.02	0.0998	20.0
0.34	9.66	0.1035	19.7
0.35	9.32	0.1073	19.4
0.36	9.00	0.1111	19.1
0.37	8.70	0.1150	18.8
0.38	8.41	0.1190	18.5
0.39	8.13	0.1230	18.2
0.40	7.87	0.1270	17.9
0.41	7.62	0.1311	17.7
0.42	7.39	0.1353	17.4
0.43	7.16	0.1396	17.1
0.44	6.95	0.1439	16.8
0.45	6.74	0.1486	16.6

附录三 驻波比(s)与其倒数(n)、声压级差(L)和吸声系数(α)间的关系表

附表 3-1

α	s	n	L(dB)
0.01	398	0.0025	52.0
0.02	198.0	0.0050	45.9
0.03	131.3	0.0076	42.3
0.04	96.7	0.0103	39.7
0.05	78.0	0.0128	37.8
0.06	64.7	0.0155	36.2
0.07	55.1	0.0181	34.8
0.08	48.0	0.0208	33.6
0.09	42.4	0.0236	32.6
0.10	38.0	0.0263	31.2
0.11	34.3	0.0291	30.7
0.12	31.3	0.0319	29.9
0.13	28.7	0.0348	29.2
0.14	26.5	0.0377	28.5
0.15	24.6	0.0406	27.8
0.16	23.0	0.0436	27.2
0.17	21.5	0.0466	26.6
0.18	20.2	0.0496	26.1
0.19	19.6	0.0526	25.6
0.20	17.94	0.0577	25.1

续表

α	s	n	$L(dB)$
0.71	3.33	0.300	10.5
0.72	3.25	0.308	10.2
0.73	3.16	0.316	10.0
0.74	3.06	0.325	9.8
0.75	3.00	0.333	9.5
0.76	2.92	0.342	9.3
0.77	2.84	0.352	9.1
0.78	2.77	0.361	8.8
0.79	2.69	0.371	8.6
0.80	2.62	0.382	8.4
0.81	2.55	0.393	8.1
0.82	2.47	0.404	7.9
0.83	2.40	0.416	7.6
0.84	2.33	0.429	7.4
0.85	2.26	0.442	7.1
0.86	2.20	0.455	6.8
0.87	2.13	0.470	6.6
0.88	2.06	0.485	6.3
0.89	1.993	0.502	6.0
0.90	1.925	0.520	5.7
0.91	1.857	0.539	5.4
0.92	1.789	0.559	5.1
0.93	1.720	0.581	4.7
0.94	1.649	0.606	4.4
0.95	1.576	0.635	4.0

续表

α	s	n	$L(dB)$
0.46	6.59	0.1518	16.4
0.47	6.35	0.1574	16.1
0.48	6.17	0.1620	15.8
0.49	6.00	0.1668	15.6
0.50	5.83	0.1716	15.3
0.51	5.67	0.1765	15.1
0.52	5.51	0.1815	14.8
0.53	5.36	0.1865	14.6
0.54	5.22	0.1917	14.4
0.55	5.08	0.1970	14.1
0.56	4.94	0.202	13.9
0.57	4.81	0.208	13.6
0.58	4.68	0.214	13.4
0.59	4.56	0.219	13.2
0.60	4.44	0.225	13.0
0.61	4.33	0.231	12.7
0.62	4.21	0.237	12.5
0.63	4.11	0.244	12.3
0.64	4.00	0.250	12.0
0.65	3.90	0.257	11.8
0.66	3.78	0.263	11.6
0.67	3.70	0.270	11.4
0.68	3.61	0.277	11.1
0.69	3.51	0.285	10.9
0.70	3.42	0.292	10.7

续表

α	s	n	L(dB)
0.96	1.500	0.667	3.5
0.97	1.419	0.705	3.0
0.98	1.329	0.752	2.5
0.99	1.222	0.818	1.7
1.00	1.000	1.000	0.0

附录四　测量频率下限的扩展

当测量频率很低时，往往只能找到一个声压极小而找不到声压极大。但这时如果把所能找到的最大声压（例如在试

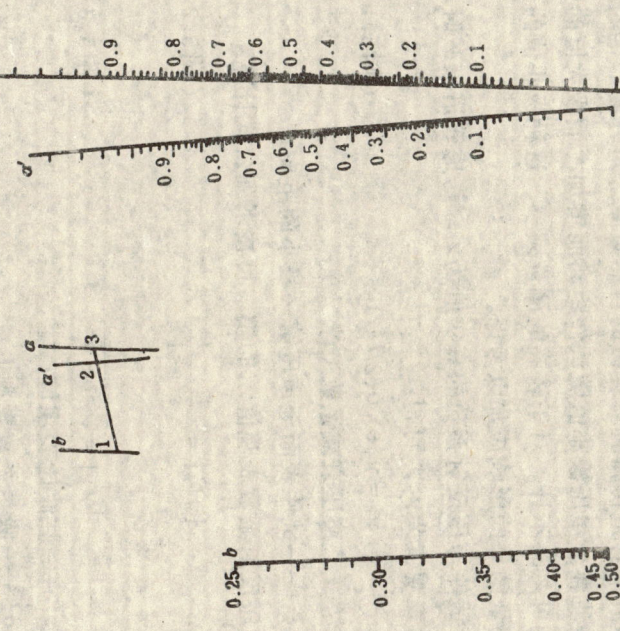

附图 4.1　扩展频率下限用列线图

α—吸声系数；α'—表观吸声系数，δ—相位因子；

$b = \dfrac{2\xi_1}{\lambda}$；$\xi_1$—第一极小至试件距离，$\lambda$—声波波长

件表面附近）作为声压极大看待，称为"表观声压极大"，然后按通常的方法测定驻波比表观值s'（或吸声系数表观值α'），以及相位因子b值。可按下式计算出驻波比真实值s：

$$s = \frac{s'\sin(b\pi)}{\sqrt{1-(s')^2\cos^2(b\pi)}} \qquad （附4.1）$$

吸声系数表观值α'和真实值α，可分别根据下式计算：

$$\begin{cases} \alpha' = \dfrac{4s'}{(s'+1)^2} & （附4.2） \\[2mm] \alpha = \dfrac{4s}{(s+1)^2} & （附4.3） \end{cases}$$

借助列线图（附图4.1），可在一定的精度范围内，由实验确定的α'值以及b值求出α值，然后可进一步求出相对法向声阻抗率。

附录五　管道衰减引起极小值的变化

声波沿管道传播时有轻微的自然衰减，对驻波产生的总效果是使各个声压极小值随试件距离而增加，而极大值的变化一般可忽略不计。对于较高的测量频率，这种极小值的变化对测量结果的影响应加以考虑。

设试件声压反射系数的真实值为γ'，考虑管道衰减时，测得的表观值为γ'_p，可得：

$$\gamma_p = \gamma' \exp(2\beta\xi_1) \qquad （附5.1）$$

式中　β——声压衰减系数（米$^{-1}$）；

ξ_1——试件表面至声压第一极小的距离。

声压反射系数表观表观值γ'_p的模，可按下列公式计算：

$$|\gamma'_p| = \frac{s'-1}{s'+1} \qquad （附5.2）$$

或

$$|\gamma'_p| = \sqrt{1-\alpha'} \qquad （附5.3）$$

式中　s'——驻波比表观值，

α'——吸声系数表观表观值。

吸声系数的真实值，可按下式计算：

$$\alpha = 1 - |\gamma'|^2\exp(4\beta\xi_1) \qquad （附5.4）$$

声压衰减系数β一般为小值，可近似公式计算：

$$\alpha = \alpha' - 2\beta\lambda b(1-\alpha') \qquad （附5.5）$$

对于能够测量到两个以上声压极小值的频率，宜借助空管测量，逐个测出各个极小值的相对声压（即表观驻波比s'的

附录六　计算法向声阻率图线

用驻波管测量吸声材料或吸声结构的相对法向声阻抗率时，应先由实验测定吸声系数 α（或声压级差 L）以及相位因子 b，然后根据公式（3.3.2-1）、（3.3.2-2）和（3.3.2-3）、（3.3.2-4）进行计算。在一定精度范围内，借助图线也可直接得到相对法向声阻率的计算结果。

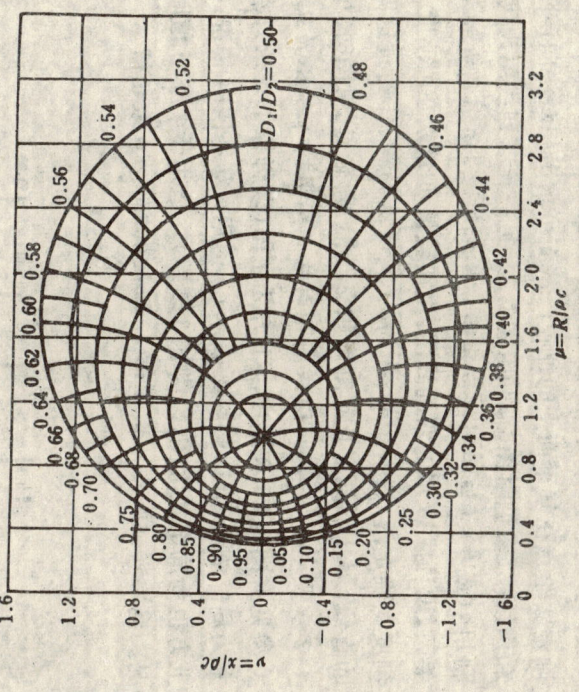

附图 6.1　计算相对法向声阻抗率的 Smith 图线 $L = 0 \sim 10$
（分贝）

倒数）n_1', n_2'……，或表观吸声系数 α_1', α_2'……，求出相邻极小值间相应量的平均差值 $\Delta n'$ 或 $\Delta \alpha'$，然后按下式计算乘积 $\beta\lambda$：

$$\beta\lambda = 2\Delta n' \qquad \text{（附5.6）}$$

或

$$\beta\lambda = \frac{1}{2}\Delta\sigma' \qquad \text{（附5.7）}$$

对于只能测量一个声压极小值的频率，声压衰减系数，可按下列的理论公式估算：

$$\beta = 2.96\sqrt{\frac{f}{R}} \times 10^{-5} \qquad \text{（附5.8）}$$

式中　f——声波频率（赫）；

R——圆截面管道半径或方截面管道二分之一边长（米）。

常用的计算图线有两类：一类以Smith图线为代表，在声阻抗率的复平面上绘制两组互相正交的等值曲线族，一族为等L线，另一族为等b线，借助这两组等值曲线的位置，可确定实验点在复平面上的位置（参见附图6.1和附图6.2）。另一类以列线图为代表，利用声阻抗率α（或L），b与相对法向声阻率的模$|\zeta|$和辐角ϕ的函数关系，设计成双列线图，由实验值可分别在α刻度和α刻度上确定两点（附图6.3中的（1）、（2）点），作通过这两点的直线，与$|\zeta|$刻度及ϕ刻度相交，根据交点（附图6.3中的（3）及（4）点）可以求出相对法向声阻抗率的模及辐角。

（参见附图6.4）在图中，下方为主图（以脚标2表示），适用于α为大值时情况，左上方为局部放大图（以脚标3表示），当$b<0.5$时情况。右上方也为局部放大图（以脚标1表示），适用于α为小值时情况。当$b>0.5$时，ϕ取正值，当$b<0.5$时，ϕ取负值。

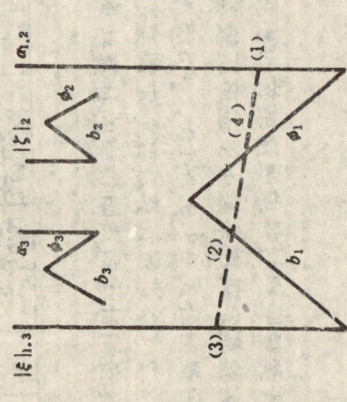

附图 6.3 计算相对法向声阻抗率列线图示意

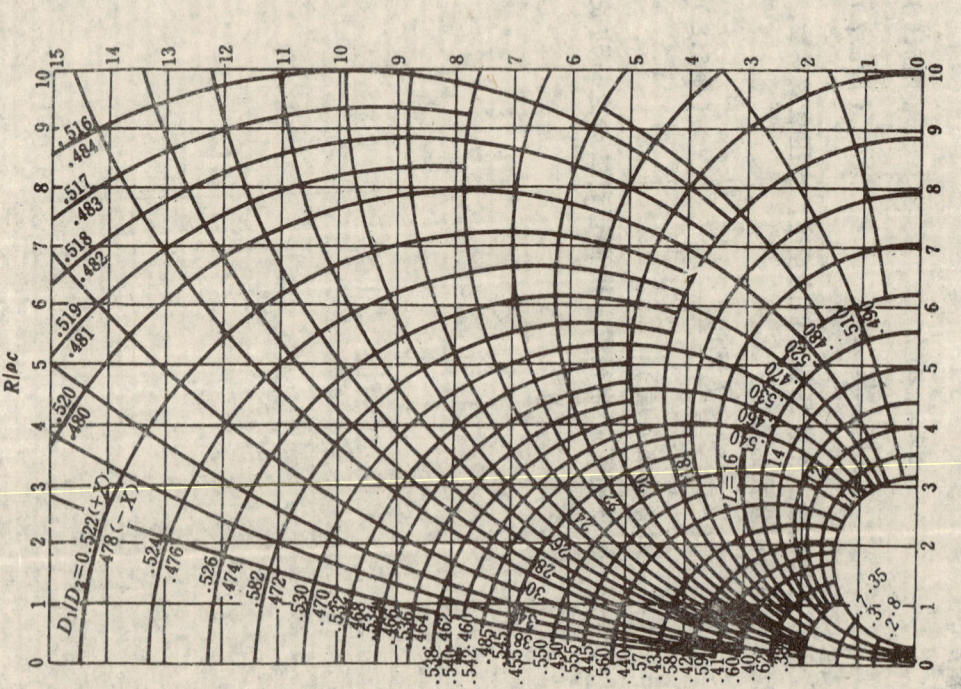

附图 6.2 计算相对法向声阻抗率的 Smith 图线 $L=10\sim36$ （分贝）

附录七 本规范用词说明

一、执行本规范条文时，对于要求严格程度的用词说明如下，以便在执行中区别对待：

1. 表示很严格，非这样作不可的用词：

正面词采用"必须"；

反面词采用"严禁"。

2. 表示严格，在正常情况下均应这样作的用词：

正面词采用"应"；

反面词采用"不应"或"不得"。

3. 表示允许稍有选择，有条件许可时，首先应这样作的用词：

正面词采用"宜"或"可"；

反面词采用"不宜"。

二、条文中指明必须按其他有关标准和规范执行的写法为，"应按……执行"或"应符合……要求或规定"。非必须按所指定的标准和规范执行的写法为，"可参照……"。

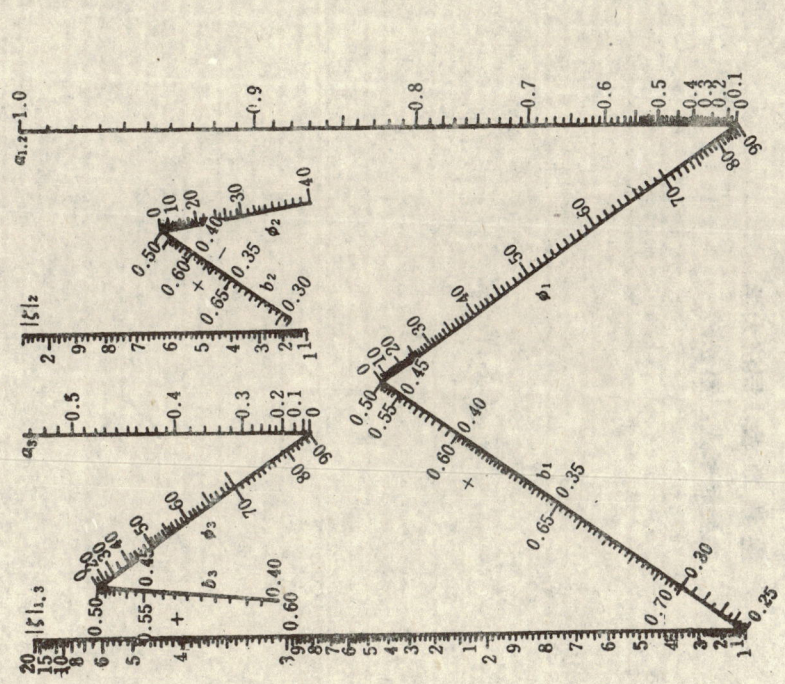

附图 6.4 计算相对法向声阻抗率的列线图

a—吸声系数；ξ_1—第一级小室试件距离，λ—声波波长，ϕ—法向声阻抗率的

辐角(°)

$b = \dfrac{2\xi_1}{\lambda}$；$|\zeta|$—相对法向声阻抗率的模数

附加说明

本规范主编单位和主要起草人名单

主编单位: 同济大学

主要起草人: 赵松龄

中华人民共和国国家标准

民用建筑隔声设计规范

GBJ 118—88

主编部门：中华人民共和国城乡建设环境保护部
批准部门：中华人民共和国国家计划委员会
施行日期：1 9 8 8 年 1 1 月 1 日

关于发布《民用建筑隔声设计规范》的通知

计标[1988]389号

根据原国家建委（81）建发设字第546号文的要求，由中国建筑科学研究院会同有关单位共同编制的《民用建筑隔声设计规范》，已经有关部门会审。现批准《民用建筑隔声设计规范》GBJ118—88为国家标准，自1988年11月1日起施行。

本规范由城乡建设环境保护部管理。其具体解释等工作，由中国建筑科学研究院负责。出版发行由中国计划出版社负责。

国家计划委员会
1988年3月16日

第一章 总 则

第1.0.1条 为提高民用建筑的使用功能，保证室内有良好的声环境，特制订本规范。

第1.0.2条 本规范适用于全国城镇新建、扩建和改建的住宅、学校、医院及旅馆等四类建筑中主要用房的隔声和隔声减噪设计。

其中，住宅建筑的设计原则也适用于集体宿舍，但集体宿舍的设计标准应较住宅标准降低一级。

学校建筑的设计标准适用于中、小学及大专院校的一般教学用房。

医院建筑的标准适用于城镇综合医院、专科医院与其它医院可采用综合医院相应房间的标准。

第1.0.3条 隔声减噪设计标准等级，应按建筑物实际使用要求确定，分特级、一级、二级、三级，共四个等级。标准等级的含义如下：

等级	特级（根据特殊要求确定）	一级	二级	三级
标准	特殊标准	较高标准	一般标准	最低限

第1.0.4条 本规范允许噪声级的基本参量，应采用A[计权]声级。各类建筑的允许噪声级，应为昼间开窗条件下的标准值，且噪声特性为稳态噪声。对不同的噪声特性（包括峰

编 制 说 明

本规范是根据原国家基本建设委员会（81）建发设字第546号文的要求，由全国声学标准化技术委员会负责归口组织，具体由中国建筑科学研究院会同有关单位共同编制的。

在本规范编制过程中，规范编制组对全国20个城市进行了调查与测定，参考了国内外有关的技术资料。在此基础上提出了规范初稿，经广泛征求有关单位的意见，修改后完成规范送审稿。最后，由我部会同有关部门审查，并由全国声学标准化技术委员会组织审查定稿。

本规范共分六章和两个附录。其主要内容有总则，总平面防噪设计与噪声级，住宅、学校、医院、旅馆四类建筑的隔声标准与隔声减噪设计要求。

在本规范施行过程中，希各单位注意积累资料，总结经验。如发现需要修改或补充之处，请将意见和有关资料寄交中国建筑科学研究院建筑物理研究所（北京市车公庄大街），以供今后修改时参考。

城乡建设环境保护部

1987年12月

第二章 总平面防噪设计

第2.0.1条 在城市规划中，从功能区的划分、交通道路网的分布、绿化与隔离带的设置、有利地形和建筑物屏蔽的利用，均应符合防噪设计要求。住宅、学校、医院、旅馆等建筑，应远离机场、铁路线、车站、编组站、港口、码头等建筑。

第2.0.2条 新建小区应尽可能将噪声对噪声不敏感的建筑物排列在小区外围临交通干线上，以形成闿边式的声屏障。交通干线不应贯穿小区。

注：对噪声不敏感的建筑系指本身无防噪要求的建筑物，如商业建筑，以及虽有防噪要求，但外围护结构有较好的防噪能力的建筑物，如有空调设施的旅馆。

第2.0.3条 住宅、学校、医院、旅馆等建筑附属设施（如锅炉房、水泵房等），其设置位置应避免对建筑物产生噪声干扰，必要时应作防噪处理。区内不得设置有强噪声的强噪声声源。

第2.0.4条 在进行建筑设计前，应对环境及建筑物内外的噪声源作详细的调查与测定，并对建筑物的防噪间距、朝向选择及平面布置等应作综合考虑。在进行上述设计后仍不能达到室内安静要求时，应采取建筑构造上的防噪措施。

第2.0.5条 条件许可时，宜将噪声源设置在地下，但不宜毗邻主体建筑或设在主体建筑下。如不能避免时，必须

值因素、频率特性、持续时间和起伏等），应按本规范附录一的规定，对噪声测量值进行修正。测量方法应符合附录二的要求。

注：对使用中不需开窗的建筑，例如有空调的宾馆客房，允许噪声级指关窗情况下的噪声值。

第1.0.5条 民用建筑隔声减噪设计除执行本规范的规定外，有关隔声标准的评价量，应执行国家现行标准《建筑隔声评价标准》，并应符合国家现行的有关设计标准、规范的规定。

采取可靠的隔振、隔声措施。

第2.0.6条 对安静要求较高的民用建筑，宜设置于本区域主要噪声源夏季主导风向的上风侧。

第三章 住宅建筑

第一节 允许噪声级

第3.1.1条 住宅内卧室、书房与起居室的允许噪声级，应符合表3.1.1的规定。

室内允许噪声级　　　表 3.1.1

房间名称	允许噪声级（A声级，dB）		
	一　级	二　级	三　级
卧室、书房（或卧室兼起居室）	≤40	≤45	≤50
起居室	≤45		≤50

第二节 隔声标准

第3.2.1条 分户墙与楼板的空气声隔声标准，应符合表3.2.1的规定。

空气声隔声标准　　　表 3.2.1

围护结构部位	计权隔声量（dB）		
	一　级	二　级	三　级
分户墙及楼板	≥50	≥45	≥40

规定。

第3.2.2条 楼板的撞击声隔声标准，应符合表3.2.2的规定。

撞击声隔声标准　　　　表3.2.2

楼板部位	评数标准化撞击声压级(dB)		
	一级	二级	三级
分户层间楼板	≤65		≤75

注：当确有困难时，可允许三级楼板计权标准化撞击声压级小于或等于85dB，但在楼板构造上应预留改善的可能条件。

第三节　隔声减噪设计

第3.3.1条 住宅楼群中的儿童游戏场的位置选择，应避免对住宅产生噪声干扰。

第3.3.2条 当住宅沿城市干道布置时，卧室或起居室不应设在临街的一侧。如设计确有困难时，每户至少应有一主要卧室背向间向的干道。当上述条件也难以满足时，可利用临街的公共走廊或阳台，采取隔声减噪处理措施。为了减少由门窗传入人的噪声，外墙上门窗缝隙必须严密，必要时应采用密封条。

第3.3.3条 在住宅平面设计时，应使配连分户墙的房间和分户楼板上下的房间属于同一类型。

第3.3.4条 厨房、厕所、电梯机房不得设在卧室与起居室的上层，亦不得将电梯与卧室、起居室相邻布置。当厨房或厕所与卧室、起居室、书房相邻时，其管道或设备等有可能传声的物件，不得设于卧室、书房与起居室一侧的墙上，且对于管道等固定于墙上可能引起传声的物件，应采取隔振措施。

第3.3.5条 垃圾管道不应与卧室、起居室相邻。如因条件限制而相邻布置时，必须对垃圾倒入口采取防止结构声传播的处理措施。

第3.3.6条 安静要求高的住宅共封闭楼梯间或封闭的公共走廊内，宜采取吸声处理措施。
面临楼梯间或公共走廊的户门，其隔声量不应小于20dB。

第3.3.7条 对于有吊顶的房间，分户墙必须将吊顶内的空间完全分隔开。

第3.3.8条 锅炉房、水泵房如设在住宅楼内或与住宅楼毗连时，必须采取可靠的隔声措施。

第3.3.9条 相邻两户间的排烟、排气通道及上下水管，应采取防止传声的措施。

第3.3.10条 对于大板、大模等整体性较好的结构体系的建筑，在经常产生撞击、振动的部位，如厨房操作台、外门、阳台门，设备固定处，应采取防止结构声传播的措施。

第四章 学校建筑

第一节 允许噪声级

第4.1.1条 学校建筑中各种教学用房及教学辅助用房的允许噪声级，应符合表4.1.1的规定。

室内允许噪声级 　表4.1.1

房间类别	允许噪声级（A声级，dB）		
	一级	二级	三级
有特殊安静要求的房间	≤40	—	—
一般教室	—	≤50	—
无特殊安静要求的房间	—	—	≤55

注：①特殊安静要求的房间指语言音指音教室、录音室、阅览室等。一般教室指普通教室、合班教室、史地教室、自然教室、美术教室等。无特殊安静要求的房间指健身房、琴房、视听教室、琴房、舞蹈教室，以操作为主的实验室、教师办公及休息室等。
②对于邻近有特别容易分散学生听课注意力的干扰噪声（如演唱）时，表4.1.1中的允许噪声级各宜降低5dB。

第二节 隔声标准

第4.2.1条 不同房间围护结构的空气声隔声标准，应符合表4.2.1的规定。

空气声隔声标准 　表4.2.1

围护结构部位	计权隔声量（dB）		
	一级	二级	三级
有特殊安静要求的房间与一般教室间的隔墙与楼板	≥50	—	—
一般教室与各种产生噪声的活动室间的隔墙与楼板	—	≥45	—
一般教室与教室之间的隔墙与楼板	—	—	≥40

注：产生噪声的房间系指音乐教室、舞蹈教室、琴房、健身房以及有产生噪声与振动的机械设备的房间。

第4.2.2条 不同房间楼板撞击声隔声标准，应符合表4.2.2的规定。

撞击声隔声标准 　表4.2.2

楼板部位	计权标准化撞击声压级（dB）		
	一级	二级	三级
有特殊安静要求的房间与一般教室之间	≤65	—	—
一般教室与产生噪声的活动室之间	—	≤65	—
一般教室与教室之间	—	—	≤75

注：①当确有困难时，可允许一般教室与教室之间的楼板计权标准化撞击声压级小于或等于85dB，但在楼板构造上应预留改善的可能条件。
②产生噪声的房间系指音乐教室、舞蹈教室、琴房、健身房以及有产生噪声与振动的机械设备的房间。

第三节 隔声减噪设计

第4.3.1条 位于交通干道旁的学校建筑，宜将运动场沿干道布置，作为噪声隔离带。

产生噪声的校办工厂与教学楼间，应设足够距离的噪声隔离带。如教室有门窗面对运动场时，教室外墙至运动场距离不应小于25m。

第4.3.2条 教学楼内如无足够保证的减噪措施，不得设置发出强烈噪声和振动的机械设备。

第4.3.3条 教学楼内的封闭走廊、门厅及楼梯间的顶棚，条件许可时宜设置吸声系数不小于0.50（中频500～1000Hz）的吸声材料或在走廊以上墙裙的顶棚和墙裙设置吸声系数不小于0.30的吸声材料。吸声材料的选用，应符合防火的要求。

第4.3.4条 各类教室的混响时间，应符合表4.3.4的规定。

第4.3.5条 产生噪声的房间（音乐教室、舞蹈教室、琴房、健身房）如与其它教学用房间设于一教学楼内，应分区布置，并应采取隔声措施。

各类教室的混响时间   表4.3.4

房 间 名 称	房间体积 （m³）	500Hz混响时间 （使用状况）(s)
普通教室	200	0.9
合班教室	500～1000	1.0
音乐教室	200	0.9
琴 房	<90	0.5～0.7
健 身 房	2000	1.2
	4000	1.5
	8000	1.8
舞蹈教室	1000	1.2

注：表中混响时间值，可允许有0.1s的变动幅度，房间体积可允许有10%的变动幅度。

围护结构部位	计权隔声量(dB)		
	一级	二级	三级
手术室与病房之间	≥50	≥45	≥40
手术室与产生噪声的房间之间		≥50	≥45
听力测听室围护结构	≥50		

注：产生噪声的房间系指有噪声或振动设备的房间。

第5.2.2条 病房与诊疗室楼板撞击声隔声标准，应符合表5.2.2的规定。

撞击声隔声标准　　　表5.2.2

楼板部位	计权标准化撞击声压级(dB)		
	一级	二级	三级
病房与房间之间	≤65	≤75	≤75
病房与房间之间	≤65	≤75	≤75
听力测听室上部楼板	≤65		

注：当确有困难时，可允许病房的楼板计权标准化撞击声压级小于或等于85dB，但在楼板构造上应预留改善的可能条件。

第三节　隔声减噪设计

第5.3.1条　医院建筑的总平面设计，应符合下列要求：

一、综合医院的总平面布置，应考虑建筑物的隔声作用。门诊楼可沿交通干道布置，但与干道边的距离应考虑隔噪要求。病房楼应设在内院。若病房楼接近交通干道，室内噪声不能达到标准时，允许噪声不应设于临街一侧，否则应

第五章　医院建筑

第一节　允许噪声级

第5.1.1条　病房、诊疗室室内允许噪声级，应合表5.1.1的规定。

室内允许噪声级　　　表5.1.1

房间名称	允许噪声级(A声级，dB)		
	一级	二级	三级
病房、医护人员休息室	≤40	≤45	≤50
门诊室		≤55	≤60
手术室		≤45	≤50
听力测听室		≤25	≤30

第二节　隔声标准

第5.2.1条　病房、诊疗室隔墙、楼板的空气声隔声标准，应符合表5.2.1的规定。

空气声隔声标准　　　表5.2.1

围护结构部位	计权隔声量(dB)		
	一级	二级	三级
病房与病房之间	≥45	≥40	≥35
病房与产生噪声的房间之间	≥50		≥45

利用临街的阳台或公共走廊，采取隔声降噪处理措施。

二、综合医院的锅炉房、水泵房，不宜设在病房大楼内，并应距离病房10m以上。如必须设在病房楼内时，应自成一区，并采取可靠的隔振隔声措施。

第5.3.2条 穿越病房的管道缝隙，必须密封。病房的观察窗，宜采用密封窗。病房楼的垃圾井道或污物井道不得毗邻病房，倒入口应采取防止结构声传播的措施。

病房楼内走廊的顶棚，应采取吸声处理措施；顶棚的吸声系数，可为0.30～0.40。

第5.3.3条 挂号大厅、候药厅及分科候诊厅（室）的顶棚，应采取吸声处理措施；顶棚的吸声系数 可为0.30～0.40。

第5.3.4条 手术室应选用低噪声空调设备，必要时应采取降噪措施。

医疗技术部的手术室上部，不宜设置有振动源的机电设备；如设计上难于避免时，应采取隔振措施。

第5.3.5条 听力测听室的上部或邻室，不应设置有振动或强噪声设备的房间。

听力测听室应做全浮筑设计，空调系统应设置消声器。

第5.3.6条 锅炉房的鼓风机、引风机及冷却塔等设备，均应选用低噪声产品；必要时，应采取降噪措施。

第六章 旅馆建筑

第一节 允许噪声级

第6.1.1条 旅馆的允许噪声级，应符合表6.1.1的规定。

室内允许噪声级　　表6.1.1

房间名称	允许噪声级（dB）			
	特级	一级	二级	三级
客房	≤35	≤40	≤45	≤55
会议室	≤40	≤45	≤50	≤50
多用途大厅	≤40	≤45	≤55	—
办公室	≤45	≤50	≤55	—
餐厅、宴会厅	≤50	≤55	≤60	—

第二节 隔声标准

第6.2.1条 客房围护结构空气声隔声标准，应符合表6.2.1的规定。

第6.2.2条 客房楼板撞击声隔声标准，应符合表6.2.2的规定。

第6.3.2条 客房及客房楼的隔声设计，应符合下列要求：

一、客房之间的送风和排气管道，必须采取消声处理措施，设置相当邻客房间隔墙隔声量的消声装置。

二、旅馆内的楼梯间、电梯间、高层旅馆的加压泵、水箱间及其它产生噪声的房间，不应与客房安静的客房、会议室、多功能大厅等相邻，更不应设置在这些房间的上部。如必须设置于上部时，应采取可靠的隔振降噪措施。

三、走廊两侧配置客房时，相对房间的门应尽可能错开布置。

条件许可时，宜在走廊内采用吸声处理措施，如地毯或吸声吊顶。其平均吸声系数可为0.30～0.40，走廊过长时应设弹簧门分隔。

四、相邻客房卫生间的隔墙，应砌至上层楼板底，不留缝隙。相邻客房隔墙上的设备管线、插座等，应采取止传声的措施。

五、客房楼内公共卫生间（厕所、盥洗室），应设有前室。

第6.3.3条 中型会议室、多用途大厅，应有混响时间的设计，其体型应考虑声扩散和避免严重的声学缺陷。有活动隔断的会议室、多用途大厅，其活动隔断的空气声计权隔声量不应低于35dB。

第6.3.4条 旅馆建筑中餐厅、锅炉房、冷却塔等，不宜设在客房楼内。如必须设在客房楼内时，并应采取隔声、隔振措施。

客房空气声隔声标准 表6.2.1

围护结构部位	计权隔声量（dB）			
	特级	一级	二级	三级
客房与客房间隔墙	≥50	≥45	≥40	
客房与走廊间隔墙（含门）	≥40	≥35	≥30	≥30
客房的外墙（包含窗）	≥40	≥35	≥25	≥20

客房撞击声隔声标准 表6.2.2

楼板部位	计权标准化撞击声压级（dB）			
	特级	一级	二级	三级
客房层间楼板	≤55	≤55	≤65	≤75
客房与各种有振动房间的楼板	≤55	≤65	≤65	

注：机房在客房上部，而楼板撞击声达不到要求时，必须对机械设备采取隔振措施。当确有困难时，可允许客房与客房间楼板三级计权标准化撞击声级小于或等于85dB，但在楼板构造上应预留改善的可能条件。

第三节 隔声减噪设计

第6.3.1条 旅馆建筑的总平面布置，应符合下列要求：

一、旅馆的总平面布置，应根据噪声状况进行分区，使产生噪声或振动的设施（如鼓风机、引风机、水泵、冷却塔等）远离客房及其它要求安静的房间。

二、客房与沿交通干道或停车场布置时，应采取防噪措施，如采用密闭窗（用于有空调客房内时），也可利用阳台或外廊进行隔声减噪处理。

附录一 室内允许噪声级与噪声测量值的修正以及相应的评价曲线的换算

一、因昼夜时间不同,室内允许噪声级的修正。

本规范中的允许噪声级的数值是按白天的要求制订的,如测量时间与此不符,应按附表1.1进行修正。

因时间不同对允许噪声声级的修正值 附表1.1

时间	修正值(A声级,dB)
昼间(06:00~22:00)	0
夜间(22:00~06:00)	-10

注:表中昼夜时间也可按当地人民政府及地区习惯,季节变化而划定。

因噪声特性不同对噪声测量值的修正值 附表1.2

噪 声 特 性	修 正 值 (A声级,dB)
稳态噪声 持续稳定的噪声	0
脉冲性稳态噪声(如锤击、铆接声)	+5
含有可听纯音的稳态噪声(如狗叫、蜜蜂的嗡声)	+5
非稳态噪声 间歇噪声 在半小时内噪声所占时间的百分数 100~56	0
56~18	-5
18~6	-10
<6	-15
声级随时间而起伏,变化比较复杂的噪声(如交通噪声)	0

注:声级随时间变化较为复杂的噪声,其允许噪声级应采用等效[连续A]声级。等效A声级的测量,应附合附录二的要求。

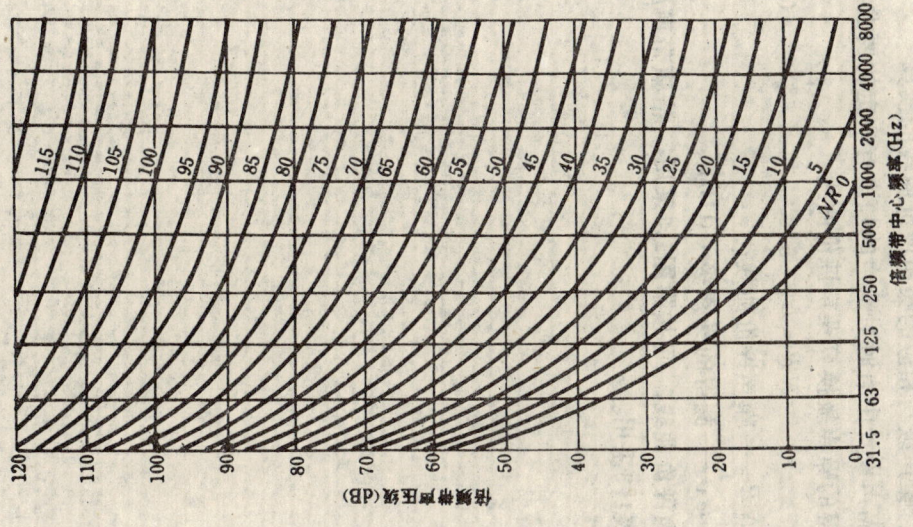

附图 1.1 噪声评价曲线

二、因噪声特性不同，对噪声测量值的修正

对于各种不同特性的噪声测量值，应进行修正。其修正值应符合附表1.2的规定。

三、噪声级与相应的噪声评价曲线的换算

在编声设计中有时对噪声的频谱噪声评价曲线式将测得的噪声级换算噪声评价曲线

$$NR = L_A - 5 \qquad （附1.1）$$

式中　NR——噪声评价曲线；

　　　L_A——测量的噪声级（dB）。

噪声评价曲线，可按附图1.1采用，倍频带声压级数值可按附表1.3采用。

噪声评价值NR的的倍频带声压级　　附表1.3

NR	中心频率 （Hz） 倍频带声压级 （dB）							
	63	125	250	500	1000	2000	4000	8000
25	55.2	43.7	35.2	29.2	25	21.9	19.5	17.7
30	59.2	48.1	39.9	34.0	30	26.9	24.7	22.9
35	63.1	52.4	44.5	38.9	35	32.0	29.8	28.0
40	67.1	56.8	49.2	43.8	40	37.1	34.9	33.2
45	71.0	61.1	53.6	48.6	45	42.2	40.0	38.3
50	75.0	65.5	58.5	53.5	50	47.2	45.2	43.5
55	78.9	69.8	63.1	58.4	55	52.3	50.3	48.6
60	82.9	74.2	67.8	63.2	60	57.4	55.4	53.8
65	86.8	78.5	72.4	68.1	65	62.5	60.5	58.9
70	90.8	82.9	77.1	73.0	70	67.5	65.7	64.1
75	94.7	87.2	81.7	77.9	75	72.6	70.8	69.2
80	98.7	91.6	86.4	82.7	80	77.7	75.9	74.4
85	102.6	95.9	91.0	87.6	85	82.8	81.0	79.5
90	106.6	100.3	95.7	92.5	90	87.8	86.2	84.7
95	110.5	104.6	100.3	97.3	95	92.9	91.3	89.8
100	114.5	109.0	105.0	102.2	100	98.0	96.4	95.0
105	118.4	113.3	109.6	107.1	105	103.1	101.5	100.1
110	122.4	117.7	114.3	111.9	110	108.1	106.7	105.3
115	126.3	122.0	118.9	116.8	115	113.2	111.8	110.4
120	130.3	126.4	123.6	121.7	120	118.3	116.9	115.6

附录二 允许噪声级与隔声测量方法

一、允许声级测量方法

1. 测试设备应采用符合国家标准《声级计的电声性能与测试方法》中规定的 2 型或性能优于 2 型的声级计。也可使用统计分析仪、记录仪、录声机等性能相当的其它声学测量仪器。

2. 测量值为 A 声级或等效[连续 A]声级。

3. 测量时间应于白天或夜间两不同时间段内，各选择较不利的时间进行测量。

4. 测点应设在房间中央，与反射面（如墙壁）的距离应大于 1.0m，测点高度应为 1.2～1.5m。

5. 测量方法与数据处理应符合下列要求：

（1）除使用隔声测量过程中无需开窗的房间（如室内有空调）外，测量应在开窗情况下进行。

（2）对于稳态噪声，用声级计或其它测量仪器的"慢"档，读 5～15s，取指针的中值。

（3）对于间歇性非稳态噪声，A 声级的测量同稳态噪声。并记录下 0.5h 内噪声的间歇时间，计算出该噪声所占的时间比例。

（4）对于声级随时间变化较为复杂的噪声，应测量等效[连续 A]声级。可在规定的时间 T 内，每隔 3～5s 读一 A 声级，连续读数不应小于 200 个。整理时将读得的数据由大至小排列填于等效[连续 A]声级、可按公式附 3.1

计算。

$$L_{Aeq} = 10 \lg \frac{1}{N} \left[\sum_{i=1}^{N} 10^{0.1 L_{PA i}} \right] \quad （附 3.1）$$

式中　N——读数的个数；
　　　L_{PAi}——测得的第 i 个 A 级读数，dB。

当测得的 A 声级数据符合正态分布时，等效[连续 A]声级可按近似公式附 3.2计算

$$L_{Aeq} = L_{50} + \frac{d^2}{60} \quad （dB）$$ （附 3.2）

式中　L_{10}、L_{50}、L_{90} 积累百分声级（dB）
$$d = L_{10} - L_{90}; \quad （dB）$$

注：等效[连续 A]声级测量数据的整理，可参照现行国家标准《城市环境噪声测量方法》GB3222—82。

二、隔声测量方法

隔声测量应按现行国家标准《建筑隔声测量规范》进行。如有困难时，可采用隔声简易测量方法。

隔声简易测量方法可按邻标《住宅隔声标准》附录B "住宅隔声简易测量方法"执行。

注：隔声简易测量方法与数据由大至小排列填于数据表中。

附加说明

主编单位、参加单位和主要起草人名单

主编单位：中国建筑科学研究院

主 编 单 位：同济大学

参 加 单 位：上海市民用建筑设计院

北京市建筑设计院

清华大学

天津大学

南京工学院

重庆建筑工程学院

太原工业大学

华南工学院

哈尔滨建筑工程学院

中国建筑西南设计院

中国建筑西北设计院

湖北工业建筑设计院

湖北省建筑科学研究所

广西壮族自治区建筑科学研究所

主要起草人：吴大胜　向箴南　张锡英

王季卿　朱茂林　项端祈

附录三　本规范用词说明

一、执行本标准条文时，对要求严格程度的用词说明如下，以便在执行中区别对待。

1. 表示很严格，非这样作不可的用词：

正面词采用"必须"；

反面词采用"严禁"。

2. 表示严格，在正常情况下均应这样作的用词：

正面词采用"应"；

反面词采用"不应"或"不得"。

3. 对表示允许有选择，在条件许可时首先应这样作的用词：

正面词采用"宜"或"可"；

反面词采用"不宜"。

二、条文中指明应按其他有关标准、规范执行的写法为"应按……执行"或"应符合……要求。"非必须按所指定的标准、规范或其他规定执行的写法为"可参照……"。

中华人民共和国国家标准

建筑隔声评价标准

GBJ121—88

主编部门：首都规划建设委员会办公室
批准部门：中华人民共和国国家计划委员会
施行日期：1988 年 12 月 1 日

关于发布《建筑隔声评价标准》的通知

计标〔1988〕494 号

根据国家计委计综〔1985〕1 号文的要求，由北京市建筑设计院会同有关单位共同编制的《建筑隔声评价标准》，已经有关部门会审。现批准《建筑隔声评价标准》GBJ121—88 为国家标准，自 1988 年 12 月 1 日起施行。

本标准由首都规划建设委员会办公室管理。具体解释工作由北京市建筑设计院负责。出版发行由中国计划出版社负责。

国家计划委员会
1988 年 3 月 31 日

第一章 总 则

第1.0.1条 为使建筑物和建筑构件的空气声和撞击声隔声测量结果、转换为单值评价量，以便于隔声性能的相互比较和建筑隔声设计，特制订本标准。

第1.0.2条 本标准适用于建筑物和建筑构件的空气声和撞击声隔声单值评价。

第1.0.3条 按本标准进行隔声评价，其所用原始数据必须是按《建筑隔声测量规范》GBJ75—84所测得的各种隔声量、声压级差和撞击声压级。

编 制 说 明

本标准是根据国家计委计综（1985）1号文的要求，由全国声学标准化技术委员会归口组织，具体由北京市建筑设计院负责，会同有关单位共同编制的。

在本标准编制过程中，标准编制组收集了我国各设计、科研、教学单位的隔声实测资料，进行总结分析，并在参照采用国际标准化组织发布的ISO717／1、2、3—1982《声学—建筑物与建筑构件的隔声评价》国际标准的基础上，提出了标准征求意见稿，广泛地征求了全国各有关单位的意见。最后经全国声学标准化技术委员会全体会议审查定稿。

本标准共分三章和三个附录。其主要内容有总则、空气声隔声的单值评价量和撞击声隔声的单值评价量等。

在本标准施行过程中，希各单位注意积累资料、总结经验。如发现需要修改和补充之处请将意见和有关资料寄交北京市建筑设计院（北京市南礼士路），以便修订时参考。

首都规划建设委员会办公室

1988年2月8日

第二章 空气声隔声的单值评价量

第 2.0.1 条 空气声隔声的单值评价量，应采用比较法确定。

第 2.0.2 条 评价空气声隔声的参考曲线特性，应符合表 2.0.2 的规定。

空气声隔声的参考曲线特性表　表 2.0.2

频率 Hz	参考值 dB	频率 Hz	参考值 dB
100	-19	630	+1
125	-16	800	+2
160	-13	1000	+3
200	-10	1250	+4
250	-7	1600	+4
315	-4	2000	+4
400	-1	2500	+4
500	0	3150	+4

通常宜将参考曲线绘在透明坐标纸上（图 2.0.2）以方便比较。

第 2.0.3 条 空气声隔声单值评价量所采用的比较法，应符合下列规定：

一、将所测得的各 1/3 倍频带隔声量（R、R_{tr}、R_0、$R_{0开关}$、R'）和声压级差（D、D_{nT}、$D_{nT,tr}$）值，整理成精确至 0.5dB 的值，在坐标纸上绘成一条曲线。

二、将具有相同坐标比例的并绘有参考曲线的透明纸覆盖在绘有上述曲线的坐标纸上，使横竖坐标互相重叠对齐。

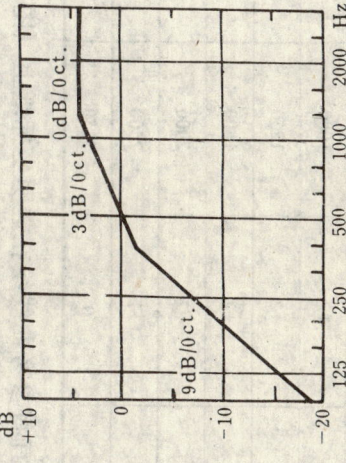

图 2.0.2　空气声隔声参考曲线特性图

三、将参考曲线向测得的曲线移动，直至不利偏差（指某一频带上测得的曲线比参考曲线小的分贝数）的总数尽可能地大，但不超过 32.0dB，或不利偏差的总数虽尚未达 32.0dB，而在某一频带的不利偏差已达 8.0dB 为止。计算时有利偏差（指某一频带上测得的曲线比参考曲线大的分贝数）不得抵消不利偏差。

四、此时参考曲线上纵坐标上的 0dB 线所对应的绘有所测得曲线的坐标纸上纵坐标的整数分贝数，就是所测对象的空气声隔声声评价量。当 0dB 线不对应整分贝数时，则应以 +0.5dB 线所对应的整分贝数作为所测对象的空气声隔声评价量。

第 2.0.4 条 凡按本标准规定的比较法得到的空气声隔

第三章 撞击声隔声的单值评价量

第3.0.1条 撞击声隔声的单值评价量，应采用比较法，应符合第3.0.2的规定。

第3.0.2条 评价撞击声隔声的参考曲线特性，应符合表3.0.2的规定。

撞击声隔声的参考曲线特性表 表3.0.2

频 率 Hz	参 考 值 dB	频 率 Hz	参 考 值 dB
100	+2	630	−1
125	+2	800	−2
160	+2	1000	−3
200	+2	1250	−6
250	+2	1600	−9
315	+2	2000	−12
400	+1	2500	−15
500	0	3150	−18

通常宜将参考曲线绘在透明坐标纸上（图3.0.2）以方便比较。

第3.0.3条 撞击声隔声单值评价量所采用的比较法，应符合下列规定：

一、将所测得的各 1/3 倍频带撞击声压级值（L_{pn}、

声评价量，其名称应在其相应的隔声量或声压级差名称前冠以"计权"二字。其符号应在其相应的符号后增加角标 w（R_w、$R_{r,w}$、$R_{g,w}$、$R_{仍夫,w}$、R'_w、D_w、$D_{n,T,w}$、$D_{nT,r,w}$）。其单位均应为分贝。

第2.0.5条 空气声隔声的评价，也可采用与本标准所规定的比较法相等价的其它措施。

第2.0.6条 测量结果应按《建筑隔声测量规范》第三、四章的规定以图表的形式给出。参考曲线最后移定的位置，也应绘在此图表上。并应在显著位置给出空气声隔声声评价量的名称及数值。

注：在仅有倍频带空气声隔声测量值时，其评价法可按本标准附录一进行。

声评价量，其名称应在其相应的撞击声压级名称前冠以"计权"二字。其符号应在其相应的符号后增加角标 w（$L_{pn,\,w}$、$L'_{pnT,\,w}$），其单位均应为分贝。

第 3.0.5 条 撞击声隔声的评价也可采用与本标准所规定的比较法相等效法相等效法的其它措施。

第 3.0.6 条 测量结果应按（建筑隔声测量规范）第五、六章的规定以图表的形式给出。参考曲线最后移定的位置也应绘在此图上。并应在显著位置给出撞击声隔声评价量的名称及数值。

注：①在仅有倍频带撞击声压级测量值时，其评价法可按本标准附录二的规定进行。
②楼板面层撞击声改善量的评价，宜按本标准附录三的规定进行。

L'_{pnT}），整理成精确至 0.5dB 的值，在坐标纸上绘成一条曲线。

二、将具有相同坐标比例的并绘有参考曲线的透明纸覆盖在上述曲线绘制的坐标纸上。使横坐标互相重叠对齐。

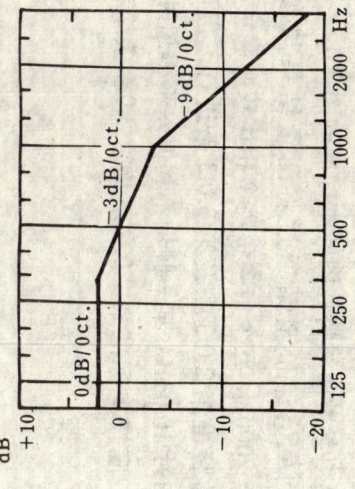

图 3.0.2 撞击声隔声参考曲线特性图

三、将参考曲线向测得的曲线移动，直至不利偏差（指某一频带上测得的曲线比参考曲线大的分贝数）的总数尽量地大，但不超过 32.0dB，或不利偏差的总数虽尚未达 32.0dB，而在某一频带的不利偏差已达 8.0dB 为止。计算时有利偏差（指某一频带上测得的曲线比参考曲线小的分贝数）不得抵消不利偏差。

四、此时参考曲线上的 0dB 线所对应的绘得所测得曲线的坐标纸上纵坐标的整分贝数。就是所测对象的撞击声隔声声评价量。当 0dB 线不对应整分贝数时，则应以 -0.5dB 线所对应的整分贝数作为所测对象的撞击声隔声声评价量。

第 3.0.4 条 凡按本标准规定的比较法得到的撞击声隔声

附录一 倍频带测量结果的单值评价量

一、本附录规定了将倍频带测量隔声所得的结果，转换为单值评价量的方法。但据此所得的单值评价量一般不应与从1/3倍频带测量隔声结果转换成的单值评价量相互代用或比较。

二、倍频带单值评价量所使用的名称及符号，可采用本标准第2.0.4条及第3.0.4条的规定。但在名称前应加"倍频带"三字，在符号后应加"(oct)"以示区别。例如倍频带计权隔声量，R_w (oct)，倍频带标准化撞击声压级，$L_{pnT, w}$ (oct) 等。

三、空气声隔声参考曲线特性图同本标准的图2.0.2，撞击声隔声参考曲线特性图同本标准的图3.0.2。

四、单值评价量系通过将测量结果与参考曲线目比较而确定。比较应按本标准第2.0.3条及第3.0.3条进行。

125Hz至2000Hz五个倍频带逐个相比较的方法应按本标准第2.0.3条及第3.0.3条进行。但不利偏差总数不得超过10.0dB，某一频带不利偏差不得超过5.0dB。

五、应按本标准第2.0.6条及第3.0.6条给出评价的结果。

附录二 楼板面层计权撞击声改善量评价法

一、计权撞击声改善量是指在一理想参考楼板上，铺与不铺面层时，按本附录所得的方法所得的计权规范化撞击声压级的差值。这个量以 $\Delta L_{pm, w}$ 表示。

二、按《建筑隔声测量规范》第五章所测得的楼板面层1/3倍频带撞击声改善量，可通过本附录规定的方法转换成单值评价量。

三、计权撞击声改善量 $\Delta L_{pm, w}$ 会受到楼与混凝土楼板的规范化撞击声压级 L_{pm0} 的影响，为了使不同实验室之间可以得到相近的 $\Delta L_{pm, w}$ 值，理想参考楼板的规范化撞击声压级宜采用附表2.1所示数值。

参考楼板规范化撞击声压级表　附表2.1

频率 Hz	$L_{pm, r, o}$ dB	频率 Hz	$L_{pm, r, o}$ dB
100	67.0	630	71.0
125	67.5	800	71.5
160	68.0	1000	72.0
200	68.5	1250	72.0
250	69.0	1600	72.0
315	69.5	2000	72.0
400	70.0	2500	72.0
500	70.5	3150	72.0

注：①上表给出的数值，代表了《建筑隔声测量规范》第5.3.3条所叙述的，用来铺放试验楼板面层的理想规范化撞击声压级。
②理想参考楼板的计权规范化撞击声压级 $L_{pm, w, o}$ 根据本标准第三章的计算为78dB。

四、计权撞击声改善量，可按下式计算：

$$\Delta L_{pn, w} = L_{pn, w, r, o} - L_{pn, w, r} = 78dB - L_{pn, w, r}$$ （附 2.1）

式中 $L_{pn, w, r}$ 为理想的参考楼板在铺有被试验面层时，
按本标准第三章所用计算得的计权撞击声压级 (dB)。

计算时所用的各频带规范化撞击声压级 $L_{pn, r}$ (dB)，可按
下式计算：

$$L_{pn, r} = L_{pn, r, o} - \Delta L_p$$ （附 2.2）

式中 ΔL_p 为按《建筑隔声测量规范》第五章第 5.2.4 条
所测得的撞击声压级改善量 (dB)。

附录三　本标准用词说明

一、执行本标准条文时，对于要求严格程度的用词，说
明如下，以便在执行中区别对待：

1.表示很严格，非这样作不可的用词：

正面词采用"必须"；

反面词采用"严禁"。

2.表示严格，在正常情况下均应这样作的用词：

正面词采用"应"；

反面词采用"不应"或"不得"。

3.表示允许稍有选择，在条件许可时，首先应这样作的
用词：

正面词采用"宜"或"可"；

反面词采用"不宜"。

二、条文中指明必须按其他有关标准和规范执行的写法
为："应按……执行"或"应符合……要求或规定"。非必须按
所指定的标准和规范执行的写法为"可参照……"。

附加说明

本标准主编单位、参加单位和主要起草人名单

主编单位： 北京市建筑设计院

参加单位： 中国建筑科学研究院
同济大学
清华大学

主要起草人： 向斌南

中华人民共和国国家标准

工业企业噪声测量规范

GBJ122—88

主编部门：首都规划建设委员会办公室
批准部门：中华人民共和国国家计划委员会
施行日期：1988 年 12 月 1 日

编 制 说 明

本规范是根据国家计委计综〔1985〕1号文的要求，由全国声学标准化委员会归口组织，具体由北京市劳动保护科学研究所负责编制的。

在本规范的编制过程中，编制单位调查研究了国内有关单位的实践经验和研究成果，对一些重要内容进行了理论分析和实验验证工作，提出了规范征求意见稿；广泛征求了国内各有关单位的意见，并召开了座谈会，经反复修改提出了送审稿。经全国声学标准化技术委员会建筑声学分委员会讨论同意，最后，由全国声学标准化技术委员会审查定稿。

本规范共四章及二个附录。内容包括：测量条件、生产环境的噪声测量和非生产场所的噪声测量。

在本规范施行过程中，希望各单位注意积累资料，认真总结经验，如发现有需要修改或补充之处，请将意见和有关资料寄交北京市劳动保护科学研究所（北京市陶然亭路福里41号）以供今后修订时参考。

首都规划建设委员会办公室
1988 年 3 月 18 日

第一章 总 则

第 1.0.1 条 为统一工业企业所有生产环境和非生产环境的噪声测量方法，便于对工业企业噪声进行评价和控制设计，特制订本标准。

第 1.0.2 条 本标准适用于工业企业生产环境、非生产环境与厂界的稳态噪声和除脉冲噪声以外的非稳态噪声测量。

第 1.0.3 条 工业企业噪声测量除执行本规范外，尚应遵守国家现行的有关标准规范。

第二章 噪声测量条件

第一节 测 量 仪 器

第 2.1.1 条 噪声测量，应使用 2 型或性能优于 2 型的声级计或性能相当的其它声学仪器。测量等效 A 声级应使用积分声级计；无积分声级计时亦可使用上述声级计。噪声测量所用仪器的性能，应符合现行国家标准《声级计的电声性能与测试方法》的规定；积分声级计，应符合 IEC804—85《积分平均声级计》的规定。

第 2.1.2 条 噪声测量前后必须对声级计进行声校准，若前、后两次校准值相差等于或大于 2dB，测量值无效。校准用的声压级校准器，应按 JJG176—84《声压级校准器试行检定规程》的要求定期检定；声级计应按现行国家标准《标准噪声源》定期检定。

声学测量及校准仪器每 2 年至少检定一次。

第二节 测 量 的 量

第 2.2.1 条 稳态噪声应测量 A 声级，需要时可测量 C 声级。

第 2.2.2 条 非稳态噪声，应测量日等效 A 声级。

第三节 读取测量值的方法

第 2.3.1 条 测量稳态噪声应使用声级计"慢档"时间特

性，一次测量应取 5s 内的平均读数。

第 2.3.2 条 测量非稳态噪声应根据噪声变化特性确定测量时间，在测量时间内测得的数据，应能代表日等效 A 声级。对周期性变化的噪声，测量时间应等于噪声变化周期的整数倍，最短不得少于一个变化周期。

使用非积分声级计测量等效 A 声级时，应按附录二的规定取值。

第四节 环境条件

第 2.4.1 条 室外测量时，传声器应加防风罩，风速等于或大于 6m／s 时，应停止测量。

第 2.4.2 条 测量过程中，应避免或减少振动、电磁场、温度和湿度等环境因素的干扰。

第三章 生产环境的噪声测量

第一节 设备运行状况

第 3.1.1 条 噪声测量时，生产设备必须处于正常工作状态，并维持运行状态不变。

第二节 测点位置

第 3.2.1 条 测点的选择，应能切实反映车间各个操作岗位的噪声水平。

第 3.2.2 条 在按工艺流程设计的厂房、车间内，或工种分工明显的生产环境，测点应包括各工种的操作岗位与操作路线。

第 3.2.3 条 在工种分区不明显的车间，测点应选择典型工种的操作岗位。

第 3.2.4 条 在需要了解车间其余区域噪声分布时，可在工人为观察或管理生产而经常活动的范围，如通道、休息场所等处选择噪声测点。

第 3.2.5 条 在测点上传声器，应置于人耳位置高度。传声器应指向影响较大的声源；若难于判别声源方位，则应将传声器竖直向上。

第三节 噪声测量记录

第 3.3.1 条 工业企业生产环境噪声测量，宜按附录一附表 1.1 所列内容填写。

第 3.3.2 条 需要时，生产环境噪声测量应给出车间噪声分布图。

第四章 非生产场所的噪声测量

第一节 非生产场所室外噪声测量

第 4.1.1 条 工业企业非生产场所室外噪声测量的测点，应沿生产车间和非生产性建筑物外侧选取。对于生产车间测点应距车间外侧 3～5m，对于非生产性建筑物，测点应距建筑物外侧 1m。

第 4.1.2 条 传声器应置于测点上距地面高 1.2m 处，传声器应指向影响较大的声源。

第二节 非生产场所室内噪声测量

第 4.2.1 条 办公室、设计室、会议室、医务室、托儿所、仓库等室内噪声测量，一般应在室内居中位置附近选 3 个测点取其平均值。

第 4.2.2 条 传声器应置于测点上距地面高 1.2m 处，传声器应指向影响较大的声源。

第 4.2.3 条 测量噪声时，室内声学环境（门与窗的启与闭）、打字机、空调器等室内声源的运行状态），应符合正常使用条件。

第三节 厂界的噪声测量

第 4.3.1 条 厂界的噪声，应按现行国家标准《城市环境噪声测量方法》的规定进行测量。

附录一 工业企业噪声测量记录表

工业企业生产环境噪声测量记录表　　附表 1.1

测量地点							
测量时间					测量人		
测量及校准仪器	名　称	型　号		声压级校准值 dB		备　注	
				测量前	测量后		
生产设备	名　称	型号	功率	运转(及总)台数		备　注	
测点编号		1	2	3	4	5	6
测点具体位置							
声级 dB	L_A						
	Leq						
	L_c						
设备分布及测点分布示意图(注明车间尺寸)							

第四节　噪声测量的记录

第 4.4.1 条　工业企业非生产环境的噪声测量，应按附表 1.2 所列内容填写。

附录二 等效A声级测量方法

一、定义及表示方法

$$Leq = 10\lg\frac{1}{t_2-t_1}\int_{t_1}^{t_2}10^{0.1L(t)}dt \qquad (附2.1)$$

式中 Leq为等效A声级，dB；

t_1, t_2计算Leq的起止时刻；

$L(t)$表示时间函数的非稳态A声级，dB。

若t_1, t_2表示典型工作日的起止时刻，则上式表示的是一个工作日的等效声级。

二、等效A声级的测量

（一）使用积分声级计或噪声剂量仪应按本标准第三章规定的测点，测量日等效A声级。

（二）在没有积分声级计或噪声剂量仪的情况下，可使用普通声级计按以下方法测量并计算等效声级：

1．一般对于无规律噪声的等效声级测量，应按时采样的方法，在典型生产过程中使用声级计慢档每隔5秒钟读取一个瞬时A声级，连续取100个数据，记入附表2.1；并按附表2.1所列程序处理数据。

2．附表2.1使用要求：

（1）采样测量的结果应登记在"声级等时采样记录"格内；每读取一个数据，在其相应声级 Lj 的左侧直线一直线，一个声级累积出现5次则以5条直线 卌 标记，以便于统计其

工业企业非生产场所噪声测量记录表　　附表1.2

测量地点						
测量时间			测量人			
仪器及校准	名称	型号	声压级校准值 dB		备注	
			测量前	测量后		
测声级 dB	测点	1	2	3	4	5	6
L_A							
Leq							
L_c							
所属区域	测点分布示意图						

声级采样记录及处理程序　　　　　　附表2.1

声级采样记录

时间 L_j 声级		取样间隔	取样数		数据处理		仪器程序
十位	个位	声级等时采样记录	序号 j	n_j	$10^{0.1L_j}$	$n_j \times 10^{0.1L_j}$	
	0						
	1						
	2						
	3						
	4						
	5						
	6						
	7						
	8						
	9						
	0						
	1						
	2						
	3						
	4						
	5						
	6						
	7						
	8						
	9						
	0						
	1						
	2						
	3						
	4						
	5						
	6						
	7						
	8						
	9						

$\sum n_j \times 10^{0.1L_j} =$

$Leq = 10\lg\sum n_j \times 10^{0.1L_j} - 10\lg\sum n_j =$

测量地点　　　　　　　　　　　　　测量人

出现的总次数；

(2) 计算 $10^{0.1L_j}$；

(3) 计算部分暴露指数 $n_j\,10^{0.1L_j}$；

(4) 计算合成暴露指数 $\sum n_j\,10^{0.1L_j}$；

(5) 按下式计算 A 声级；

$$Leq = 10\lg\sum n_j\,10^{0.1L_j} - 10\lg\sum n_j；\qquad (附2.2)$$

式中　j 表示测量中出现的不同声级 L_j 出现的频数。

n_j 表示声级 L_j 出现的频数；

的序号；

3. 对于有规律的变化噪声的等效 A 声级的测量，亦可采用采样的办法。采样时间间隔 τ 的选定，应使测量时间 (100τ) 等于噪声变化周期 T 的整数倍，可按下式计算：

$$\tau = \frac{nT}{100}\qquad n = 1,\ 2,\ 3,\ 4\qquad (附2.3)$$

若噪声变化周期较短（在数秒至 1 分钟之内），则可按下式确定采样间隔。

$$\tau = \frac{11T}{10}\qquad (附2.4)$$

4. 对于间歇噪声，可采用稳态噪声测量方法，测量并记录间歇噪声的 A 声级及其作用时间，将间歇噪声的 A 声级区分为有限个整数并将 A 声级及其相应的累积作用时间列入附表2.2。等效 A 声级，可按附表2.5公式计算。

附录三　本规范用词说明

一、执行本规范条文时，对于要求严格程度的用词，说明如下，以便在执行中区别对待。

1. 表示很严格，对于要求严格程度的用词：

正面词采用"必须"；

反面词采用"严禁"。

2. 表示严格，在正常情况下均应这样作的用词：

正面词采用"应"；

反面词采用"不应"或"不得"。

3. 表示允许稍有选择，在条件许可时，首先应这样作的用词：

正面词采用"宜"或"可"；

反面词采用"不宜"。

二、条文中指明必须按其他有关标准和规范执行的写法为："应按……执行"或"应符合……要求或规定"。非必须按所指定的标准和规范执行的写法为"可参照……"。

间歇噪声A等效A声级统计表　　附表2.2

声级 L_i(dB)			
累积时间 T_i			
Leq			

$$Leq = 10\lg \frac{\sum 10^{0.1L_i} T_i}{\sum T_i}$$ 　(附2.5)

表与式中 L_i 表示间歇噪声的声级，(dB)；

T_i 表示相对于 L_i 的累积作用时间 (m)。

对于每个工作日暴露 8 小时的情况，日等效 A 声级可按下式计算：

$$Leq = 10\lg \sum 10^{0.1L_i} T_i - 27$$ 　(附2.6)

附加说明

本规范主编单位、参加单位和主要起草人名单

主编单位：北京市劳动保护科学研究所

参加单位：中国科学院声学研究所

　　　　　清华大学

　　　　　华东建筑设计院

主要起草人：孙家麒

中华人民共和国国家标准

民用建筑热工设计规范

GB 50176—93

主编部门：中华人民共和国建设部
批准部门：中华人民共和国建设部
施行日期：1993 年 10 月 1 日

关于发布国家标准《民用建筑热工
设计规范》的通知

建标〔1993〕196 号

根据国家计委计综[1984]305 号文的要求，由中国建筑
科学研究院会同有关单位编订的《民用建筑热工设计规
范》，已经有关部门会审，现批准《民用建筑热工设计规
范》GB50176—93 为强制性国家标准，自一九九三年十月
一日起施行。

本标准由建设部负责管理，具体解释等工作由中国建筑
科学研究院负责，出版发行由建设部标准定额研究所负责组
织。

中华人民共和国建设部
一九九三年三月十七日

主 要 符 号

A_{te}——室外计算温度波幅

A_{ti}——室内计算温度波幅

$A_{\theta i}$——内表面温度波幅

a——导温系数、导热系数和蓄热系数的修正系数

B——地面吸热指数

b——材料层的热渗透系数

c——比热容

D——热惰性指标

D_{di}——采暖期度日数

F——传热面积

H——蒸汽渗透阻

I——太阳辐射照度

K——传热系数

P_e——室外空气水蒸气分压力

P_i——室内空气水蒸气分压力

R——热阻

R_o——传热阻

$R_{o.min}$——最小传热阻

$R_{o.E}$——经济传热阻

R_e——外表面换热阻

R_i——内表面换热阻

S——材料蓄热系数

编 制 说 明

本规范是根据国家计委计综[1984]305号文的要求，由中国建筑科学研究院负责主编，并会同有关单位共同编制而成。

本规范在编制过程中，规范编制组进行了广泛的调查研究，认真总结了我国建国以来在建筑热工科研和设计方面的实践经验，参考了有关国际标准和国外先进标准，针对主要技术问题开展了科学研究与试验验证工作，并广泛征求了全国有关单位的意见。最后，由我部会同有关部门审查定稿。

鉴于本规范系初次编制，在执行过程中，希望各单位结合工程实践和科学研究，认真总结经验，注意积累资料，如发现需要修改和补充之处，请将意见和有关资料寄交中国建筑科学研究院建筑物理研究所（地址：北京车公庄大街19号，邮政编码：100044），以供今后修订时参考。

中华人民共和国建设部

1993年1月

第一章　总　则

第 1.0.1 条　为使民用建筑热工设计与地区气候相适应，保证室内基本的热环境要求，符合国家节约能源的方针，提高投资效益，制订本规范。

第 1.0.2 条　本规范适用于新建、扩建和改建的民用建筑热工设计。

本规范不适用于地下建筑，室内温湿度有特殊要求和特殊用途的建筑，以及简易的临时性建筑。

第 1.0.3 条　建筑热工设计，除应符合本规范要求外，尚应符合国家现行的有关标准、规范的要求。

t_e——室外计算温度

t_i——室内计算温度

t_d——露点温度

t_w——采暖室外计算温度

t_{sa}——室外综合温度

$[\Delta t]$——室内空气与内表面之间的允许温差

Y_e——外表面蓄热系数

Y_i——内表面蓄热系数

Z——采暖期翔天数

α_e——外表面换热系数

α_i——内表面换热系数

θ——表面温度，内部温度

$\theta_{i.max}$——内表面最高温度

μ——材料蒸汽渗透系数

v_0——衰减倍数

v_i——室内空气到内表面的衰减倍数

ξ_0——延迟时间

ξ_i——室内空气到内表面的延迟时间

ρ——太阳辐射吸收系数

ρ_0——材料干密度

φ——空气相对湿度

ω——材料湿度或含水率

$[\Delta\omega]$——保温材料重量湿度允许增量

λ——材料导热系数

第二章 室外计算参数

第 2.0.1 条 围护结构根据其热惰性指标 D 值分成四种类型，其冬季室外计算温度 t_e 应按表 2.0.1 的规定取值。

围护结构冬季室外计算温度 t_e(℃)　　表 2.0.1

类型	热惰性指标 D 值	t_e 的取值
Ⅰ	>6.0	$t_e=t_w$
Ⅱ	4.1~6.0	$t_e=0.6t_w+0.4t_{e.min}$
Ⅲ	1.6~4.0	$t_e=0.3t_w+0.7t_{e.min}$
Ⅳ	<1.5	$t_e=t_{e.min}$

注：①热惰性指标 D 值应按本规范附录二中（二）的规定计算。
②t_w 和 $t_{e.min}$ 分别为采暖室外计算温度和累年最低一日平均温度。
③冬季室外计算温度 t_e 应取整数值。
④全国主要城市四种类型围护结构冬季室外计算温度 t_e 值，可按本规范附录三附表 3.1 采用。

第 2.0.2 条 围护结构夏季室外计算温度平均值 $\overline{t}_e$，应按历年最热一天的日平均温度的平均值确定。围护结构夏季室外计算温度最高值 $t_{e.max}$，应按历年最热一天的平均温度最高值确定。围护结构夏季室外计算温度波幅值 A_{te}，应按室外计算温度最高值 $t_{e.max}$ 与室外计算温度平均值 $\overline{t}_e$ 的差值确定。

注：全国主要城市的 $\overline{t}_e$、$t_{e.max}$ 和 A_{te} 值，可按本规范附录三附表 3.2 采用。

第 2.0.3 条 夏季太阳辐射照度应取各地历年七月份最大直射辐射日总量和相应日期总辐射日总量的累年平均值，通过计算分别确定东、西、南、北垂直面和水平面上逐时的太阳辐射照度及昼夜平均值。

注：全国主要城市夏季太阳辐射照度可按本规范附录三附表 3.3 采用。

第二节 冬季保温设计要求

第3.2.1条 建筑物宜设在避风和向阳的地段。

第3.2.2条 建筑物的体形设计宜减少外表面积，其平、立面的凹凸面不宜过多。

第3.2.3条 居住建筑，在寒冷地区不应设开敞式楼梯间和向阳的开敞式楼梯间和开敞式外廊，在严寒地区出入口处应设门斗或热风幕等避热风设施。公共建筑，在严寒地区出入口处应设门斗或热风幕等避热风设施；在寒冷地区出入口处宜设门斗或热风幕等避风设施。

第3.2.4条 建筑物外部窗户面积不宜过大，应减少窗户缝隙长度，并采取密闭措施。

第3.2.5条 外墙、屋顶、直接接触室外空气的楼板和不采暖楼梯间的隔墙等围护结构，应进行保温验算，其传热阻应大于或等于建筑物所在地区要求的最小传热阻。

第3.2.6条 当有散热器、管道、壁龛等嵌入外墙时，该处外墙的传热阻应大于或等于建筑物所在地区要求的最小传热阻。

第3.2.7条 围护结构中的热桥部位应进行保温验算，并采取保温措施。

第3.2.8条 严寒地区居住建筑的底层地面，在其周边一定范围内应采取保温措施。

第3.2.9条 围护结构的构造设计应考虑防潮要求。

第三节 夏季防热设计要求

第3.3.1条 建筑物的夏季防热应采取自然通风、窗户遮阳、围护结构隔热和环境绿化等综合性措施。

第三章 建筑热工设计要求

第一节 建筑热工设计分区及设计要求

第3.1.1条 建筑热工设计应与地区气候相适应。建筑热工设计分区及设计要求应符合表3.1.1的规定。全国建筑热工设计分区应按本规范附图8.1采用。

建筑热工设计分区及设计要求　表3.1.1

分区名称	分区指标		设计要求
	主要指标	辅助指标	
严寒地区	最冷月平均温度≤-10℃	日平均温度<5℃的天数≥145d	必须充分满足冬季保温要求，一般可不考虑夏季防热
寒冷地区	最冷月平均温度0~-10℃	日平均温度<5℃的天数90~145d	应满足冬季保温要求，部分地区兼顾夏季防热
夏热冬冷地区	最冷月平均温度0~10℃，最热月平均温度25~30℃	日平均温度<5℃的天数0~90d，日平均温度>25℃的天数40~110d	必须满足夏季防热要求，适当兼顾冬季保温
夏热冬暖地区	最冷月平均温度>10℃，最热月平均温度25~29℃	日平均温度>25℃的天数100~200d	必须充分满足夏季防热要求，一般可不考虑冬季保温
温和地区	最冷月平均温度0~13℃，最热月平均温度18~25℃	日平均温度<5℃的天数0~90d	部分地区应考虑冬季保温，一般可不考虑夏季防热

窗墙面积比不宜超过 0.40。

第 3.4.8 条 向阳面，特别是东、西向窗户，应采取热反射玻璃、反射阳光涂膜、各种固定式和活动式遮阳等有效的遮阳措施。

第 3.4.9 条 建筑物外部窗户的气密性等级不应低于现行国家标准《建筑外窗空气渗透性能分级及其检测方法》GB7107 规定的Ⅲ级水平。

第 3.4.10 条 建筑物外部窗户的部分窗扇应能开启。当有频繁开启的外门时，应设置门斗或空气幕等防渗透措施。

第 3.4.11 条 围护结构的传热系数应符合现行国家标准《采暖通风与空气调节设计规范》GBJ19 规定的要求。

第 3.4.12 条 同歇使用的空调建筑，其外围护结构宜采用轻质材料。连续使用的空调建筑，其内侧和内围护结构内侧和围护结构宜采用重质材料。围护结构的构造设计应考虑防潮要求。

第 3.3.2 条 建筑物的总体布置，单体的平、剖面设计和门窗的设置，应有利于自然通风，并尽量避免夏季同受东、西向的日晒。

第 3.3.3 条 建筑物的向阳面，特别是东、西向窗户，应采取有效的遮阳措施。在建筑设计中，宜结合外廊、阳台、挑檐等处理方法达到遮阳目的。

第 3.3.4 条 屋顶和东、西向外墙的内表面温度，应满足隔热设计标准的要求。

第 3.3.5 条 为防止潮霉季节湿空气在地面冷凝泛潮，居室、托幼园所的地面下部宜采取保温措施或架空做法，地面面层宜采用微孔吸湿材料。

第四节 空调建筑热工设计要求

第 3.4.1 条 空调建筑或空调房间应尽量避免东、西朝向和东、西向窗户。

第 3.4.2 条 空调房间应集中布置，上下对齐。温湿度要求相近的空调房间宜相邻布置。

第 3.4.3 条 空调房间应避免布置在有两面相邻外墙的转角处和有伸缩缝处。

第 3.4.4 条 空调房间应避免布置在顶层；当必须布置在顶层时，屋顶应有良好的隔热措施。

第 3.4.5 条 在满足使用要求的前提下，空调房间的净高宜降低。

第 3.4.6 条 空调建筑的外表面积宜减小，外表面宜采用浅色饰面。

第 3.4.7 条 建筑物外部窗户当采用单层窗时，窗墙面积比不宜超过 0.30；当采用双层窗或框单层玻璃窗时，

第四章 围护结构保温设计

第一节 围护结构保温设计

第4.1.1条 设置集中采暖的建筑物，其围护结构的传热阻应根据技术经济比较确定，且应符合国家有关节能标准的要求，其最小传热阻应按下式计算确定：

$$R_{o.min} = \frac{(t_i - t_e)n}{[\Delta t]} R_i \qquad (4.1.1)$$

式中 $R_{o.min}$——围护结构最小传热阻(m²·K/W);

t_i——冬季室内计算温度(℃)，一般居住建筑，取18℃；高级居住建筑，医疗，托幼建筑，取20℃；

t_e——围护结构冬季室外计算温度(℃)，按本规范第2.0.1条的规定采用；

n——温差修正系数，应按表4.1.1-1采用；

R_i——围护结构内表面换热阻(m²·K/W)，应按本规范附录二附表2.2采用；

$[\Delta t]$——室内空气与围护结构内表面之间的允许温差(℃)，应按表4.1.1-2采用。

表4.1.1-1 温差修正系数 n值

围护结构及其所处情况	温差修正系数 n 值
外墙、平屋顶及与室外空气直接接触的楼板等	1.00
带通风间层的平屋顶、坡屋顶顶棚及与室外空气相通的不采暖地下室上面的楼板等	0.90

续表

围护结构及其所处情况	温差修正系数 n 值
与有外门窗的不采暖楼梯间相邻的隔墙：1~6层建筑	0.60
7~30层建筑	0.50
不采暖地下室上面的楼板：外墙上有窗户时	0.75
外墙上无窗户且位于室外地坪以上时	0.60
外墙上无窗户且位于室外地坪以下时	0.40
与有外门窗的不采暖房间相邻的隔墙	0.70
与无外门窗的不采暖房间相邻的隔墙	0.40
伸缩缝、沉降缝墙	0.30
抗震缝墙	0.70

表4.1.1-2 室内空气与围护结构内表面之间的允许温差 [Δt] (℃)

建筑物和房间类型	外墙	平屋顶和坡屋顶顶棚
居住建筑、医院和幼儿园等	6.0	4.0
办公室、学校和门诊部等	6.0	4.5
礼堂、食堂和体育馆等	7.0	5.5
室内空气潮湿的公共建筑 不允许外墙和顶棚内表面结露时	$t_i - t_d$	$0.8(t_i - t_d)$

共建筑，当采用Ⅲ型和Ⅳ型围护结构时，应对其屋顶和东、西外墙进行夏季隔热热验算。如按夏季隔热要求的传热热大于按冬季保温要求的最小传热阻要求采用，应按夏季隔热要求采用。

第二节 围护结构保温措施

第4.2.1条 提高围护结构热阻值可采取下列措施：

一、采用轻质高效保温材料与密度小的材料组成的复合结构。

二、采用密度为500～800kg/m³的轻混凝土和密度为800～1200kg/m³的轻骨料混凝土作为单一材料墙体。

三、采用多孔粘土空心砖或多排孔轻骨料混凝土空心砌块墙体。

四、采用封闭空气间层或带有铝箔的空气间层。

第4.2.2条 提高围护结构热稳定性可采取下列措施：

一、采用复合结构时，内外侧宜采用砖、混凝土或钢筋混凝土等重质材料，中间复合轻质保温材料。

二、采用加气混凝土、泡沫混凝土等轻混凝土单一材料墙体时，内外侧宜作水泥砂浆抹其他重质材料饰面层。

第三节 热桥部位内表面温度验算及保温措施

第4.3.1条 围护结构热桥部位的内表面温度不应低于室内空气露点温度。

第4.3.2条 在确定室内空气露点温度时，居住建筑和公共建筑的室内空气相对湿度均应按60%采用。

第4.3.3条 围护结构中常见五种形式热桥（见图4.3.3），其内表面温度应按下列规定计算：

续表

建筑物和房间类型	外墙	平屋顶和坡屋顶顶棚
允许外墙内表面结露，但不允许顶棚内表面结露时	7.0	$0.9(t_i-t_d)$

注：①潮湿房间系指室内温度为13～24℃，相对湿度大于75%，或室内温度高于24℃，相对湿度大于60%的房间。

②表中 t_i、t_d 分别为室内空气温度和露点温度（℃）。

③对于直接接触室外空气的楼板和不采暖地下室上面的楼板，当有人长期停留时，取允许温差 $[\Delta t]$ 等于2.5℃；当无人长期停留时，取允许温差 $[\Delta t]$ 等于5.0℃。

第4.1.2条 当居住建筑、医院、幼儿园、办公楼、学校和门诊部等建筑物的外墙为轻质材料或内侧复合轻质材料时，外墙的最小传热阻应在按式（4.1.1）计算结果的基础上进行附加，其附加值应按表4.1.2的规定采用。

轻质外墙最小传热阻的附加值（%） 表4.1.2

外墙材料与构造	当建筑物处在连续供热热网中时	当建筑物处在间歇供热热网中时
密度为800～1200kg/m³的轻骨料混凝土单一材料墙体	15～20	30～40
密度为500～800kg/m³的轻混凝土单一材料墙体；外侧为砖或砖混凝土的墙体	20～30	40～60
平均密度小于500kg/m³的轻混凝土，内侧复合混凝土，内侧复合轻质材料（如外墙为砖或砖混凝土，内侧复合轻质材料（如岩棉、矿棉、石膏板等）墙体	30～40	60～80

第4.1.3条 处在寒冷和夏热冬冷地区，且设置集中采暖的居住建筑和医院、幼儿园、办公楼、学校、门诊部等公

修正系数 η 值　　　　表 4.3.3—1

热桥形式	肋宽与结构厚度比 a/δ								
	0.02	0.06	0.10	0.20	0.40	0.60	0.80	1.00	1.50
(1)	0.12	0.24	0.38	0.55	0.74	0.83	0.87	0.90	0.95
(2)	0.07	0.15	0.26	0.42	0.62	0.73	0.81	0.85	0.94
(3)	0.25	0.50	0.96	1.26	1.27	1.21	1.16	1.10	1.00
(4)	0.04	0.10	0.17	0.32	0.50	0.62	0.71	0.77	0.89

修正系数 η 值　　　　表 4.3.3—2

热桥形式	δ_i/δ	肋宽与结构厚度比 a/δ							
		0.04	0.06	0.08	0.10	0.12	0.14	0.16	0.18
(5)	0.50	0.011	0.025	0.044	0.071	0.102	0.136	0.170	0.205
	0.25	0.006	0.014	0.025	0.040	0.054	0.074	0.092	0.112

注：a/δ 的中间值可用内插法确定。

第 4.3.4 条　单一材料外墙外角处的内表面温度和内侧最小附加热阻，应按下列公式计算：

$$\theta'_i = t_i - \frac{t_i - t_e}{R_o} R_i \cdot \xi \qquad (4.3.4-1)$$

$$R_{ad \cdot min} = (t_i - t_e)\left(\frac{1}{t_i - t_d} - \frac{1}{t_i - \theta'_i}\right)R_i \qquad (4.3.4-2)$$

式中　θ'_i——外墙角处内表面温度（℃）；
　　　$R_{ad \cdot min}$——内侧最小附加热阻（m²·K/W）；
　　　t_i——室内计算温度（℃）；
　　　t_e——室外计算温度（℃），按本规范附录三附表 3.1 中 Ⅰ 型围护结构的室外计算温度采用；
　　　t_d——室内空气露点温度（℃）；
　　　R_i——外墙角处内表面换热阻，取 0.11m²·K/W；
　　　R_o——外墙传热阻（m²·K/W）；
　　　ξ——比例系数，根据外墙热阻 R 值，按表 4.3.4 采用。

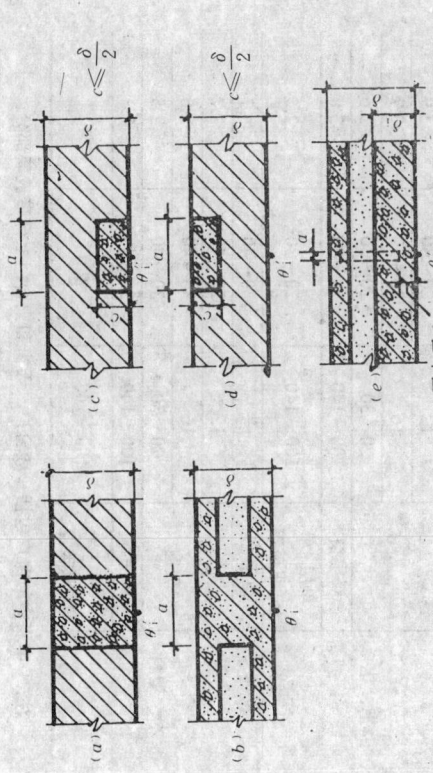

不小于 10 mm

图 4.3.3　常见几种形式热桥

一、当肋宽与结构厚度比 a/δ 小于或等于 1.5 时，

$$\theta'_i = t_i - \frac{R'_o + \eta(R_o - R'_o)}{R'_o \cdot R_o} R_i(t_i - t_e) \qquad (4.3.3-1)$$

式中　θ'_i——热桥部位内表面温度（℃）；
　　　t_i——室内计算温度（℃）；
　　　t_e——室外计算温度（℃），应按本规范附录三附表 3.1 中 Ⅰ 型围护结构的室外计算温度采用；
　　　R_o——非热桥部位的传热阻（m²·K/W）；
　　　R'_o——热桥部位的传热阻（m²·K/W）；
　　　R_i——内表面换热阻，取 0.11m²·K/W；
　　　η——修正系数，应根据比值 a/δ，按表 4.3.3—1 或表 4.3.3—2 采用。

二、当肋宽与结构厚度比 a/δ 大于 1.5 时，

$$\theta'_i = t_i - \frac{t_e}{R'_o} R_i \qquad (4.3.3-2)$$

②阳台下部门肚板部分的传热系数，当下部不作保温处理时，应按表中值采用；当作保温处理时，应按计算确定。

③本表中未包括的新型窗户，其传热系数应按测定值采用。

第 4.4.2 条 居住建筑和公共建筑外部窗户的保温性能，应符合下列规定：

一、严寒地区各朝向窗户，不应低于现行国家标准《建筑外窗保温性能分级及其检测方法》GB8484 规定的 Ⅱ 级水平。

二、寒冷地区各朝向窗户，不应低于上述标准规定的 Ⅴ 级水平；北向窗户，宜达到上述标准规定的 Ⅳ 级水平。

第 4.4.3 条 阳台门下部门肚板部分的传热系数，严寒地区应小于或等于 1.35W／（m²·K）；寒冷地区应小于或等于 1.72W／（m²·K）。

第 4.4.4 条 居住建筑和公共建筑窗户的气密性，应符合下列规定：

一、在冬季室外平均风速大于或等于 3.0m／s 的地区，对于 1～6 层建筑，不应低于现行国家标准《建筑外窗空气渗透性能分级及其检测方法》GB7107 规定的 Ⅲ 级水平；对于 7～30 层建筑，不应低于上述标准规定的 Ⅱ 级水平。

二、在冬季室外平均风速小于 3.0m／s 的地区，对于 1～6 层建筑，不应低于上述标准规定的 Ⅳ 级水平；对于 7～30 层建筑不应低于上述标准规定的 Ⅲ 级水平。

第 4.4.5 条 居住建筑各朝向的窗墙面积比应符合下列规定：

一、当外墙传热阻达到按式（4.1.1）计算确定的最小传热阻时，北向窗墙面积比，不应大于 0.20；东、西向，不应大于 0.25（单层窗）或 0.30（双层窗）；南向，不应大于 0.35。

比例系数 ζ 值　　　　　　表 4.3.4

外墙热阻 R (m²·K／W)	比例系数 ζ
0.10～0.40	1.42
0.41～0.49	1.72
0.50～1.50	1.73

第 4.3.5 条 除第 4.3.3 条中常见五种形式热桥外，其他形式热桥的内表面温度应进行温度场验算。当其内表面温度低于室内空气露点温度时，应在热桥部位的外侧或内侧采取保温措施。

第四节　窗户保温性能、气密性和面积的规定

第 4.4.1 条 窗户的传热系数应按经国家计量认证的检测机构提供的测定值采用；如无上述机构提供的测定值时，可按表 4.4.1 采用。

窗户的传热系数　　　　　　表 4.4.1

窗框材料	窗框类型	空气层厚度 (mm)	窗框窗洞面积比 (%)	传热系数 K(W／m²·K)
钢、铝	单层窗	—	20～30	6.4
	单框双玻窗	12	20～30	3.9
	单框双玻窗	16	20～30	3.7
	单框双玻窗	20～30	20～30	3.6
	双层窗	100～140	20～30	3.0
	单层+单框双玻窗	100～140	20～30	2.5
木、塑料	单层窗	—	30～40	4.7
	单框双玻窗	12	30～40	2.7
	单框双玻窗	16	30～40	2.6
	单框双玻窗	20～30	30～40	2.5
	双层窗	100～140	30～40	2.3
	单层+单框双玻窗	100～140		2.0

注：①本表中的窗户包括一般窗户、天窗和阳台门上部带玻璃部分。

第五章　围护结构隔热设计

第一节　围护结构隔热设计要求

第5.1.1条　在房间自然通风情况下，建筑物的层顶和东、西外墙的内表面最高温度，应满足下式要求：

$$\theta_{i \cdot max} < t_{e \cdot max} \qquad (5.1.1)$$

式中　$\theta_{i \cdot max}$——围护结构内表面最高温度（℃），应按本规范附录二中（八）的规定计算；

$t_{e \cdot max}$——夏季室外计算温度最高值（℃），应按本规范附录三附表3.2采用。

第二节　围护结构隔热措施

第5.2.1条　围护结构的隔热可采用下列措施：

一、外表面做浅色饰面，如浅色粉刷、涂层和面砖等。

二、设置通风间层，如通风屋顶、通风墙等。通风屋顶的风道长度不宜大于10m。间层高度以20m左右为宜。基层上面应有6cm左右的隔热层。夏季多风地区，檐口处宜采用兜风构造。

三、采用双排或三排孔混凝土或轻骨料混凝土空心砌块墙体。

四、复合墙体的内侧宜采用厚度为10cm左右的混凝土等重质材料。

五、设置带铝箔的封闭空气间层。当为单面铝箔空间

二、当建筑设计上需要增大窗墙面积比或实际采用的外墙传热热阻比按式（4.1.1）计算确定的最小传热热阻时，所采用的窗墙面积比和外墙传热热阻应符合本规范附录五的规定。

第五节　采暖建筑地面热工要求

第4.5.1条　采暖建筑地面的热工性能，应根据地面的吸热指数 B 值，按表4.5.1的规定，划分成三个类别。

采暖建筑地面热工性能类别　　表4.5.1

地面热工性能类别	B 值〔W／(m²·h^{1/2}·K)〕
Ⅰ	<17
Ⅱ	17~23
Ⅲ	>23

注：地面吸热指数 B 值应按本规范附录二中（三）的规定计算。

第4.5.2条　不同类型采暖建筑对地面热工性能的要求，应符合表4.5.2的规定。

不同类型采暖建筑对地面热工性能的要求　　表4.5.2

采暖建筑类型	对地面热工性能的要求
高级居住建筑、幼儿园、托儿所、疗养院等	宜采用Ⅰ类地面
一般居住建筑、办公楼、学校等	可采用Ⅱ类地面
临时逗留用房及室温高于23℃的采暖房间	可采用Ⅲ类地面

第4.5.3条　严寒地区采暖建筑的底层地面，当建筑物周边无采暖管沟时，在外墙内侧0.5~1.0m范围内应铺设保温层，其热阻不应小于外墙的热阻。

层时，铝箔宜设在温度较高的一侧。

六、蓄水屋顶。水面宜有水浮莲等浮生植物或白色漂浮物。水深宜为15~20cm。

七、采用有土和无土植被屋顶，以及墙面垂直绿化等。

第六章 采暖建筑围护结构防潮设计

第一节 围护结构内部冷凝受潮验算

第6.1.1条 外侧有卷材或其他密闭防水层的平屋顶结构，以及保温层外侧有密实保护层的多层墙体结构，当内侧结构层为加气混凝土和砖等多孔材料时，应进行内部冷凝受潮验算。

第6.1.2条 采暖期间，围护结构中保温材料因内部冷凝受潮而增加的重量湿度允许增量，应符合表6.1.2的规定。

采暖期间保温材料重量湿度的允许增量（$\Delta\omega$）（%）　　表6.1.2

保温材料名称	重量湿度允许增量（$\Delta\omega$）
多孔混凝土（泡沫混凝土、加气混凝土等），$\rho_o=500\sim700kg/m^3$	4
水泥膨胀珍珠岩和水泥膨胀蛭石等，$\rho_o=300\sim500kg/m^3$	6
沥青膨胀珍珠岩和沥青膨胀蛭石等，$\rho_o=300\sim400kg/m^3$	7
水泥纤维板	5
矿棉、岩棉、玻璃棉及其制品（板或毡）	3
聚苯乙烯泡沫塑料	15
矿渣和炉渣填料	2

第6.1.3条 根据采暖期间围护结构中保温材料重量湿度的允许增量,冷凝计算界面内侧所需的蒸汽渗透阻应按下式计算:

$$H_{o·i} = \cfrac{P_i - P_{s·c}}{\dfrac{10\rho_o \delta_i [\Delta\omega]}{24Z} + \dfrac{P_{s·c} - P_e}{H_{o·e}}} \tag{6.1.3}$$

式中 $H_{o·i}$——冷凝计算界面内侧所需的蒸汽渗透阻(m²·h·Pa/g);

$H_{o·e}$——冷凝计算界面至围护结构外表面之间的蒸汽渗透阻(m²·h·Pa/g);

P_i——室内空气水蒸气分压力(Pa),根据室内计算温度和相对湿度确定;

P_e——室外空气水蒸气分压力(Pa),根据本规范附录三附表3.1查得的采暖期室外平均温度和平均相对湿度确定;

$P_{s·c}$——冷凝计算界面处与界面温度 θ_c 对应的饱和水蒸气分压力(Pa);

Z——采暖期天数,应符合本规范附录三附表3.1的规定;

$[\Delta\omega]$——采暖期间保温材料重量湿度的允许增量(%),应按表6.1.2中的数值直接采用;

ρ_o——保温材料的干密度(kg/m³);

δ_i——保温材料厚度(m)。

第6.1.4条 冷凝计算界面温度应按下式计算:

$$\theta_c = t_i - \frac{t_i - \bar{t}_e}{R_o}(R_i + R_{o·i}) \tag{6.1.4}$$

式中 θ_c——冷凝计算界面温度(℃);

t_i——室内计算温度(℃);

$\bar{t}_e$——采暖期室外平均温度(℃),应符合本规范附录三附表3.1的规定;

R_o、R_i——分别为围护结构传热阻和内表面换热阻(m²·K/W);

$R_{o·i}$——冷凝计算界面至围护结构内表面之间的热阻(m²·K/W)。

第6.1.5条 冷凝计算界面的位置,应取保温层与外侧密实材料层的交界处(见图6.1.5)。

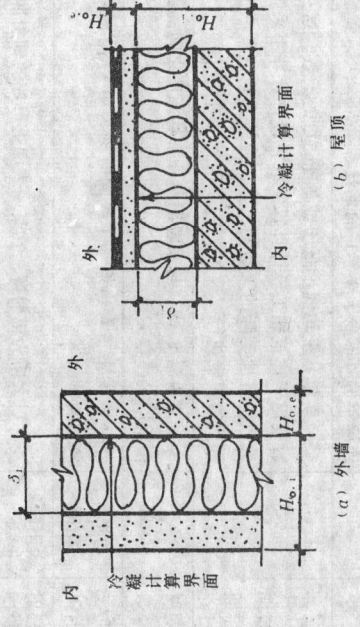

图 6.1.5 冷凝计算界面

第6.1.6条 对于不设通风口的坡屋顶,其顶棚部分的蒸汽渗透阻应符合下式要求:

$$H_{o·i} > 1.2(P_i - P_e) \tag{6.1.6}$$

式中 $H_{o·i}$——顶棚部分的蒸汽渗透阻(m²·h·Pa/g);

P_i、P_e——分别为室内和室外空气水蒸气分压力(Pa)。

第6.1.7条 围护结构材料层的蒸汽渗透阻应按下式计算:

式中 H——材料层的蒸汽渗透阻($m^2 \cdot h \cdot Pa/g$);

δ——材料层的厚度 (m);

μ——材料的蒸汽渗透系数 〔$g/(m \cdot h \cdot Pa)$〕,应按本规范附录四附表4.1采用。

$$H = \frac{\delta}{\mu} \qquad (6.1.7)$$

注:①多层结构的蒸汽渗透阻应按各层蒸汽渗透阻之和确定。

②封闭空气间层的蒸汽渗透阻取零。

③某些薄片材料和涂层的蒸汽渗透阻应按本规范附录四附表4.3采用。

第二节 围护结构防潮措施

第6.2.1条 采用多层围护结构时,应将蒸汽渗透阻较大的密实材料布置在内侧,而将蒸汽渗透阻较小的材料布置在外侧。

第6.2.2条 外侧有密实保护层或防水层的多层围护结构,经内部冷凝受潮验算而必须设置隔汽层时,应严格控制保温层的施工湿度,或采用预制板状或块状保温材料,避免湿法施工和雨天施工,并保证隔汽层的施工质量。对于卷材防水屋面,应有与室外空气相通的排湿措施。

第6.2.3条 外侧有卷材或其他密闭防水层,内侧为钢筋混凝土屋面板的平屋顶结构,如经内部冷凝受潮验算不需设置隔汽层,则应确保屋面板及其接缝的密实性,达到所需的蒸汽渗透阻。

附录一 名 词 解 释

附表 1.1

名 词	曾用名词	名 词 解 释
年	历	逐年,特指整编气象资料时,所采用的以往在一段连续年份中的每一年
累年		多年,特指整编气象资料时,所采用的以往在一段连续年份(不少于3年)的累计
设计计算用采暖期天数		累年日平均温度低于或等于5℃的天数。这一天数仅用于建筑热工设计计算,故称设计计算用采暖期天数。各地实际的采暖期天数,应当地行政或主管部门的规定执行
采暖期度日数		室内温度18℃与采暖期室外平均温度之间的温差值乘以采暖期天数
地方太阳时	当地太阳时	以太阳正对当地子午线的时刻为中午12时所推算出的时间
太阳辐射照度	太阳辐射强度	以太阳为辐射源,在某一表面上形成的辐射照度
导热系数		在稳态条件下,1m厚的物体,两侧表面温差为1℃,1h内通过1m²面积传递的热量
比热容	比热	1kg的物质,温度升高或降低1℃所需吸收或放出的热量
密度	容重	1m³的物体所具有的质量
材料蓄热系数		当某一足够厚度单一材料层一侧受到谐波热作用时,表面温度将按同一周期的热流波动,通过表面热流波幅与表面温度波幅的比值。其值愈大,材料的热稳定性愈好

名 词	曾用名词	名 词 解 释
传热阻	总热阻	表征围护结构(包括两侧表面空气边界层)阻抗传热能力的物理量。为传热系数的倒数
最小传热阻	最小总热阻	特指设计计算中容许采用的围护结构传热阻的下限值。规定最小传热阻的目的，是为了限制围护结构通过围护结构的传热量过大，防止内表面冷凝，以及限制围护面与人体之间的辐射换热量过大而使人体受凉
经济传热阻	经济热阻	围护结构单位面积的建造费用(由围护结构单位面积分摊的折旧费)与使用费用(由围护结构单位面积所分摊的采暖运行费和设备折旧费)之和达到最小值时的传热阻
热惰性指标(D值)		表征围护结构对温度波衰减快慢程度的无量纲指标。$D=RS$，式中 R 为围护结构热阻，S 为相应材料层的蓄热系数。D 值越大，温度波在其中的衰减越快，围护结构的热稳定性越好。单一材料围护结构，$D=\Sigma RS$，多层材料层的热阻
围护结构的热稳定性		在周期性热作用下，围护结构本身抵抗温度波动的能力。房间外围护结构的热稳定性主要取决于内外围护结构的主要因素
房间的热稳定性		在室内外周期性热作用下，整个房间抵抗温度波动的能力。房间的热稳定性主要取决于内立面单元面积(即房间单位高与的温度波动)的热稳定性
窗墙面积比		窗户洞口面积与房间立面面积(即开间定位线间成的面积)的比值
温度波幅		当温度呈线性周期性波动时，最高值或最低值与平均值之差
综合温度		室外综合空气温度 t_e 与太阳辐射当量温度 $\rho I/\alpha_{eo}$ 之和，即 $t_{sa}=t_e+\rho I/\alpha_{eo}$ 式中 ρ 为太阳辐射吸收系数，I 为太阳辐射照度，α_e 为外表面换热系数
衰减倍数	总衰减倍数	围护结构内侧空气温度谐波波幅或室外受外温综合温度或室外综合空气温度谐波波幅与围护结构内表面温度谐波波幅的比值

名 词	曾用名词	名 词 解 释
表面蓄热系数		在周期性热作用下，物体表面温度升高或降低1℃时，在1h内，1m²表面积贮存或释放的热量
导温系数	热扩散系数	材料的导热系数与其比热容和密度乘积的比值。表征物体在加热或冷却时各部分温度趋于一致的能力。其值越大，温度变化的速度越快
围护结构		建筑物及房间各面的围挡物。它分透明和不透明两部分：不透明围护结构有墙、屋顶和楼板等；透明围护结构有窗、天窗和阳台门等。按是否分室外围护结构和内围护结构
外围护结构		同室外空气直接接触的围护结构，如外墙、屋顶、外门和外窗等
内围护结构		不同室内空气直接接触的围护结构，如隔墙、楼板、内门和内窗等
热阻		表征围护结构本身或其中某层材料阻抗热能力的物理量
内表面换热系数	内表面热转移系数	围护结构内表面温度与室内空气温度之差为1℃、1h内通过1m²面积传递的热量
内表面换热阻	内表面热转移阻	内表面换热系数的倒数
外表面换热系数	外表面热转移系数	围护结构外表面温度与室外空气温度之差为1℃、1h内通过1m²面积传递的热量
外表面换热阻	外表面热转移阻	外表面换热系数的倒数
传热系数	总传热系数	在稳态条件下，围护结构两侧空气温度差为1℃、1h内通过1m²面积传递的热量

附录二 建筑热工设计计算公式及参数

(一)热阻的计算

1. 单一材料层的热阻应按下式计算：

$$R = \frac{\delta}{\lambda}$$

(附2.1)

式中 R——材料层的热阻$(m^2 \cdot K / W)$；

δ——材料层的厚度(m)；

λ——材料的导热系数$[W / (m \cdot K)]$，应按本规范附录四附表4.1和附表注的规定采用。

2. 多层围护结构的热阻应按下式计算：

$$R = R_1 + R_2 + \cdots\cdots + R_n$$

(附2.2)

式中 R_1, $R_2 \cdots\cdots R_n$——各层材料的热阻$(m^2 \cdot K / W)$。

3. 由两种以上材料组成的，两向非均质围护结构（包括各种形式的空心砌块，填充保温材料的墙体等，但不包括多孔粘土空心砖），其平均热阻应按下式计算：

$$\overline{R} = \left[\frac{F_0}{\dfrac{F_1}{R_{0.1}} + \dfrac{F_2}{R_{0.2}} + \cdots\cdots + \dfrac{F_n}{R_{0.n}}} - (R_i + R_e) \right] \varphi$$

(附2.3)

式中 $\overline{R}$——平均热阻$(m^2 \cdot K / W)$；

F_0——与热流方向垂直的总传热面积(m^2)，（见附图2.1）；

F_1, $F_2 \cdots\cdots F_n$——按平行于热流方向划分的各个传热面积(m^2)；

续表

名　词	曾用名词	名　词　解　释
延迟时间	总延迟时间	围护结构内侧空气温度稳定，外侧受室外综合温度或室外空气温度谐波作用，围护结构内表面综合温度或室外空气温度谐波最高值（或最低值）出现时间与室外空气温度综合最高值（或最低值）出现时间的差值
露点温度		在大气压力一定、含湿量不变的情况下，未饱和的空气因冷却而达到饱和状态时的温度
冷凝或结露	凝结	特指围护结构内表面温度低于附近空气露点温度时，表面出现冷凝水的现象
水蒸气分压力		在一定温度下湿空气中水蒸气部分所产生的压力
饱和水蒸气分压力		空气中水蒸气呈饱和状态时水蒸气部分所产生的压力
空气相对湿度		空气中实际的水蒸气分压力与同一温度下饱和水蒸气分压力的百分比
蒸汽渗透系数		1m厚的物体，两侧水蒸气分压力差为1Pa，1h内通过1m²面积渗透的水蒸气量
蒸汽渗透阻		围护结构或某一材料层，两侧水蒸气分压力差为1Pa，通过1m²面积渗透1g水分所需要的时间

② 当围护结构由三种材料组成，或有两种厚度不同的空气间层时，φ值应按比值 $\dfrac{\lambda_2+\lambda_3}{2}/\lambda_1$ 确定，空气间层的λ值应按附表 2.4 空气间层的厚度及热阻求得。

③ 当围护结构中存在圆孔时，应先将圆孔折算成同面积的方孔，然后按上述规定计算。

4. 围护结构的传热热阻应按下式计算：

$$R_o = R_i + R + R_e \qquad\qquad （附 2.4）$$

式中 R_o —— 围护结构的传热热阻 $(m^2 \cdot K/W)$；

R_i —— 内表面热阻 $(m^2 \cdot K/W)$，应按本附录附表 2.2 采用；

R_e —— 外表面换热热阻 $(m^2 \cdot K/W)$，应按本附录附表 2.3 采用；

R —— 围护结构热阻 $(m^2 \cdot K/W)$。

内表面换热系数 α_i 及内表面换热热阻 R_i 值   附表 2.2

适用季节	表 面 特 征	α_i $[W/(m^2 \cdot K)]$	R_i $(m^2 \cdot K/W)$
冬季和夏季	墙面、地面、表面平整或有肋状突出物的顶棚 当 $h/s \leqslant 0.3$ 时	8.7	0.11
	有肋状突出物的顶棚，当 $h/s > 0.3$ 时	7.6	0.13

注：表中 h 为肋高，s 为肋间净距。

5. 空气间层热阻的确定：

(1)不带铝箔、单面铝箔、双面铝箔封闭空气间层的热阻，应按本附录附表 2.4 采用。

$R_{0\cdot1}$、$R_{0\cdot2}$……$R_{0\cdot n}$ —— 各个传热部位的传热热阻 $(m^2 \cdot K/W)$；

R_i —— 内表面换热阻，取 $0.11 m^2 \cdot K/W$；

R_e —— 外表面换热阻，取 $0.04 m^2 \cdot K/W$；

φ —— 修正系数，应按附录附表 2.1 采用。

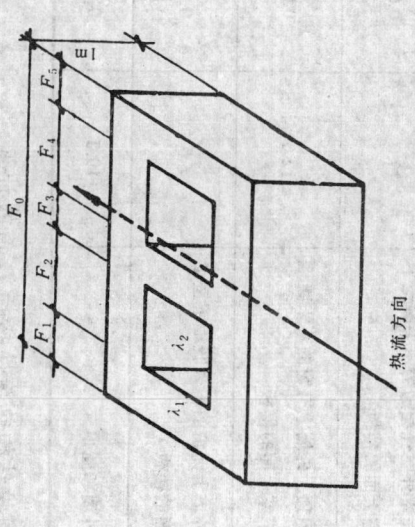

附图 2.1 计算用图

修正系数 φ 值   附表 2.1

λ_2/λ_1 或 $\dfrac{\lambda_2+\lambda_3}{2}/\lambda_1$	φ
0.09～0.10	0.86
0.20～0.39	0.93
0.40～0.69	0.96
0.70～0.99	0.98

注：①表中λ为材料的导热系数。当围护结构由两种材料组成时，λ_2 应取较大值，λ_1 应取较小值，然后求两者的比值。

附表 2.4

空气间层热阻值 (m²·K/W)

位置、热流状况及材料特性	间层厚度(mm)						
	5	10	20	30	40	50	60以上
冬季状况							
一般空气间层							
热流向下(水平、倾斜)	0.10	0.14	0.17	0.18	0.19	0.20	0.20
热流向上(水平、倾斜)	0.10	0.14	0.15	0.16	0.17	0.17	0.17
垂直空气间层	0.10	0.14	0.16	0.17	0.18	0.18	0.18
单面铝箔空气间层							
热流向下(水平、倾斜)	0.16	0.28	0.43	0.51	0.57	0.60	0.64
热流向上(水平、倾斜)	0.16	0.26	0.35	0.40	0.42	0.42	0.43
垂直空气间层	0.16	0.26	0.39	0.44	0.47	0.49	0.50
双面铝箔空气间层							
热流向下(水平、倾斜)	0.18	0.34	0.56	0.71	0.84	0.94	1.01
热流向上(水平、倾斜)	0.17	0.29	0.45	0.52	0.55	0.56	0.57
垂直空气间层	0.18	0.31	0.49	0.59	0.65	0.69	0.71
夏季状况							
一般空气间层							
热流向下(水平、倾斜)	0.09	0.12	0.15	0.15	0.16	0.16	0.15
热流向上(水平、倾斜)	0.09	0.11	0.13	0.13	0.13	0.13	0.13
垂直空气间层	0.09	0.12	0.14	0.14	0.15	0.15	0.15
单面铝箔空气间层							
热流向下(水平、倾斜)	0.15	0.25	0.37	0.44	0.48	0.52	0.54
热流向上(水平、倾斜)	0.14	0.20	0.28	0.29	0.30	0.30	0.28
垂直空气间层	0.15	0.22	0.31	0.34	0.36	0.37	0.37
双面铝箔空气间层							
热流向下(水平、倾斜)	0.16	0.30	0.49	0.63	0.73	0.81	0.86
热流向上(水平、倾斜)	0.15	0.25	0.34	0.37	0.38	0.38	0.35
垂直空气间层	0.15	0.27	0.39	0.46	0.49	0.50	0.50

(2)通风良好的空气间层，其热阻可不予考虑。这种空气间层的间层温度可取进气温度，表面换热系数可取 12.0W/(m²·K)。

附表 2.3

外表面换热系数 α_e 及外表面换热阻 R_e 值

适用季节	表面特征	α_e [W/(m²·K)]	R_e (m²·K/W)
冬季	外墙、屋顶、与室外空气直接接触的表面	23.0	0.04
	与室外空气相通的不采暖地下室上面的楼板	17.0	0.06
	闷顶、外墙上有窗的不采暖地下室上面的楼板	12.0	0.08
	外墙上无窗的不采暖地下室上面的楼板	6.0	0.17
夏季	外墙和屋顶	19.0	0.05

(二)围护结构热惰性指标 D 值的计算

1. 单一材料层或单一材料层的 D 值应按下式计算:

$$D = RS \qquad \text{(附 2.5)}$$

式中 R——材料层的热阻(m²·K/W);
S——材料层的蓄热系数[W/(m²·K)].

2. 多层围护结构的 D 值应按下式计算：

$$D = D_1 + D_2 + \cdots\cdots + D_n$$
$$= R_1 S_1 + R_2 S_2 + \cdots\cdots + R_n S_n \qquad (\text{附 } 2.6)$$

式中 R_1、R_2……R_n——各层材料的热阻(m²·K/W)；
S_1、S_2……S_n——各层材料的蓄热系数 [W/(m²·K)]，空气间层的蓄热系数取 $S = 0$。

3. 如某层有两种以上材料组成，则应先按下式计算该层的平均导热系数：

$$\bar{\lambda} = \frac{\lambda_1 F_1 + \lambda_2 F_2 + \cdots\cdots + \lambda_n F_n}{F_1 + F_2 + \cdots\cdots + F_n} \qquad (\text{附}2.7)$$

然后按下式计算该层的平均热阻：

$$\bar{R} = \frac{\delta}{\bar{\lambda}}$$

该层的平均蓄热系数按下式计算：

$$\bar{S} = \frac{S_1 F_1 + S_2 F_2 + \cdots\cdots + S_n F_n}{F_1 + F_2 + \cdots\cdots + F_n} \qquad (\text{附}2.8)$$

式中 F_1、F_2……F_n——在该层中按平行于热流划分的各个传热面积(m²)；
λ_1、λ_2……λ_n——各个传热面积上材料的导热系数 [W/(m·K)]；
S_1、S_2……S_n——各个传热面积上材料的蓄热系数 [W/(m²·K)]。

该层的热惰性指标 D 值应按下式计算：

$$D = \bar{R} \bar{S}$$

(三) 地面吸热指数 B 值的计算

地面吸热指数 B 值，应根据地面中影响吸热的界面位置，按下面几种情况计算：

1. 影响吸热的界面在最上一层内，即当：

$$\frac{\delta_1^2}{a_{1\tau}} \geq 3.0 \qquad (\text{附 } 2.9)$$

式中 δ_1——最上一层材料的厚度(m)；
a_1——最上一层材料的导温系数(m²/h)；
τ——人脚与地面接触的时间，取 0.2h。

这时，B 值应按下式计算：

$$B = b_1 = \sqrt{\lambda_1 c_1 \rho_1} \qquad (\text{附 } 2.10)$$

式中 b_1——最上一层材料的热渗透系数 [W/(m²·h^{-1/2}·K)]；
c_1——最上一层材料的比热容 [W·h/(kg·K)]；
λ_1——最上一层材料的导热系数 [W/(m·K)]；
ρ_1——最上一层材料的密度 (kg/m³)。

2. 影响吸热的界面在第二层内，即当：

$$\frac{\delta_1^2}{a_{1\tau}} + \frac{\delta_2^2}{a_{2\tau}} \geq 3.0 \qquad (\text{附 } 2.11)$$

式中 δ_2——第二层材料的厚度(m)；
a_2——第二层材料的导温系数 (m²/h)。

这时，B 值应按下式计算：

$$B = b_1(1 + K_{1,2}) \qquad (\text{附 } 2.12)$$

式中 $K_{1,2}$——第1、2两层地面吸热计算系数，根据 b_2/b_1 和 $\delta_1^2/a_{1\tau}$ 两值按附表 2.5 查得；

b_2——第二层材料的热渗透系数
〔$W/(m^2 \cdot h^{-1/2} \cdot K)$〕。

3. 影响吸热的界面在第二层以下，即按式（附2.11）求得的结果小于3.0，则影响吸热的界面位于第二层或更深处。这时，可仿照式（附2.12）求出 $B_{1,2}$ 值。这时，式中的 $K_{1,2}$ 值应根据 $B_{2,3}/b_1$ 和 δ_1^2/a_{1t} 值按附表2.5查得。

（四）室外综合温度的计算
1. 室外综合温度各小时值应按下式计算：

$$t_{sa} = t_e + \frac{\rho I}{\alpha_e} \qquad （附2.13）$$

式中 t_{sa}——室外综合温度(℃)；
t_e——室外空气温度(℃)；
I——水平或垂直面上的太阳辐射照度（W/m^2）；
ρ——太阳辐射吸收系数，应按本附录附表2.6采用；
α_e——外表面换热系数，取19.0W/($m^2 \cdot K$)。

2. 室外综合温度平均值应按下式计算：

$$\bar{t}_{sa} = \bar{t}_e + \frac{\rho \bar{I}}{\alpha_e} \qquad （附2.14）$$

式中 $\bar{t}_{sa}$——室外综合温度平均值(℃)；
$\bar{t}_e$——室外空气温度平均值(℃)，应按本规范附录三附表3.2采用；
$\bar{I}$——水平或垂直面上太阳辐射照度平均值（W/m^2），应按本规范附录三附表3.4采用；

ρ——太阳辐射吸收系数，应按本附录附表2.6采用；
α_e——外表面换热系数，取19.0W/($m^2 \cdot K$)。

太阳辐射吸收系数 ρ 值 　　　　附表2.6

外表面材料	表面状况	色泽	ρ 值
红瓦屋面	旧	红褐色	0.70
灰瓦屋面	旧	浅灰色	0.52
石棉水泥瓦屋面		浅灰色	0.75
油毡屋面	旧,不光滑	黑	0.85
水泥屋面及墙面		青灰色	0.70
红砖墙面		红褐色	0.75
硅酸盐砖墙面	不光滑	灰白色	0.50
石灰粉刷墙面	新,光滑	白色	0.48
水刷石墙面	旧,粗糙	灰白色	0.70
浅色饰面砖及浅色涂料		浅黄,浅绿色	0.50
草坪		绿色	0.80

3. 室外综合温度波幅应按下式计算：

$$A_{tsa} = (A_{te} + A_{ts})\beta \qquad （附2.15）$$

式中 A_{tsa}——室外综合温度波幅(℃)；
A_{te}——室外空气温度波幅(℃)，应按本规范附录三附表3.2采用；
A_{ts}——太阳辐射当量垂直温度波幅(℃)，应按本规范附录三附表3.4采用；

A_{ts}：$A_{ts} = \dfrac{\rho(I_{max} - \bar{I})}{\alpha_e}$ 计算：　　（附2.16）

I_{max}——水平或垂直面上太阳辐射照度最大值（W/m^2），应按本规范附录三附表3.4采用；

地 面 吸 热 计 算 系 数 K 值

$\dfrac{\delta_1^2}{\alpha_1\tau}$ / $\dfrac{b_2}{b_1}$	0.005	0.01	0.05	0.10	0.15	0.20	0.25	0.30	0.40	0.50	0.60	0.80	1.00	1.50	2.00	3.00
0.2	-0.82	-0.80	-0.80	-0.79	-0.78	-0.78	-0.77	-0.76	-0.73	-0.70	-0.65	-0.56	-0.47	-0.30	-0.18	-0.07
0.3	-0.70	-0.70	-0.69	-0.69	-0.68	-0.67	-0.66	-0.64	-0.61	-0.58	-0.54	-0.46	-0.39	-0.24	-0.15	-0.05
0.4	-0.60	-0.60	-0.59	-0.58	-0.57	-0.56	-0.55	-0.54	-0.51	-0.47	-0.44	-0.37	-0.31	-0.19	-0.12	-0.04
0.5	-0.50	-0.50	-0.49	-0.48	-0.47	-0.46	-0.45	-0.43	-0.41	-0.38	-0.35	-0.29	-0.24	-0.15	-0.09	-0.03
0.6	-0.40	-0.40	-0.39	-0.38	-0.37	-0.36	-0.35	-0.34	-0.31	-0.29	-0.26	-0.22	-0.18	-0.11	-0.07	-0.03
0.7	-0.30	-0.30	-0.29	-0.28	-0.27	-0.26	-0.25	-0.24	-0.22	-0.21	-0.19	-0.16	-0.13	-0.08	-0.05	-0.02
0.8	-0.20	-0.20	-0.19	-0.19	-0.18	-0.17	-0.16	-0.16	-0.14	-0.13	-0.12	-0.10	-0.08	-0.05	-0.03	-0.02
0.9	-0.10	-0.10	-0.10	-0.09	-0.09	-0.08	-0.08	-0.08	-0.07	-0.06	-0.06	-0.05	-0.04	-0.02	-0.01	0.00
1.1	0.10	0.10	0.09	0.09	0.09	0.08	0.08	0.07	0.07	0.06	0.05	0.04	0.04	0.02	0.01	0.00
1.2	0.20	0.20	0.19	0.18	0.17	0.16	0.15	0.14	0.13	0.11	0.10	0.08	0.07	0.04	0.03	0.00
1.3	0.30	0.30	0.28	0.26	0.24	0.23	0.22	0.20	0.18	0.16	0.15	0.13	0.10	0.06	0.04	0.01
1.4	0.40	0.40	0.38	0.34	0.32	0.30	0.28	0.26	0.24	0.21	0.19	0.15	0.12	0.08	0.05	0.02
1.5	0.50	0.49	0.46	0.42	0.39	0.37	0.34	0.32	0.29	0.25	0.23	0.18	0.15	0.09	0.05	0.02
1.6	0.60	0.59	0.55	0.50	0.46	0.43	0.40	0.38	0.33	0.30	0.26	0.21	0.17	0.10	0.06	0.02
1.7	0.70	0.68	0.63	0.58	0.53	0.49	0.46	0.43	0.38	0.33	0.30	0.24	0.19	0.12	0.07	0.03
1.8	0.79	0.78	0.71	0.65	0.60	0.55	0.51	0.48	0.42	0.37	0.33	0.26	0.21	0.13	0.08	0.03
1.9	0.89	0.88	0.80	0.72	0.66	0.61	0.56	0.52	0.46	0.40	0.36	0.29	0.23	0.14	0.08	0.03
2.0	0.99	0.97	0.88	0.79	0.72	0.66	0.61	0.57	0.49	0.44	0.39	0.31	0.25	0.15	0.09	0.03
2.2	1.18	1.16	1.03	0.92	0.83	0.76	0.70	0.65	0.56	0.49	0.44	0.35	0.28	0.17	0.10	0.04
2.4	1.37	1.35	1.19	1.04	0.94	0.85	0.78	0.72	0.62	0.55	0.48	0.38	0.31	0.19	0.11	0.04
2.6	1.57	1.53	1.33	1.16	1.04	0.94	0.86	0.79	0.68	0.60	0.52	0.42	0.34	0.20	0.12	0.04
2.8	1.77	1.72	1.47	1.27	1.13	1.02	0.93	0.85	0.73	0.66	0.56	0.45	0.36	0.21	0.13	0.05
3.0	1.95	1.89	1.60	1.37	1.21	1.09	0.99	0.91	0.78	0.68	0.60	0.47	0.38	0.23	0.14	0.05

$\bar{I}$——水平或垂直面上太阳辐射照度平均值(W/m²)，应按本规范附录三附表3.4采用；

α_e——外表面换热系数，取19.0W/(m²·K)；

β——相位差修正系数，根据A_{te}与A_{ts}的比值（两者中数值较大者为分子）及φ_{te}与φ_{ts}间的差值按本附录附表2.7采用；

ρ——太阳辐射吸收系数，应按本附录附表2.6采用。

（五）多层围护结构的衰减倍数和延迟时间的计算：

1. 多层围护结构的衰减倍数应按下式计算：

$$v_0 = 0.9e^{\frac{D}{\sqrt{2}}}\frac{S_1+\alpha_i}{S_1+Y_1}\cdot\frac{S_2+Y_1}{S_2+Y_2}\cdots\cdots\frac{S_n+Y_{n-1}}{S_n+Y_n}\cdot\frac{Y_n+\alpha_e}{\alpha_e}$$

（附2.17）

式中 v_0——围护结构的衰减倍数；

D_0——围护结构的热惰性指标，应按本附录中（二）的规定计算；

α_i、α_e——分别为内、外表面换热系数，取$\alpha_i=8.7W/(m²·K)$、$\alpha_e=19.0W/(m²·K)$；

S_1、S_2……S_n——由内到外各层材料的蓄热系数[W/(m²·K)]，空气间层取S=0；

Y_1、Y_2……Y_n——由内到外各层材料外表面蓄热系数[W/(m²·K)]，应按本附录中（七）1.的规定计算；

Y_K、Y_{K-1}——分别为空气间层外表面和空气间层前一层材料外表面的蓄热系数[W/(m²·K)]。

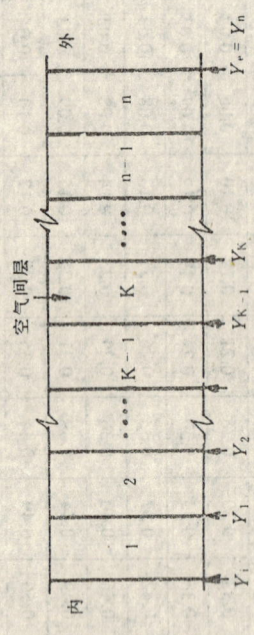

附图2.2 多层围护结构的层次排列

2. 多层围护结构延迟时间应按下式计算：

$$\xi_0 = \frac{1}{15}(40.5D - arctg\frac{\alpha_i}{\alpha_i+Y_i\sqrt{2}}$$
$$+ arctg\frac{R_K\cdot Y_{Ki}+\sqrt{2}}{R_K\cdot Y_{Ki}+Y_e+\alpha_e\sqrt{2}} + arctg\frac{Y_e}{Y_e+\alpha_e\sqrt{2}})$$

（附2.18）

式中 ξ_0——围护结构延迟时间(h)；

Y_e——围护结构外表面（亦即最后一层外表面）蓄热系数[W/(m²·K)]，应按本附录中（七）2.的规定计算；

R_K——空气间层热阻（m²·K/W），应按本规范附录二附表2.4采用；

Y_{Ki}——空气间层内表面蓄热系数[W/(m²·K)]，参照本附录中（七）2.的规定计算。

（六）室内空气到内表面的衰减倍数及延迟时间的计算：

1. 室内空气到内表面的计算：

相 位 差 修 正 系 数 β 值

附表 2.7

$\dfrac{A_{tsa}}{v_o}$ 与 $\dfrac{A_u}{v_i}$ 的比值或 A_{te} 与 A_{ts} 的比值	$\Delta\varphi = (\varphi_{tsa}+\xi_o)-(\varphi_{ti}+\xi_i)$ 或 $\Delta\varphi = \varphi_{te}-\varphi_1$									(h)
	1	2	3	4	5	6	7	8	9	10
1.0	0.99	0.97	0.92	0.87	0.79	0.71	0.60	0.50	0.38	0.26
1.5	0.99	0.97	0.93	0.87	0.80	0.72	0.63	0.53	0.42	0.32
2.0	0.99	0.97	0.93	0.88	0.81	0.74	0.66	0.58	0.49	0.41
2.5	0.99	0.97	0.94	0.89	0.83	0.76	0.69	0.62	0.55	0.49
3.0	0.99	0.97	0.94	0.90	0.85	0.79	0.72	0.65	0.60	0.55
3.5	0.99	0.97	0.94	0.91	0.86	0.81	0.76	0.69	0.64	0.59
4.0	0.99	0.97	0.95	0.91	0.87	0.82	0.77	0.72	0.67	0.63
4.5	0.99	0.97	0.95	0.92	0.88	0.83	0.79	0.74	0.70	0.66
5.0	0.99	0.98	0.95	0.92	0.89	0.85	0.81	0.76	0.72	0.69

注: 表中 φ_{tsa} 为室外综合温度最大值的出现时间(h), 通常可取: 水平及南向, 13; 东向, 9; 西向, 16。

$$v_i = 0.95 \frac{\alpha_i + Y_i}{\alpha_i}$$ (附 2.19)

2. 室内空气到内表面的延迟时间应按下式计算：

$$\xi_i = \frac{1}{15} \text{arctg} \frac{Y_i}{Y_i + \alpha_i \sqrt{2}}$$ (附 2.20)

式中 v_i——内表面衰减倍数；
ξ_i——内表面延迟时间 (h)；
α_i——内表面换热系数[W/(m²·K)]；
Y_i——内表面蓄热系数[W/(m²·K)]。

(七) 多层围护结构外层材料的蓄热系数的计算

1. 多层围护结构外层材料的蓄热系数应按下列规定由内到外逐层 (见附图 2.2) 进行计算：

如果任何一层的 $D > 1$，则 $Y = S$，即取该层材料的蓄热系数。

如果第一层的 $D < 1$，则：

$$Y_1 = \frac{R_1 S_1^2 + \alpha_i}{1 + R_1 \alpha_i}$$

如果第二层的 $D < 1$，则：

$$Y_2 = \frac{R_2 S_2^2 + Y_1}{1 + R_2 + Y_1}$$

其余类推，直到最后一层 (第 n 层)：

$$Y_n = \frac{R_n S_n^2 + Y_{n-1}}{1 + R_n Y_{n-1}}$$

式中 S_1、S_2、……S_n——各层材料的蓄热系数[W/(m²·K)]；
R_1、R_2、……R_n——各层材料的热阻(m²·K/W)；
Y_1、Y_2、……Y_n——各层材料的外表面蓄热系数
　　　　　　　　　　　　[W/(m²·K)]；

α_i——内表面换热系数[W/(m²·K)]。

2. 多层围护结构外表面蓄热系数应取最后一层材料的外表面蓄热系数，即 $Y_e = Y_n$。

3. 多层围护结构内表面蓄热系数应按下列规定计算：

如果多层围护结构中的第一层 (即紧接内表面的一层) $D_1 > 1$，则多层围护结构内表面蓄热系数应取第一层材料的蓄热系数，即 $Y_i = S_1$。

如果多层围护结构中最接近内表面的第 m 层，其 $D_m >$ 1，则取 $Y_m = S_m$，然后从第 m-1 层开始，由外向内逐层 (层次排列见附图 2.2) 计算，直至第一层的 Y_1，即为所求的多层围护结构内表面蓄热系数。

如果多层围护结构中的每一层 D 值均小于 1，则计算应从最后一层 (第 n 层) 开始，然后由外向内逐层计算，直至第一层的 Y_1，即为所求的多层围护结构内表面蓄热系数。

(八) 围护结构内表面最高温度的计算

1. 非通风围护结构内表面最高温度可按下式计算：

$$\theta_{i·max} = \bar{\theta}_i + \left(\frac{A_{t,sa}}{v_0} + \frac{A_{ti}}{v_i}\right)\beta$$ (附 2.21)

$$\bar{\theta}_i = \bar{t}_i + \frac{\bar{t}_{sa} - \bar{t}_i}{R_0 \alpha_i}$$ (附 2.22)

式中 $\theta_{i·max}$——内表面最高温度 (℃)；
$\bar{\theta}_i$——内表面平均温度 (℃)；
$\bar{t}_i$——室内计算温度平均值 (℃)；取 $\bar{t}_i = \bar{t}_e$
　　　　　+1.5℃；
$\bar{t}_e$——室外计算温度平均值 (℃)，应按本规范
　　　　　附录三附表 3.2 采用；

A_{te} ——室外计算温度波幅值（℃），应按本规范附录三附表 3.2 采用；

A_{ts} ——太阳辐射当量温度波幅值（℃），应按附录式（附 2.16）计算。

2. 通风屋顶内表面最高温度的计算：

对于薄型面层（如混凝土实心板、空心板等）、厚型基层（如混凝土薄板、大阶砖等），间层高度为 20cm 左右的通风屋顶，其内表面最高温度应按下列规定计算：

（1）面层下表面最高温度最高值、平均值和波幅值应分别按下列三式计算：

$$\theta_{1 \cdot max} = 0.8 t_{sa \cdot max} \qquad （附 2.23）$$

$$\bar{\theta}_1 = 0.54 t_{sa \cdot max} \qquad （附 2.24）$$

$$A_{\theta 1} = 0.26 t_{sa \cdot max} \qquad （附 2.25）$$

式中　$\theta_{1 \cdot max}$ ——面层下表面温度最高值(℃)；

$\bar{\theta}_1$ ——面层下表面温度平均值(℃)；

$A_{\theta 1}$ ——面层下表面温度波幅值(℃)；

$t_{sa \cdot max}$ ——室外综合温度最高值(℃)，应按本附录式（附 2.13）计算室外综合温度各小时值，然后取其中的最高值。

（2）间层综合温度（作为基层上表面的热作用）的平均值和波幅值应分别按下列式计算：

$$\bar{t}_{vc \cdot sy} = 0.5(\bar{t}_{vc} + \bar{\theta}_1) \qquad （附 2.26）$$

$$A_{tvc \cdot sy} = 0.5(A_{tvc} + A_{\theta 1}) \qquad （附 2.27）$$

式中　$\bar{t}_{vc \cdot sy}$ ——间层综合温度平均值(℃)；

$A_{tvc \cdot sy}$ ——间层综合温度波幅值(℃)；

A_{ti} ——室内计算温度波幅值（℃），取 $A_{ti} = A_{te} - 1.5℃$，A_{te} 为室外计算温度波幅值，应按本规范附录三附表 3.2 采用；

$\bar{t}_{sa}$ ——室外综合温度平均值(℃)，应按本附录式(附 2.14)计算；

A_{tsa} ——室外综合温度波幅值(℃)，应按本附录式(附 2.15)计算；

v_o ——围护结构衰减倍数，应按本附录式(附 2.17)计算；

ξ_o ——围护结构延迟时间(h)，应按本附录式(附 2.18)计算；

v_i ——室内空气到内表面的衰减倍数，应按本附录式(附 2.19)计算；

ξ_i ——室内空气到内表面的延迟时间(h)，应按本附录式(附 2.20)计算；

β ——相位差修正系数，根据 $\dfrac{A_{tsa}}{v_o}$ 与 $\dfrac{A_{ti}}{v_i}$ 的比值（两者中数值较大者为分子）及 $(\varphi_{ti} + \xi_i)$ 与 $(\varphi_{tsa} + \xi_o)$ 的差值，按本附录表 2.7 采用；

φ_{ti} ——室内空气温度最大值出现时间(h)，通常取 16；

φ_{te} ——室外空气温度最大值出现时间(h)，通常取 15；

φ_1 ——太阳辐射照度最大值出现时间(h)，取：水平及南向,12;东向,8;西向,16;

$\bar{t}_{vc}$ —— 间层空气温度平均值(℃)，取$\bar{t}_{vc}$ = 1.06$\bar{t}_e$，$\bar{t}_e$ 为室外计算温度平均值；

A_{tvc} —— 间层空气温度波幅值(℃)，取 $A_{tvc} = 1.3A_{te}$，A_{te} 为室外计算温度波幅值；

$\bar{\theta}_l$ —— 面层下表面温度平均值(℃)；

A_{0l} —— 面层下表面温度波幅值(℃)。

(3)在求得间层综合温度后，即可按本附录中（八）1.同样的方法计算基层内表面（即下表面）最高温度。计算中，间层综合温度最高值出现时间取$\varphi_{tvc \cdot sy} = 13.5h$。

附录三　室外计算参数

围护结构冬季室外计算参数及最冷最热月平均温度　　　　附表 3.1

地　名	冬季室外计算温度 t_e(℃)				设计计算用采暖期				冬季室外平均风速 (m/s)	最冷月平均温度 (℃)	最热月平均温度 (℃)
	I型	II型	III型	IV型	天数 Z(d)	平均温度 $\bar{t}_e$(℃)	平均相对湿度 $\bar{\varphi}_e$(%)	度日数 D_{di}(℃·d)			
北京市	-9	-12	-14	-16	125(129)	-1.6	50	2450	2.8	-4.5	25.9
天津市	-9	-11	-12	-13	119(122)	-1.2	57	2285	2.9	-4.0	26.5
河北省											
石家庄	-8	-12	-14	-17	112(117)	-0.6	56	2083	1.8	-2.9	26.6
张家口	-15	-18	-21	-23	153(155)	-4.8	42	3488	3.5	-9.6	23.3
秦皇岛	-11	-13	-15	-17	135	-2.4	51	2754	3.0	-6.0	24.5
保定	-9	-11	-13	-14	119(124)	-1.2	60	2285	2.1	-4.1	26.6
邯郸	-7	-9	-11	-13	108	0.1	60	1933	2.5	-2.1	26.9
唐山	-10	-12	-14	-15	127(137)	-2.9	55	2654	2.5	-5.6	25.5
承德	-14	-16	-18	-20	144(147)	-4.5	44	3240	1.3	-9.4	24.5
丰宁	-17	-20	-23	-25	163	-5.6	44	3847	2.7	-11.9	22.1

续表

地 名	冬季室外计算温度 t_e(℃)				设计计算用采暖期				冬季室外平均风速 (m/s)	最冷月平均温度 (℃)	最热月平均温度 (℃)
	I型	II型	III型	IV型	天数 Z(d)	平均温度 $\bar{t}_e$(℃)	平均相对湿度 $\bar{\varphi}_e$(%)	度日数 D_{di}(℃·d)			
山西省											
大 原	-12	-14	-16	-18	135(144)	-2.7	53	2795	2.4	-6.5	23.5
大 同	-17	-20	-22	-24	162(165)	-5.2	49	3758	3.0	-11.3	21.8
长 治	-13	-17	-19	-22	135	-2.7	58	2795	1.4	-6.8	22.8
五台山	-28	-32	-34	-37	273	-8.2	62	7153	12.5	-18.3	9.5
阳 泉	-11	-12	-15	-16	124(129)	-1.3	46	2393	2.4	-4.2	24.0
临 汾	-9	-13	-15	-18	113	-1.1	54	2158	2.0	-3.9	26.0
晋 城	-9	-12	-15	-17	121	-0.9	53	2287	2.4	-3.7	24.0
运 城	-7	-9	-11	-13	102	0.0	57	1836	2.6	-2.0	27.2
内蒙古自治区											
呼和浩特	-19	-21	-23	-25	166(171)	-6.2	53	4017	1.6	-12.9	21.9
锡林浩特	-27	-29	-31	-33	190	-10.5	60	5415	3.3	-19.8	20.9
海拉尔	-34	-38	-40	-43	209(213)	-14.3	69	6751	2.4	-26.7	19.6

续表

地 名	冬季室外计算温度 t_c(℃)				设计计算用采暖期			度日数 D_{di}(℃·d)	冬季室外平均风速 (m/s)	最冷月平均温度 (℃)	最热月平均温度 (℃)
	I型	II型	III型	IV型	天数 Z(d)	平均温度 $\bar{t}_e$(℃)	平均相对湿度 $\bar{\varphi}_e$(%)				
通辽	-20	-23	-25	-27	165(167)	-7.4	48	4191	3.5	-14.3	23.9
赤峰	-18	-21	-23	-25	160	-6.0	40	3840	2.4	-11.7	23.5
满洲里	-31	-34	-36	-38	211	-12.8	64	6499	3.9	-23.8	19.4
博克图	-28	-31	-34	-36	210	-11.3	63	6153	3.3	-21.3	17.7
二连浩特	-26	-30	-32	-35	180(184)	-9.9	53	5022	3.9	-18.6	22.9
多伦	-26	-29	-31	-33	192	-9.2	62	5222	3.8	-18.2	18.7
白云鄂博	-23	-26	-28	-30	191	-8.2	52	5004	6.2	-16.0	19.5
辽宁省											
沈阳	-19	-21	-23	-25	152	-5.7	58	3602	3.0	-12.0	24.6
丹东	-14	-17	-19	-21	144(151)	-3.5	60	3096	3.7	-8.4	23.2
大连	-11	-14	-17	-19	131(132)	-1.6	58	2568	5.6	-4.9	23.9
阜新	-17	-19	-21	-23	156	-6.0	50	3744	2.2	-11.6	24.3
抚顺	-21	-24	-27	-29	162(160)	-6.6	65	3985	2.7	-11.6	23.6
朝阳	-16	-18	-20	-22	148(154)	-5.2	42	3434	2.7	-10.7	24.7

续表

地 名	冬季室外计算温度 t_e(℃)				设计计算用采暖期				冬季室外平均风速 (m/s)	最冷月平均温度 (℃)	最热月平均温度 (℃)
	I型	II型	III型	IV型	天数 Z(d)	平均温度 $\bar{t}_e$(℃)	平均相对湿度 $\bar{\varphi}_e$(%)	度日数 D_{di}(℃·d)			
本 溪	-19	-21	-23	-25	151	-5.7	62	3579	2.6	-12.2	24.2
锦 州	-15	-17	-19	-20	144(147)	-4.1	47	3182	3.8	-8.9	24.3
鞍 山	-18	-21	-23	-25	144(148)	-4.8	59	3283	3.4	-10.1	24.8
锦 西	-14	-16	-18	-19	143	-4.2	50	3175	3.4	-9.0	24.2
吉林省											
长 春	-23	-26	-28	-30	170(174)	-8.3	63	4471	4.2	-16.4	23.0
吉 林	-25	-29	-31	-34	171(175)	-9.0	68	4617	3.0	-18.1	22.9
延 吉	-20	-22	-24	-26	170(174)	-7.1	58	4267	2.9	-14.4	21.3
通 化	-24	-26	-28	-30	168(173)	-7.7	69	4318	1.3	-16.1	22.2
双 辽	-21	-23	-25	-27	167	-7.8	61	4309	3.4	-15.5	23.7
四 平	-22	-24	-26	-28	163(162)	-7.4	61	4140	3.0	-14.8	23.6
白 城	-23	-25	-27	-28	175	-9.0	54	4725	3.5	-17.1	23.3

地名	冬季室外计算温度 t_e(℃)				设计计算用采暖期				冬季室外平均风速(m/s)	最冷月平均温度(℃)	最热月平均温度(℃)
	I型	II型	III型	IV型	天数 Z(d)	平均温度 $\bar{t}_e$(℃)	平均相对湿度 $\bar{\varphi}_e$(%)	度日数 D_{di}(℃·d)			
黑龙江省											
哈尔滨	-26	-29	-31	-33	176(179)	-10.0	66	4928	3.6	-19.4	22.8
嫩江	-33	-36	-39	-41	197	-13.5	66	6206	2.5	-25.2	20.6
齐齐哈尔	-25	-28	-30	-32	182(186)	-10.2	62	5132	2.9	-19.4	22.8
富锦	-25	-28	-30	-32	184	-10.6	65	5262	3.9	-20.2	21.9
牡丹江	-24	-27	-29	-31	178(180)	-9.4	65	4877	2.3	-18.3	22.0
呼玛	-39	-42	-45	-47	210	-14.5	69	6825	1.7	-27.4	20.2
佳木斯	-26	-29	-32	-34	180(183)	-10.3	68	5094	3.4	-19.7	22.1
安达	-26	-29	-32	-34	180(182)	-10.4	64	5112	3.5	-19.9	22.9
伊春	-30	-33	-35	-37	193(197)	-12.4	70	5867	2.0	-23.6	20.6
克山	-29	-31	-33	-35	191	-12.1	66	5749	2.4	-22.7	21.4
上海市	-2	-4	-6	-7	54(62)	3.7	76	772	3.0	3.5	27.8

地　名	冬季室外计算温度 t_e(℃)				设计计算用采暖期				冬季室外平均风速 (m/s)	最冷月平均温度 (℃)	最热月平均温度 (℃)
	Ⅰ型	Ⅱ型	Ⅲ型	Ⅳ型	天数 Z(d)	平均温度 $\bar{t}_e$(℃)	平均相对湿度 $\bar{\varphi}_e$(%)	度日数 D_{di}(℃·d)			
江苏省											
南　京	-3	-5	-7	-9	75(83)	3.0	74	1125	2.6	1.9	27.9
徐　州	-5	-8	-10	-12	94(97)	1.4	63	1560	2.7	0.0	27.0
连云港	-5	-7	-9	-11	96(105)	1.4	68	1594	2.9	-0.2	26.8
浙江省											
杭　州	-1	-3	-5	-6	51(61)	4.0	80	714	2.3	3.7	28.5
宁　波	0	-2	-3	-4	42(50)	4.3	80	575	2.8	4.1	28.1
安徽省											
合　肥	-3	-7	-10	-13	70(75)	2.9	73	1057	2.6	2.0	28.2
阜　阳	-6	-9	-12	-14	85	2.1	66	1352	2.8	0.8	27.7
蚌　埠	-4	-7	-10	-12	83(77)	2.3	68	1303	2.5	1.0	28.0
黄　山	-11	-15	-17	-20	121	-3.4	64	2589	6.2	-3.1	17.7
福建省											
福　州	6	4	3	2	0	—	—	—	2.6	10.4	28.8

续表

地 名	冬季室外计算温度 t_e(℃)				设计计算用采暖期				冬季室外平均风速 (m/s)	最冷月平均温度 (℃)	最热月平均温度 (℃)
	I型	II型	III型	IV型	天数 Z(d)	平均温度 $\bar{t}_e$(℃)	平均相对湿度 $\bar{\varphi}_e$(%)	度日数 D_{di}(℃·d)			
江西省											
南　昌	0	-2	-4	-6	17(35)	4.7	74	226	3.6	4.9	29.5
天目山	-10	-13	-15	-17	136	-2.0	68	2720	6.3	-2.9	20.2
庐　山	-8	-11	-13	-15	106	1.7	70	1728	5.5	-0.2	22.5
山东省											
济　南	-7	-10	-12	-14	101(106)	0.6	52	1757	3.1	-1.4	27.4
青　岛	-6	-9	-11	-13	110(111)	0.9	66	1881	5.6	-1.2	25.2
烟　台	-6	-8	-10	-12	111(112)	0.5	60	1943	4.6	-1.6	25.0
德　州	-8	-12	-14	-17	113(118)	-0.8	63	2124	2.6	-3.4	26.9
淄　博	-9	-12	-14	-16	111(116)	-0.5	61	2054	2.6	-3.0	26.8
泰　山	-16	-19	-22	-24	166	-3.7	52	3602	7.3	-8.6	17.8
兖　州	-7	-9	-11	-12	106	-0.4	62	1950	2.9	-1.9	26.9
潍　坊	-8	-11	-13	-15	114(118)	-0.7	61	2132	3.5	-3.3	25.9

续表

地名	冬季室外计算温度 t_e(℃)				设计计算用采暖期				冬季室外平均风速 (m/s)	最冷月平均温度 (℃)	最热月平均温度 (℃)
	I型	II型	III型	IV型	天数 Z(d)	平均温度 $\bar{t}_e$(℃)	平均相对湿度 $\bar{\varphi}_e$(%)	度日数 D_{di}(℃·d)			
河南省											
郑州	-5	-7	-9	-11	98(102)	1.4	58	1627	3.4	-0.3	27.2
安阳	-7	-11	-13	-15	105(109)	0.3	59	1859	2.3	-1.8	26.9
濮阳	-7	-9	-11	-12	107	0.2	69	1905	3.1	-2.2	26.9
新乡	-5	-8	-11	-13	100(105)	1.2	63	1680	2.6	-0.7	27.0
洛阳	-5	-8	-10	-12	91(95)	1.8	55	1474	2.4	0.3	27.4
南阳	-4	-8	-11	-14	84(89)	2.2	67	1327	2.5	0.9	27.3
信阳	-4	-7	-10	-12	78	2.6	72	1201	2.2	1.6	27.6
商丘	-6	-9	-12	-14	101(106)	1.1	67	1707	3.0	-0.9	27.0
开封	-5	-7	-9	-10	102(106)	1.3	63	1703	3.5	-0.5	27.0
湖北省											
武汉	-2	-6	-8	-11	58(67)	3.4	77	847	2.6	3.0	28.7

续表

地 名	冬季室外计算温度 t_e(℃)				设计计算用采暖期				冬季室外平均风速 (m/s)	最冷月平均温度 (℃)	最热月平均温度 (℃)
	I型	II型	III型	IV型	天数 Z(d)	平均温度 $\bar{t}_e$(℃)	平均相对湿度 $\bar{\varphi}_e$(%)	度日数 D_{di}(℃·d)			
湖南省											
长 沙	0	-3	-5	-7	30(45)	4.6	81	402	2.7	4.6	29.3
南 岳	-7	-10	-13	-15	86	1.3	80	1436	5.7	0.1	21.6
广东省											
广 州	7	5	4	3	0	—	—	—	2.2	13.3	28.4
广西壮族自治区											
南 宁	7	5	3	2	0	—	—	—	1.7	12.7	28.3
四川省											
成 都	2	1	0	-1	0	-2.8	57	3931	0.9	5.4	25.5
阿 坝	-12	-16	-20	-23	189	-2.8	57	3931	1.2	-7.9	12.5
甘 孜	-10	-14	-18	-21	165(169)	-0.9	43	3119	1.6	-4.4	14.0
康 定	-7	-9	-11	-12	139	0.2	65	2474	3.1	-2.6	15.6
峨嵋山	-12	-14	-15	-16	202	-1.5	83	3939	3.6	-6.0	11.8

续表

地 名	冬季室外计算温度 t_e(℃)				设计计算用采暖期				冬季室外平均风速 (m/s)	最冷月平均温度 (℃)	最热月平均温度 (℃)
	I型	II型	III型	IV型	天数 Z(d)	平均温度 $\bar{t}_e$(℃)	平均相对湿度 $\bar{\varphi}_e$(%)	度日数 D_{di}(℃·d)			
贵州省											
贵 阳	-1	-2	-4	-6	20(42)	5.0	78	260	2.2	4.9	24.1
毕 节	-2	-3	-5	-7	70(81)	3.2	85	1036	0.9	2.4	21.8
安 顺	-2	-3	-5	-6	43(48)	4.1	82	598	2.4	4.1	22.0
威 宁	-5	-7	-9	-11	80(98)	3.0	78	1200	3.4	1.9	17.7
云南省											
昆 明	13	11	10	9	0	—	—	—	2.5	7.7	19.8
西 藏 自治区											
拉 萨	-6	-8	-9	-10	142(149)	0.5	35	2485	2.2	-2.3	15.5
噶 尔	-17	-21	-24	-27	240	-5.5	28	5640	3.0	-12.4	13.6
日喀则	-8	-12	-14	-17	158(160)	-0.5	28	2923	1.8	-3.9	14.6
陕西省											
西 安	-5	-8	-10	-12	100(101)	0.9	66	1710	1.7	-0.9	26.4
榆 林	-16	-20	-23	-26	148(145)	-4.4	56	3315	1.8	-10.2	23.3

续表

地 名	冬季室外计算温度 t_e(℃)				设计计算用采暖期				冬季室外平均风速 (m/s)	最冷月平均温度 (℃)	最热月平均温度 (℃)
	I 型	II 型	III 型	IV 型	天数 Z(d)	平均温度 t_e(℃)	平均相对湿度 $\bar{\varphi}_e$(%)	度日数 D_{di}(℃·d)			
延 安	−12	−14	−16	−18	130(133)	−2.6	57	2678	2.1	−6.3	22.9
宝 鸡	−5	−7	−9	−11	101(104)	1.1	65	1707	1.0	−0.7	25.4
华 山	−14	−17	−20	−22	164	−2.8	57	3411	5.4	−6.7	17.5
汉 中	−1	−2	−4	−5	75(83)	3.1	76	1118	0.9	2.1	25.4
甘肃省											
兰 州	−11	−13	−15	−16	132(135)	−2.8	60	2746	0.5	−6.7	22.2
酒 泉	−16	−19	−21	−23	155(154)	−4.4	52	3472	2.1	−9.9	21.8
敦 煌	−14	−18	−20	−23	138(140)	−4.1	49	3053	2.1	−9.1	24.6
张 掖	−16	−19	−21	−23	156	−4.5	55	3510	1.9	−10.1	21.4
山 丹	−17	−21	−25	−28	165(172)	−5.1	55	3812	2.3	−11.3	20.3
平 凉	−10	−13	−15	−17	137(141)	−1.7	59	2699	2.1	−5.5	21.0
天 水	−7	−10	−12	−14	116(117)	−0.3	67	2123	1.3	−2.9	22.5
青海省											
西 宁	−13	−16	−18	−20	162(165)	−3.3	50	3451	1.7	−8.2	17.2

续表

| 地 名 | 冬季室外计算温度 t_e(℃) | | | | 设计计算用采暖期 | | | | 冬季室外平均风速(m/s) | 最冷月平均温度(℃) | 最热月平均温度(℃) |
	Ⅰ型	Ⅱ型	Ⅲ型	Ⅳ型	天数 Z(d)	平均温度 $\bar{t}_e$(℃)	平均相对湿度 $\bar{\varphi}_e$(%)	度日数 D_d(℃·d)			
鸻 多	−23	−29	−34	−38	284	−7.2	56	7159	2.9	−16.7	7.5
大柴旦	−19	−22	−24	−26	205	−6.8	34	5084	1.4	−14.0	15.1
共 和	−15	−17	−19	−21	182	−4.9	44	4168	1.6	−10.9	15.2
格尔木	−15	−18	−21	−23	179(189)	−5.0	35	4117	2.5	−10.6	17.6
玉 树	−13	−15	−17	−19	194	−3.1	46	4093	1.2	−7.8	12.5
宁夏回族自治区											
银 川	−15	−18	−21	−23	145(149)	−3.8	57	3161	1.7	−8.9	23.4
中 宁	−12	−16	−19	−22	137	−3.1	52	2891	2.9	−7.6	23.3
固 原	−14	−17	−20	−22	162	−3.3	57	3451	2.8	−8.3	18.8
石嘴山	−15	−18	−20	−22	149(152)	−4.1	49	3293	2.6	−9.2	23.5
新疆维吾尔自治区											
乌鲁木齐	−22	−26	−30	−33	162(157)	−8.5	75	4293	1.7	−14.6	23.5

续表

地 名	冬季室外计算温度 t_e(℃)				设计计算用采暖期				冬季室外平均风速 (m/s)	最冷月平均温度 (℃)	最热月平均温度 (℃)
	I型	II型	III型	IV型	天数 Z(d)	平均温度 $\bar{t}_i$(℃)	平均相对湿度 $\bar{\varphi}_e$(%)	度日数 D_{di}(℃·d)			
塔城	-23	-27	-30	-33	163	-6.5	71	3994	2.1	-12.1	22.3
哈密	-19	-22	-24	-26	137	-5.9	48	3274	2.2	-12.1	27.1
伊宁	-20	-26	-30	-34	139(143)	-4.8	75	3169	1.6	-9.7	22.7
喀什	-12	-14	-16	-18	118(122)	-2.7	63	2443	1.2	-6.4	25.8
富蕴	-36	-40	-42	-45	178	-12.6	73	5447	0.5	-21.7	21.4
克拉玛依	-24	-28	-31	-33	146(149)	-9.2	68	3971	1.5	-16.4	27.5
吐鲁番	-15	-19	-21	-24	117(121)	-5.0	50	2691	0.9	-9.3	32.6
库车	-15	-18	-20	-22	123	-3.6	56	2657	1.9	-8.2	25.8
和田	-10	-13	-16	-18	112(114)	-2.1	50	2251	1.6	-5.5	25.5
台湾省											
台北	11	9	8	7	0	—	—	—	3.7	14.8	28.6
香港	10	8	7	6	0	—	—	—	6.3	15.6	28.6

注：①表中设计计算用采暖期仅供建筑热工设计采用。各地实际的采暖期应按当地行政或主管部门的规定执行。
②在设计计算用采暖期天数一栏中，不带括号的数值系指累年日平均温度低于或等于5℃的天数；带括号的数值系指累年日平均温度稳定低于或等于5℃的天数。在设计计算中，这两种采暖期天数均可采用。

围护结构夏季室外计算温度（℃）　　附表 3.2

城市名称	夏季室外计算温度		
	平均值 $\bar{t}_e$	最高值 $t_{e\cdot max}$	波幅值 A_{te}
西安	32.3	38.4	6.1
汉中	29.5	35.8	6.3
北京	30.2	36.3	6.1
天津	30.4	35.4	5.0
石家庄	31.7	38.3	6.6
济南	33.0	37.3	4.3
青岛	28.1	31.1	3.0
上海	31.2	36.1	4.9
南京	32.0	37.1	5.1
常州	32.3	36.4	4.1
徐州	31.5	36.7	5.2
东台	31.1	35.8	4.7
合肥	32.3	36.8	4.5
芜湖	32.5	36.9	4.4
阜阳	32.1	37.1	5.2
杭州	32.1	37.2	5.1
衡县	32.1	37.6	5.5
温州	30.3	35.7	5.4
南昌	32.9	37.8	4.9
赣州	32.2	37.8	5.6

续表

城市名称	夏季室外计算温度		
	平均值 $\bar{t}_e$	最高值 $t_{e\cdot max}$	波幅值 A_{te}
九江	32.8	37.4	4.6
景德镇	31.6	37.2	5.6
福州	30.9	37.2	6.3
建阳	30.5	37.3	6.8
南平	30.8	37.4	6.6
永安	30.8	37.3	6.5
漳州	31.3	37.1	5.8
厦门	30.8	35.5	4.7
郑州	32.5	38.8	6.3
信阳	31.9	36.6	4.7
武汉	32.4	36.9	4.5
宜昌	32.0	38.2	6.2
黄石	33.0 -	37.9	4.9
长沙	32.7	37.9	5.2
岳阳	30.4	36.3	5.9
株州	32.5	35.9	3.4
衡阳	34.4	39.9	5.5
广州	32.8	38.3	5.5
广州	31.1	35.6	4.5
海口	30.7	36.3	5.6

续表

城市名称	夏季室外计算温度			城市名称	夏季室外计算温度		
	平均值 $\bar{t}_c$	最高值 $t_{c·max}$	波幅值 A_{tc}		平均值 $\bar{t}_c$	最高值 $t_{c·max}$	波幅值 A_{tc}
汕 头	30.6	35.2	4.6	成 都	29.2	34.4	5.2
韶 关	31.5	30.3	4.8	重 庆	33.2	38.9	5.7
德 庆	31.2	36.6	5.4	达 县	33.2	38.6	5.4
湛 江	30.9	35.5	4.6	南 充	34.0	39.3	5.3
南 宁	31.0	36.7	5.7	贵 阳	26.9	32.7	5.8
桂 林	30.9	36.2	5.3	铜 仁	31.2	37.8	6.6
百 色	31.8	37.6	5.8	遵 义	28.5	34.1	5.6
梧 州	30.9	37.0	6.1	思 南	31.4	36.8	5.4
柳 州	32.9	38.8	5.9	昆 明	23.3	29.3	6.0
桂 平	32.4	37.5	5.1	元 江	33.7	40.3	6.6

附表 3.3

全国主要城市夏季太阳辐射照度(W／m²)

城市名称	朝向	地方太阳时													日总量	昼夜平均
		6	7	8	9	10	11	12	13	14	15	16	17	18		
南宁	S	17	60	98	129	150	182	196	182	150	129	98	60	17	1468	61.2
	W(E)	17	60	98	129	150	162	166	352	502	591	594	483	255	3559	148.3
	N	100	168	186	176	157	162	166	162	157	176	186	168	100	2064	86.0
	H	60	251	473	678	838	942	976	942	838	678	473	251	60	7462	310.9
广州	S	15	53	89	118	138	175	189	175	138	118	89	53	15	1365	56.9
	W(E)	15	53	89	118	138	151	154	341	494	586	591	487	265	3482	145.1
	N	101	153	176	162	143	151	154	151	143	162	176	163	101	1946	81.1
	H	58	244	462	664	824	926	962	926	824	664	462	244	58	7318	304.9
福州	S	16	52	86	112	163	211	227	211	163	112	86	52	16	1507	62.8
	W(E)	16	52	86	112	131	143	146	344	508	609	624	528	305	3604	150.2
	N	113	162	159	131	131	143	146	143	131	131	159	162	113	1824	76.0
	H	70	261	481	685	845	949	983	949	845	685	481	261	70	7565	315.2
贵阳	S	20	67	110	145	205	255	273	255	205	145	110	67	20	1877	78.2
	W(E)	20	67	110	158	169	184	189	375	524	608	603	489	267	3750	156.3
	N	103	163	174	158	169	184	189	184	169	158	174	163	103	2091	87.1
	H	73	269	496	708	876	983	1021	983	876	708	496	269	73	7831	326.3
长沙	S	16	48	79	106	184	236	254	236	184	106	79	48	16	1592	66.3
	W(E)	16	48	79	104	123	134	138	345	518	629	651	561	341	3687	153.6
	N	124	159	141	104	123	134	138	134	123	104	141	159	124	1708	71.2
	H	77	272	493	697	860	964	1000	964	860	697	493	272	77	7726	321.9

续表

城市名称	朝向	地方太阳时													日总量	昼夜平均
		6	7	8	9	10	11	12	13	14	15	16	17	18		
北京	S	30	65	116	245	352	423	447	423	352	245	116	65	30	2909	121.2
	W(E)	30	65	95	118	136	147	151	364	543	662	697	629	441	4078	169.9
	N	148	137	95	118	136	147	151	147	136	118	95	137	148	1713	71.4
	H	139	336	543	730	878	972	1003	972	878	730	543	336	139	8199	341.6
郑州	S	20	53	83	172	261	319	340	319	261	172	83	53	20	2156	89.8
	W(E)	20	53	83	109	126	138	141	333	491	590	609	528	338	3559	148.3
	N	118	132	98	109	126	138	141	138	126	109	98	132	118	1583	66.0
	H	95	275	475	661	808	902	935	902	808	661	475	275	95	7367	307.0
上海	S	18	50	79	134	217	273	291	273	217	134	79	50	18	1833	76.4
	W(E)	18	50	79	102	119	130	133	336	505	615	640	558	353	3638	151.6
	N	125	148	118	102	119	130	133	130	119	102	118	148	125	1617	67.4
	H	88	276	487	681	836	933	967	933	836	681	487	276	88	7569	315.4
武汉	S	17	47	76	125	207	261	280	261	207	125	76	47	17	1746	72.8
	W(E)	17	47	76	100	117	127	131	332	501	609	633	551	345	3586	149.4
	N	123	147	120	100	117	127	131	127	117	100	120	147	123	1599	66.6
	H	83	269	480	675	829	928	961	928	829	675	480	269	83	7489	312.0
西安	S	24	60	94	180	267	325	345	325	267	180	94	60	24	2245	93.5
	W(E)	24	60	94	122	141	153	157	344	496	591	607	523	332	3644	151.8
	N	119	139	111	122	141	153	157	153	141	122	111	139	119	1727	72.0
	H	98	282	486	672	819	914	945	914	819	672	486	282	98	7487	312.0

续表

城市名称	朝向	地方太阳时													日总量	昼夜平均
		6	7	8	9	10	11	12	13	14	15	16	17	18		
重庆	S	16	47	79	119	200	252	270	252	200	119	79	47	16	1696	70.7
	W(E)	16	47	79	104	122	133	138	340	509	617	640	505	345	3645	151.9
	N	124	153	131	104	122	133	138	133	122	104	131	153	124	1672	69.7
	H	81	270	487	686	844	945	980	945	844	686	487	270	81	7606	316.9
杭州	S	18	53	84	131	209	261	279	261	209	131	84	53	18	1791	74.6
	W(E)	18	53	84	109	127	138	143	333	490	590	608	521	318	3532	147.2
	N	116	147	127	109	127	138	143	138	127	109	127	147	116	1671	69.6
	H	82	266	473	664	815	910	944	910	815	664	473	266	82	7364	306.8
南京	S	18	51	82	148	237	296	316	296	237	148	82	51	18	1980	82.5
	W(E)	18	51	82	108	126	138	141	350	521	629	650	560	350	3724	155.1
	N	124	146	117	108	126	138	141	138	126	108	117	146	124	1659	69.1
	H	89	281	497	700	860	964	999	964	860	700	497	281	89	7781	324.2
南昌	S	15	46	76	108	189	244	262	244	189	108	76	46	15	1618	67.4
	W(E)	15	46	76	101	118	132	133	350	530	647	676	589	366	3779	157.4
	N	131	161	138	101	118	130	133	130	118	101	138	161	131	1691	70.5
	H	82	280	505	714	879	985	1021	985	879	714	505	280	82	7911	329.6
合肥	S	18	51	81	150	241	302	324	302	241	150	81	51	18	2610	83.8
	W(E)	18	51	81	106	125	137	141	361	544	660	687	596	377	3884	161.8
	N	133	153	119	106	125	137	141	137	125	106	119	153	133	1687	70.3
	H	94	294	521	730	897	1004	1040	1004	897	730	521	294	94	8120	338.3

附录四 建筑材料热物理性能计算参数

建筑材料热物理性能计算参数

附表 4.1

序号	材料名称	干密度 ρ_0 (kg/m³)	计 算 参 数			
			导热系数 λ [W/(m·K)]	蓄热系数 S(周期 24h)[W/(m²·K)]	比热容 C [kJ/(kg·K)]	蒸汽渗透系数 μ [g/(m·h·Pa)]
1	混凝土					
1.1	普通混凝土					
	钢筋混凝土	2500	1.74	17.20	0.92	0.0000158*
	碎石、卵石混凝土	2300	1.51	15.36	0.92	0.0000173*
		2100	1.28	13.57	0.92	0.0000173*
1.2	轻骨料混凝土					
	膨胀矿渣珠混凝土	2000	0.77	10.49	0.96	
		1800	0.63	9.05	0.96	
		1600	0.53	7.87	0.96	
	自燃煤矸石、炉渣混凝土	1700	1.00	11.68	1.05	0.0000548*
		1500	0.76	9.54	1.05	0.0000900
		1300	0.56	7.63	1.05	0.0001050
	粉煤灰陶粒混凝土	1700	0.95	11.40	1.05	0.0000188
		1500	0.70	9.16	1.05	0.0000975
		1300	0.57	7.78	1.05	0.0001050
		1100	0.44	6.30	1.05	0.0001350

续表

序号	材料名称	干密度 ρ_0 (kg/m³)	计算参数			
			导热系数 λ [W/(m·K)]	蓄热系数 S(周期24h)[W/(m²·K)]	比热容 C [kJ/(kg·K)]	蒸汽渗透系数 μ [g/(m·h·Pa)]
	粘土陶粒混凝土	1600	0.84	10.36	1.05	0.0000315*
		1400	0.70	8.93	1.05	0.0000390*
		1200	0.53	7.25	1.05	0.0000405*
	页岩渣、石灰、水泥混凝土	1300	0.52	7.39	0.98	0.0000855*
		1500	0.77	9.65	1.05	0.0000315*
	页岩陶粒混凝土	1300	0.63	8.16	1.05	0.0000390*
		1100	0.50	6.70	1.05	0.0000435*
	火山灰渣、砂、水泥混凝土	1700	0.57	6.30	0.57	0.0000395*
	浮石混凝土	1500	0.67	9.09	1.05	6.0000188*
		1300	0.53	7.54	1.05	0.0000353*
		1100	0.42	6.13	1.05	
1.3	轻混凝土					
	加气混凝土、泡沫混凝土	700	0.22	3.59	1.05	0.0000998*
		500	0.19	2.81	1.05	0.0001110*
2	砂浆和砌体					
2.1	砂浆					

续表

序号	材料名称	干密度 ρ_0 (kg/m³)	计算参数			
			导热系数 λ [W/(m·K)]	蓄热系数 S(周期24h) [W/(m²·K)]	比热容 C [kJ/(kg·K)]	蒸汽渗透系数 μ [g/(m·h·Pa)]
	水泥砂浆	1800	0.93	11.37	1.05	0.0000210*
	石灰水泥砂浆	1700	0.87	10.75	1.05	0.0000975*
	石灰砂浆	1600	0.81	10.07	1.05	0.0000443*
	石灰石膏砂浆	1500	0.76	9.44	1.05	
	保温砂浆	800	0.29	4.44	1.05	
2.2	砌体					
	重砂浆砌筑粘土砖砌体	1800	0.81	10.63	1.05	0.0001050*
	轻砂浆砌筑粘土砖砌体	1700	0.76	9.96	1.05	0.0001200
	灰砂砖砌体	1900	1.10	12.72	1.05	0.0001050
	硅酸盐砖砌体	1800	0.87	11.11	1.05	0.0001050
	炉渣砖砌体	1700	0.81	10.43	1.05	0.0001050
	重砂浆砌筑 26、33 及 36 孔粘土空心砖砌体	1400	0.58	7.92	1.05	0.0000158
3	热绝缘材料					
3.1	纤维材料					
	矿棉、岩棉、玻璃棉板	80 以下	0.050	0.59	1.22	
		80~200	0.045	0.75	1.22	0.0004880
	矿棉、岩棉、玻璃棉毡	70 以下	0.050	0.58	1.34	
		70~200	0.045	0.77	1.34	0.0004880
	矿棉、岩棉、玻璃棉松散料	70 以下	0.050	0.46	0.84	
		70~120	0.045	0.51	0.84	0.0004880
	麻刀	150	0.070	1.34	2.10	

续表

序号	材料名称	干密度 ρ_0 (kg/m³)	计 算 参 数			
			导热系数 λ [W/(m·K)]	蓄热系数 S(周期24h)[W/(m²·K)]	比热容 C [kJ/(kg·K)]	蒸汽渗透系数 μ [g/(m·h·Pa)]
3.2	膨胀珍珠岩、蛭石制品					
	水泥膨胀珍珠岩	800	0.26	4.37	1.17	0.0000420*
		600	0.21	3.44	1.17	0.0000900*
		400	0.16	2.49	1.17	0.0001910*
	沥青、乳化沥青膨胀珍珠岩	400	0.12	2.28	1.55	0.0000293*
		300	0.093	1.77	1.55	0.0000675*
	水泥膨胀蛭石	350	0.14	1.99	1.05	
3.3	泡沫材料及多孔聚合物					
	聚乙烯泡沫塑料	100	0.047	0.70	1.38	
	聚苯乙烯泡沫塑料	30	0.042	0.36	1.38	0.0000162
	聚氨酯硬泡沫塑料	30	0.033	0.36	1.38	0.0000234
	聚氯乙烯硬泡沫塑料	130	0.048	0.79	1.38	
	钙塑	120	0.049	0.83	1.59	
	泡沫玻璃	140	0.058	0.70	0.84	0.0000225
	泡沫石灰	300	0.116	1.70	1.05	
	炭化泡沫石灰	400	0.14	2.33	1.05	
	泡沫石膏	500	0.19	2.78	1.05	0.0000375

续表

序号	材料名称	干密度 ρ_o (kg/m³)	导热系数 λ [W/(m·K)]	计算参数 蓄热系数 S(周期24h)[W/(m²·K)]	比热容 C [kJ/(kg·K)]	蒸汽渗透系数 μ [g/(m·h·Pa)]
4	木材、建筑板材					
4.1	木材					
	橡木、枫树（热流方向垂直木纹）	700	0.17	4.90	2.51	0.0000562
	橡木、枫树（热流方向顺木纹）	700	0.35	6.93	2.51	0.0003000
	松、木、云杉（热流方向垂直木纹）	500	0.14	3.85	2.51	0.0000345
	松、木、云杉（热流方向顺木纹）	500	0.29	5.55	2.51	0.0001680
4.2	建筑板材					
	胶合板	600	0.17	4.57	2.51	0.0000225
	软木板	300	0.093	1.95	1.89	0.0000255*
		150	0.058	1.09	1.89	0.0000285*
	纤维板	1000	0.34	8.13	2.51	0.0001200
		600	0.23	5.28	2.51	0.0001130
	石棉水泥板	1800	0.52	8.52	1.05	0.0000135*
	石棉水泥隔热板	500	0.16	2.58	1.05	0.0003900
	石膏板	1050	0.33	5.28	1.05	0.0000790*

续表

序号	材料名称	干密度 ρ_0 (kg/m³)	计算参数			
			导热系数 λ [W/(m·K)]	蓄热系数 S(周期 24h)[W/(m²·K)]	比热容 C [kJ/(kg·K)]	蒸汽渗透系数 μ [g/(m·h·Pa)]
	水泥刨花板	1000	0.34	7.27	2.01	0.0000240*
		700	0.19	4.56	2.01	0.0001050
	稻草板	300	0.13	2.33	1.68	0.0003000
	木屑板	200	0.065	1.54	2.10	0.0002630
5	松散材料					
5.1	无机材料					
	锅炉渣	1000	0.29	4.40	0.92	0.0001930
	粉煤灰	1000	0.23	3.93	0.92	
	高炉炉渣	900	0.26	3.92	0.92	0.0002030
	浮石、凝灰岩	600	0.23	3.05	0.92	0.0002630
	膨胀蛭石	300	0.14	1.79	1.05	
	膨胀蛭石	200	0.10	1.24	1.05	
	硅藻土	200	0.076	1.00	0.92	
	膨胀珍珠岩	120	0.07	0.84	1.17	
	膨胀珍珠岩	80	0.058	0.63	1.17	
5.2	有机材料					
	木屑	250	0.093	1.84	2.01	0.0002630
	稻壳	120	0.06	1.02	2.01	
	干草	100	0.047	0.83	2.01	

续表

序号	材料名称	干密度 ρ_o (kg/m³)	计算参数			
			导热系数 λ [W/(m·K)]	蓄热系数 S(周期24h)[W/(m²·K)]	比热容 C [kJ/(kg·K)]	蒸汽渗透系数 μ [g/(m·h·Pa)]
6	其他材料					
6.1	土壤					
	夯实粘土	2000	1.16	12.99	1.01	
	加草粘土	1800	0.93	11.03	1.01	
		1600	0.76	9.37	1.01	
	轻质粘土	1400	0.58	7.69	1.01	
		1200	0.47	6.36	1.01	
	建筑用砂	1600	0.58	8.26	1.01	
6.2	石材					
	花岗岩、玄武岩	2800	3.49	25.49	0.92	0.0000113
	大理石	2800	2.91	23.27	0.92	0.0000113
	砾石、石灰岩	2400	2.04	18.03	0.92	0.0000375
	石灰石	2000	1.16	12.56	0.92	0.0000600
6.3	卷材、沥青材料					
	沥青油毡、油毡纸	600	0.17	3.33	1.47	
	沥青混凝土	2100	1.05	16.39	1.68	0.0000075
		1400	0.27	6.73	1.68	
	石油沥青	1050	0.17	4.71	1.68	0.0000075

续表

序号	材料名称	干密度 ρ_0 (kg/m³)	计算参数			
			导热系数 λ [W/(m·K)]	蓄热系数 S(周期24h)[W/(m²·K)]	比热容 C [kJ/(kg·K)]	蒸汽渗透系数 μ [g/(m·h·Pa)]
6.4	玻璃					
	平板玻璃	2500	0.76	10.69	0.84	
	玻璃钢	1800	0.52	9.25	1.26	
6.5	金属					
	紫铜	8500	407	324	0.42	
	青铜	8000	64.0	118	0.38	
	建筑钢材	7850	58.2	126	0.48	
	铝	2700	203	191	0.92	
	铸铁	7250	49.9	112	0.48	

注：①围护结构在正确设计和正常使用条件下，材料的热物理性能计算参数应按本表直接采用。

②有附表4.2所列情况者，材料的导热系数和蓄热系数计算值应分别按下列两式修正：

$$\lambda_c = \lambda \cdot a$$
$$S_c = S \cdot a$$

式中 λ、S——材料的导热系数和蓄热系数，应按本表采用；

a——修正系数，应按附表4.2采用。

③表中比热容C的单位为法定单位，但在实际计算中比热容C的单位应取 W·h/(kg·K)，因此，表中数值应乘以换算系数0.2778。

④表中带*号者为测定值。

常用薄片材料和涂层蒸汽渗透阻 H_C 值　　附表 4.3

材料及涂层名称	厚度 (mm)	H_C (m²·h·Pa/g)
普通纸板	1	16
石膏板	8	120
硬质木纤维板	8	107
软质木纤维板	10	53
三层胶合板	3	227
石棉水泥板	6	267
热沥青一道	2	267
热沥青二道	4	480
乳化沥青二道	—	520
偏氯乙烯二道	—	1240
环氧煤焦油二道	—	3733
油漆二道(先嵌油灰嵌缝、上底漆)	—	640
聚氯乙烯涂层二道	—	3866
氯丁橡胶涂层二道	—	3466
玛琋脂涂层一道	2	600
沥青玛琋脂涂层一道	1	640
沥青玛琋脂涂层二道	2	1080
石油沥青油毡	1.5	1107
石油沥青油纸	0.4	333
聚乙烯薄膜	0.16	733

导热系数 λ 及蓄热系数 S 的修正系数 a 值　　附表 4.2

序号	材料、构造、施工、地区及使用情况	a
1	作为夹芯层浇筑在混凝土墙体及屋面构件中的块状多孔保温材料(如加气混凝土、泡沫混凝土及水泥膨胀珍珠岩等)，因干燥缓慢及灰缝影响	1.60
2	铺设在密闭屋面中的多孔保温材料(如加气混凝土、泡沫混凝土、水泥膨胀珍珠岩、石灰炉渣等)，因干燥缓慢	1.50
3	铺设在密闭屋面中及作为夹芯层浇筑在混凝土构件中的半硬质矿棉、岩棉、玻璃棉板等，因干燥缓慢及吸湿	1.20
4	作为夹芯层浇筑在混凝土构件中的泡沫塑料等，因压缩	1.20
5	开孔型保温材料(如水泥刨花板、木丝板、稻草板等)，表面抹灰或与混凝土浇筑在一起，因灰浆渗入	1.30
6	加气混凝土、泡沫混凝土砌块墙体及加气混凝土条板墙体、屋面，因灰缝影响	1.25
7	填充在空心墙体及屋面构件中的松散保温材料(如稻壳、木屑、矿棉、岩棉等)，因下沉	1.20
8	矿渣混凝土、炉渣混凝土、浮石混凝土、粉煤灰陶粒混凝土、加气混凝土等实心墙体及屋面构件，在严寒地区，因干燥缓慢，且在室内平均相对湿度超过65%的采暖房间内使用	1.15

附录五 窗墙面积比与外墙允许最小传热阻的对应关系

单层钢窗和单层木窗 附表 5.1

地区	外墙类型	朝向	窗墙面积比（最小传热阻）			
			0.20	0.25	0.30	0.35
北京	I	S, W.E			0.66	0.53
		N		0.56		
	II	S, W.E			0.77	0.62
		N		0.63		
	III	S, W.E			0.86	0.69
		N		0.69		
	IV	S, W.E			0.96	0.75
		N		0.75		

双层钢窗和双层木窗 附表 5.2

地区	外墙类型	朝向	窗墙面积比（最小传热阻）			
			0.20	0.25	0.30	0.35
沈阳、呼和浩特	I	S, W.E			0.73	0.70
		N		0.70		
	II	S, W.E			0.78	0.74
		N		0.74		
	III	S, W.E			0.83	0.79
		N		0.78	0.76	
	IV	S, W.E			0.88	0.85
		N		0.83	0.80	
哈尔滨	I	S, W.E			0.94	0.87
		N		0.83		
	II	S, W.E			1.03	0.96
		N		0.93	0.88	
	III	S, W.E			1.09	1.02
		N		0.98	0.93	
	IV	S, W.E			1.15	1.07
		N		1.02	0.97	

注：①粗实线以上最小传热阻系指按式(4.1.1)计算确定的传热阻。这时，窗墙面积比应符合第 4.4.5 条一款的规定。当窗墙面积比超过这一规定时，外墙采用的传热阻不应小于粗实线以下的数值。

②表中外墙用的最小传热阻未考虑按第 4.1.2 条规定的附加值。

附录六　围护结构保温的经济评价

(一)围护结构保温的经济性

围护结构保温的经济性可用其经济传热阻进行评价。

(二)围护结构的经济传热阻

围护结构(系指外墙和屋顶)的经济传热阻,应按下式计算:

$$R_{0 \cdot E} = \sqrt{\frac{24 D_{di}}{P E_I \lambda_I m}(PB + CM + rmM)} \qquad (附 6.1)$$

式中　$R_{0 \cdot E}$ —— 围护结构的经济传热阻(m²·K/W);

D_{di} —— 采暖期度日数(℃·d/an),应按本规范附录三附表 3.1采用;

B —— 供暖系统造价(元/W);

C —— 供暖系统运行费〔元/(an·W)〕;

m —— 采暖期小时数(h/an);

M —— 回收年限(an);

r —— 有效热价格〔元/(W·h)〕;

P —— 利息系数;

E_I —— 保温层造价(元/m³);

λ_I —— 保温材料导热系数〔W/(m·K)〕。

(三)围护结构保温层的经济热阻和经济厚度

围护结构保温层的经济热阻和经济厚度应分别按下列两式计算:

$$R_{I \cdot E} = R_{0 \cdot E} - (R_i + \sum R + R_e) \qquad (附 6.2)$$

续表

地区	外墙类型	朝向	窗墙面积比			
			0.20	0.25	0.30	0.35
乌鲁木齐	I	S W、E N	最小传热阻	0.76	0.80	0.67
	II	S W、E N	最小传热阻	0.85	0.90	0.75
	III	S W、E N	最小传热阻	0.93	1.00	0.82
	IV	S W、E N	最小传热阻	1.00	1.09	0.89

注:本表注与附表 5.1 注相同。

$$\delta_{I·E} = R_{I·E} · \lambda_I \quad (\text{附}6.3)$$

式中 $R_{I·E}$ —— 保温层的经济热阻($m^2·K/W$);

$\delta_{I·E}$ —— 保温层的经济厚度(m);

λ_I —— 保温材料导热系数 [$W/(m·K)$];

$R_{O·E}$ —— 围护结构经济传热阻($m^2·K/W$);

$\sum R$ —— 除保温层外各层材料的热阻之和($m^2·K/W$);

R_i、R_e —— 分别为内、外表面换热阻($m^2·K/W$)。

(四)不同构造围护结构的经济性

不同材料、不同构造围护结构的经济性,可用其单位热阻造价进行比较,造价较低者较经济。单位热阻造价应按下式计算:

$$Y = \sum_{i=1}^{n} E_i \delta_i / R_{O·E} \quad (\text{附}6.4)$$

式中 Y —— 围护结构单位热阻造价 〔元/($m^2·K/W$)〕;

E_i —— 第 i 层材料造价(元/m^3);

δ_i —— 第 i 层材料厚度(m);

$R_{O·E}$ —— 围护结构经济传热阻($m^2·K/W$);

n —— 围护结构层数。

附录七 法定计量单位与习用非法定计量单位换算表

法定计量单位与习用非法定计量单位换算表　　　　附表7.1

量的名称	法定计量单位		非法定计量单位		单 位 换 算 关 系
	名　称	符　号	名　称	符　号	
压　强	帕斯卡	Pa	毫米水柱	mmH_2O	$1mmH_2O = 9.80665Pa$
	帕斯卡	Pa	毫米汞柱	mmHg	$1mmHg = 133.322Pa$
功、能、热	千焦耳	kJ	千卡	kcal	$1kcal = 4.1868kJ$
	兆焦耳	MJ	千瓦小时	$kW·h$	$1kW·h = 3.6MJ$
功　率	瓦特	W	千卡每小时	$kcal/h$	$1kcal/h = 1.163W$
比热容	千焦耳每千克开尔文	$kJ/(kg·K)$	千卡每千克摄氏度	$kcal/(kg·℃)$	$1kcal/(kg·℃) = 4.1868kJ/(kg·K)$
热流密度	瓦特每平方米	W/m^2	千卡每平方米小时	$kcal/(m^2·h)$	$1kcal/(m^2·h) = 1.163W/m^2$
传热系数	瓦特每平方米开尔文	$W/(m^2·K)$	千卡每平方米小时摄氏度	$kcal/(m^2·h·℃)$	$1kcal/(m^2·h·℃) = 1.163W/(m^2·K)$

续表

量的名称	法定计量单位		非法定计量单位		单 位 换 算 关 系
	名 称	符 号	名 称	符 号	
导热系数	瓦特每米开尔文	$W / (m \cdot K)$	千卡每米小时摄氏度	$kcal / (m \cdot h \cdot \text{℃})$	$1kcal / (m \cdot h \cdot \text{℃}) = 1.163W / (m \cdot K)$
蓄热系数	瓦特每平方米开尔文	$W / (m^2 \cdot K)$	千卡每平方米小时摄氏度	$kcal / (m^2 \cdot h \cdot \text{℃})$	$1kcal / (m^2 \cdot h \cdot \text{℃}) = 1.163W / (m^2 \cdot K)$
表面换热系数	瓦特每平方米开尔文	$W / (m^2 \cdot K)$	千卡每平方米小时摄氏度	$kcal / (m^2 \cdot h \cdot \text{℃})$	$1kcal / (m^2 \cdot h \cdot \text{℃}) = 1.163W / (m^2 \cdot K)$
太阳辐射照度	瓦特每平方米	W / m^2	千卡每平方米小时	$kcal / (m^2 \cdot h)$	$1kcal / (m^2 \cdot h) = 1.163W / m^2$
蒸汽渗透系数	克每米小时帕斯卡	$g / (m \cdot h \cdot Pa)$	克每米小时毫米汞柱	$g / (m \cdot h \cdot mmHg)$	$1g / (m \cdot h \cdot mmHg) = 0.0075g / (m \cdot h \cdot Pa)$

注：①比热容、传热系数、导热系数、蓄热系数、表面换热系数等法定计量单位中的K（开尔文）也可以用℃（摄氏度）代替。

②比热容的法定计量单位为$kJ / (kg \cdot K)$，但在实际计算中比热容的单位应取$W \cdot h / (kg \cdot K)$，由前者换算成后者应乘以换算系数0.2778。

附加说明

附录九 本规范用词说明

一、为便于在执行本规范条文时区别对待，对要求严格程度不同的用词说明如下：

1. 表示很严格，非这样做不可的：

正面词采用"必须"；

反面词采用"严禁"。

2. 表示严格，在正常情况下均应这样做的：

正面词采用"应"；

反面词采用"不应"或"不得"。

3. 表示允许稍有选择，在条件许可时首先应这样做的：

正面词采用"宜"；

反面词采用"不宜"。

二、条文中指定应按其他有关标准、规范执行时，写法为"应符合……的规定"或"应按……执行"。

本规范主编单位、参加单位和主要起草人名单

主 编 单 位： 中国建筑科学研究院

参 加 单 位： 西安冶金建筑学院

浙江大学

重庆建筑工程学院

哈尔滨建筑工程学院

南京大学

华南理工大学

清华大学

东南大学

中国建筑东北设计院

北京市建筑设计研究院

河南省建筑设计院

湖北工业建筑设计院

四川省建筑科学研究所

广东省建筑科学研究所

主要起草人： 杨善勤　胡　璘　蒋懋明　陈启高

王建瑚　王景云　周景德　沈镟元

初仁兴　许文发　李怀瑾　毛慰国

朱文鹏　张宝库　林其标　甘　柽

中华人民共和国国家标准

民用建筑热工设计规范

GB 50176—93

条 文 说 明

陈庆丰　丁小中　李焕文　杜文英
白玉珍　王启欢　张廷全　韦延年
高伟俊

目　录

前　言

根据国家计委综〔1984〕305号文的要求，由中国建筑科学研究院负责主编，具体由中国建筑科学研究院建筑物理研究所会同有关单位共同编制的《民用建筑热工设计规范》GB50176—93，经建设部1993年3月17日以建设部建标〔1993〕196号文批准发布。

为便于广大设计、施工、科研、学校等有关单位人员在使用本规范时能正确理解和执行条文规定，《民用建筑热工设计规范》编制组根据国家编制标准、规范条文说明的统一要求，按《民用建筑热工设计规范》的章、节、条的顺序，编制了《民用建筑热工设计规范条文说明》，供国内各有关部门和单位参考。在使用中如发现本条文说明有欠妥之处，请将意见函寄中国建筑科学研究院建筑物理研究所（地址：北京车公庄大街19号，邮政编码：100044）《民用建筑热工设计规范》国标管理组。

建筑热工设计规范》国标管理组

1993年1月

主　要　符　号

本规范中一些名词术语的基本符号，原则上采用国际通用符号，如以 t 代表温度，p 代表压力，λ 代表导热系数，a 代表导温系数，c 代表比热容等；如无国际通用符号，则采用国内常用符号，如以 S 代表材料蓄热系数，Y 代表表面蓄热系数，D 代表热惰性指标等。关于符号的角标，原则上采用国际通用的，如以 max 代表最大，min 代表最小，i 代表内侧，e 代表外侧等。极少数角标采用汉语拼音，如采暖室外计算温度 t_w 的下角标 w。基本符号的排列，拉丁文和希腊文的字母先后为序，拉丁字母在先，希腊字母在后；基本符号相同者，按角标先后为序。

第一章　总　则

第1.0.1条　本规范制定的目的。

我国基本建设投资以民用建筑所占比重最大，涉及面最广。制订本规范就在于使这些民用建筑的热工设计与地区气候相适应，保证室内基本的热环境要求，符合国家节约能源的方针，发挥投资的经济和社会效益。

建筑热工设计主要包括建筑围护结构的保温、隔热和防潮设计。

室内基本的热环境要求系指为人们生活和工作所需的最低限度的热环境要求。例如，室内的温度、湿度、气流和环境热辐射应在允许范围之内，冬季采暖房屋围护结构内表面温度不应低于室内空气露点温度，夏季自然通风房屋围护结构内表面最高温度不应高于当地夏季室外计算温度最高值等。这些基本的热环境要求应得到保证，建筑物的使用质量才能得到保证。

我国60年代至70年代中期，由于片面强调降低基本建设造价和减轻结构自重，在设计中缺乏全面的技术经济观点和节能意识，导致一再削弱围护结构保温隔热水平，使得大量民用建筑冬冷夏热，采暖和空调能耗大大增加，经济和社会效益都很差。直至70年代中期能源危机以后，特别是改革开放以来，这种情况才引起重视并逐步改变。在制订本规范时，除了达到本规范的主要目的之外，还注意在一定程度上节约采暖和空调能耗，所采取的主要措施有：控制窗户面积，提高窗户气密性，围护结构实际采用的传热阻尽量接近经济传热阻，以及在严寒和寒冷地区，避免设置开敞式外廊和开敞式楼梯间，入口处设置门斗，加强阳台门下部保温等。采取这些措施后，将在一定程度上降低采暖和空调能耗，提高投资的经济和社会效益。

第1.0.2条　本规范的适用范围。

根据工程建设标准规范主管部门下达任务的要求，本规范的适用范围是民用建筑的热工设计。民用建筑的范围很广，但主要包括居住建筑和公共建筑。考虑到建筑热工设计与使用和室内温湿度状况密切相关，因此可按使用要求和室内温湿度状况把民用建筑分成下列三类：

第一类：居住建筑（主要包括住宅、宿舍、旅馆等）、托幼建筑、疗养院、医院、病房等。这类建筑大多数连续使用，对室内温湿度有较高要求。

第二类：办公楼、学校、门诊部等。这类建筑大多数间歇使用，对室内温湿度要求一般低于第一类。

第三类：礼堂、食堂、体育馆、影剧院、车站、机场、港口建筑等。这类建筑中除部分建筑对室内温湿度有较高要求外，一般是间歇使用，对室内温湿度要求一般低于第二类。

公共建筑中的图书馆、档案馆、博物馆等，有些建筑或有些房间对温湿度有特殊要求，建筑热工设计上应考虑这些要求，但一般来说，对室内温湿度的要求与第二类接近，因此可按第二类进行设计。

地下建筑、室内温湿度有特殊要求和特殊用途的建筑，以及使用临时性建筑，因其使用条件和建筑标准与一般民用建筑有较大差别，故本规范不适用于这些建筑。

第1.0.3条 本规范与其他标准规范的衔接。

根据国家计委对编制和修订工程建设标准建设规范的统一规定，为了精简规范内容，凡引用或参照其他全国通用的设计标准规范的以外，除必要的以外，本规范一般不再另立条文，故在本条中统一作一说明。本规范引用或成参照的主要标准规范有：《采暖通风与空气调节设计规范》GBJ19—87、《建筑外窗空气渗透性能分级及其检测方法》GB7107—86、《建筑外窗保温性能分级及其检测方法》GB8484—87等。

第二章 室外计算参数

第2.0.1条 围护结构冬季室外计算温度的确定。

本规范提出的确定围护结构冬季室外计算温度的原则和方法，是在吸取原苏联《建筑热工规范》关于确定围护结构冬季室外计算温度规定的合理部分，并综合国内近年来对这一问题研究成果的基础上提出的。确定围护结构冬季室外计算温度的基本原则是：根据围护结构的热惰性指标D值不同，取不同的室外计算温度，以保证不同D值的围护结构，在室内温度保持稳定、室外温度从各自的计算温度降至当地最低一个日平均温度的条件下，在围护结构内表面上引起的温降都不超过1℃，内表面最低温度都不低于露点温度。确定围护结构冬季室外计算温度的具体方法是：根据围护结构D值不同，将围护结构分成四种类型，然后按本规范第二章表2.0.1的规定取不同的室外计算温度。

第2.0.2条 围护结构夏季室外计算温度的确定。

围护结构夏季室外计算温度用于计算确定围护结构的隔热厚度。这一隔热厚度应能满足在夏季较热的天气条件下，其内表面温度不致过高，内表面与人体之间的辐射换热不致过重，并能被大多数的人们所接受。本规范根据我国30多年的气象资料，取历年（连续25年中的每一年）最热一天（日平均温度最高的一天）来代表夏季较热天气。具体做法是：夏季室外计算温度按历年夏季平均温度的平均值来确定；夏季室外计算温度最高值按历年最热一天的最高温度的平均值确定;夏季室外计算温度波幅值按室外计算温度最高值与室外计算温度平均值的差值确定。

第2.0.3条 夏季太阳辐射照度的取值。

夏季太阳辐射照度使用于围护结构隔热计算,其取值原则上应与夏季室外计算温度的取值相配合,亦即取历年最热一天的太阳辐射资料的累年平均值,因此取各地年平均值作为基础来统计。但考虑到这样统计比较麻烦,总量和相应日期总辐射日总量最大直射辐射日逐时计算分别确定东、南、西、北垂直面和水平面上地方太阳时逐时的太阳辐射照度及昼夜平均值,全国15个城市夏季太阳辐射照度已列入本规范附录三附表3.3,在进行围护结构隔热计算时可以直接采用。

第三章 建筑热工设计要求

第一节 建筑热工设计分区及设计要求

第3.1.1条 关于建筑热工设计分区及相应的设计要求。

由于这一分区适用于建筑热工设计,故称建筑热工设计分区。这一分区是根据建筑热工设计的实际需要,以及与现行有关标准规范相协调,分区名称要直观简贴切等要求制订的。由于目前建筑热工设计主要涉及冬季保温和夏季隔热,主要与冬季和夏季的温度状况有关。因此,用累年最冷月(即一月)和最热月(即七月)平均温度作为分区主要指标,累年日平均温度$<5℃$和$>25℃$的天数作为辅助指标,将全国划分成五个区,即严寒、寒冷、夏热冬冷、夏热冬暖和温和地区(见本规范附录八),并提出相应的设计要求。

《建筑气候区划标准》GB50178—93中的建筑气候区划,适用于工业与民用建筑的规划、设计与施工,适用范围更广,涉及的气候参数更多。该标准以累年一月和七月平均气温、七月平均相对湿度等作为主要指标,以年降水量、年日平均气温$<5℃$和$>25℃$的天数等作为辅助指标,将全国划分成七个一级区,即Ⅰ、Ⅱ、Ⅲ、Ⅳ、Ⅴ、Ⅵ、Ⅶ区,在一级区内,又以一月、七月平均气温、冻土性质、最大风速、年降水量等指标,划分成若干二级区,并提出相应的建筑基本要求。由于建筑热工设计分区和建筑气候区划(一级区规定仅对建筑师起提示作用。

第3.2.3条 对严寒和寒冷地区居住和公共建筑楼梯间、外廊和入口处设计的要求。

在严寒和寒冷地区居住建筑中，采用开敞式楼梯间和开敞式外廊、公共建筑入口处不设门斗或热风幕等避风设施，对保证室内热环境要求和节约采暖能耗都十分不利，但影响的程度是有所不同，故对严寒和寒冷地区采用了不同的用词。

第3.2.4条 对建筑物外部窗户和窗户密闭性提出的原则性要求。

通过建筑物外部窗户既有太阳辐射得热，也有传热和冷风渗透热损失，但就整个采暖期来说，窗户仍是一个失热构件，即使南窗也是如此。此外，窗户与外墙相比，其单位面积热损失也要大得多。计算表明，在北京地区采用单层钢窗的情况下，窗户单位面积传热热损失为同一朝向37cm砖墙的倍数：南向约为2.2倍，东、西向约为3.2倍，北向约为3.7倍。在哈尔滨地区采用双层钢窗的情况下，窗户单位面积传热热损失为同一朝向49cm砖墙的倍数：南向约为1.5倍、东、西向约为2倍、北向约为2.3倍。如果窗户有邻近建筑物或上部阳台遮挡，并考虑冷风渗透的影响，则窗户与外墙相比就更为不利。此外，在冬季大风天气，通过窗户缝隙的冷风渗透，还会造成室温的急剧下降和波动。因此，本条提出窗户面积不宜过大，并尽量减少窗户缝隙长度，加强窗户的密闭性，是十分必要的。对窗户面积的限制具体规定见本规范第四章第4.4.5条。

第3.2.5条 本条规定是为了保证外墙、屋顶、直接接触室外空气的楼板和不采暖楼梯间等的隔墙等围护结构满足最低限度的保温要求。

划）的划分主要指标一致，因此，两者的区划是相互兼容、基本一致的。建筑热工设计分区中的严寒地区，包含建筑气候区划图中的全部Ⅰ区、Ⅱ区，以及Ⅵ区中的ⅥA、ⅥB、Ⅶ区中的ⅦA、ⅦB、ⅦC；建筑热工设计分区中的寒冷地区，包含建筑气候区划图中的全部Ⅱ区，以及Ⅵ区中的ⅥC、Ⅶ区中的ⅦD；建筑热工设计分区中的夏热冬暖、温和地区，与建筑气候区划图中的Ⅲ、Ⅳ、Ⅴ区完全一致。

第二节 冬季保温设计要求

第3.2.1条 对建筑物设置的地段和主要房间的布局提出的原则性要求。

建筑物设在避风和向阳地段，可以减少冷风渗透并争取较多的日照，但在实践中由于规划上的限制，不可能全部做到，故在用词上采用"宜"。

第3.2.2条 对建筑物体形设计的要求。

建筑物外表面积减少，对约采暖能耗有较大意义。建筑物外表面积与其所包围的体积之比称为体形系数。体形系数愈小，对节约采暖能耗愈有利。目前我国普遍采用的单元式多层住宅，当为4个单元6层楼时，体形系数一般在0.28～0.30左右；当为4个单元3层楼时，体形系数将增至0.34左右；当为点式平面6层楼时，体形系数将增加0.36左右，采暖能耗将增加11%左右；采暖能耗增加20%左右；3层楼时，体形系数将为0.42左右，采暖能耗增加33%左右。可见采暖能耗随体形系数的增加而急剧增加。对于在民用建筑中占70%以上的居住建筑来说，适当限制其体形系数是必要的。但是，为了避免建筑物外形千篇一律，就不能对建筑物的体形系数作出硬性规定。本条线、造价高和维修困难等不利影响，因此，在建筑设计中应谨慎对待，宜结合外廊、阳台、挑檐等处理达到遮阳目的。此外、活动百叶窗帘、反射阳光涂膜和热反射玻璃等，也是近年来被日益广泛采用的遮阳材料。

第3.3.4条 建筑物夏季隔热的关键部位在屋顶和东、西外墙。保证这些部位的内表面温度满足隔热设计标准的要求，是围护结构隔热设计的主要任务。

第3.3.5条 在夏热冬暖地区和夏热冬冷地区的建筑中，潮霉季节地面冷凝泛潮现象普遍存在，底层地面特别严重。地面下部采取隔热措施，以及减少冷凝现象。地面面层材料的选择也十分重要，光滑而密实的面层，如水磨石和水泥地面等，虽然耐磨和便于清洁，但容易冷凝泛潮。相反，采用微孔吸湿材料，如微孔地面砖、大阶砖等作面层时，则效果较好。医院、病房等场所，从防止地面冷凝泛潮的角度考虑，也宜采用微孔吸湿材料。但对清毒和消毒不利，故一般仍采用水磨石等地面。居室和托幼等场所的地面面层，则宜采用微孔吸湿材料。

第四节 空调建筑热工设计要求

第3.4.1条 本节中的空调建筑系指一般民用，亦即舒适性空调建筑或空调房间。对于过类空调建筑或空调房间，为了降低空调负荷及改善室内热环境条件，应尽量避免东、西朝向和东、西向窗口。计算机动态模拟试验结果表明，当窗墙面积比为0.30时，东、西向房间与南、北向房间相比，设计日冷负荷（系指在空调设计条件下，逐时冷负荷的峰值）要大37%～67%，运行日冷负荷（系指在夏季空调期

弱外墙中嵌入散热器、管道、壁龛等，削弱了这部分墙体的保温能力，使热损失大大增加，散热器不能发挥应有的效能，因此本条作出了限制性规定。

第3.2.7条 对热桥部位保温应采用的原则性要求。

外墙和屋顶中的各种接缝和混凝土或金属构件嵌入热桥，在建筑构造上往往难于避免，如果不作适当的保温处理，不但使房间热损失增加，而且这些部位可能出现结露、长霉，影响使用。因此，本条规定对这些部位应认真进行保温验算，并采取保温措施。

第三节 夏季防热设计要求

第3.3.1条 在我国目前的技术经济条件下，建筑物内部不可能普遍设置空调设备，而是采取各种建筑措施来达到夏季防热的目的。实践证明，只有采取综合性的建筑措施，主要包括自然通风、窗户遮阳、围护结构隔热和环境绿化，才能取得较好的防热效果。

第3.3.2条 建筑物的总体布置，单体的平、剖面设计和门窗的设置，应有利于自然通风，并尽量避免主要房间受东、西向窗的日晒，这些是夏季防热措施中的主要措施，因此作出了本条规定。

第3.3.3条 直射阳光通过向阳面，特别是东、西向窗户进入室内，是造成室内过热的主要原因。为了有效地遮挡直射阳光，并尽量兼顾采光、通风、视野等功能，遮阳的形式和材料要适当。例如，南向和北向（在北回归线以南的地区），宜采用水平式遮阳，东北、北和西北向，宜采用垂直式遮阳；东南和西南向，宜采用综合式遮阳；东、西向，宜采用挡板式遮阳。固定式遮阳往往具有挡风、挡光、挡视

间，为维持恒定室温而必须从房间中除去的热量）要大22%～46%。此外，通过窗户进入室内的直射阳光也将使室内热环境条件大大恶化。

第3.4.2条 空调房间集中布置，上下对齐、温湿度要求相近的房间相邻布置，可以减少传热面积，有利于降低空调负荷，节约设备投资和建造费用，并便于维护管理。

第3.4.3条 本条规定有利于空调房间室温稳定，并有利于降低空调负荷。

第3.4.4条 顶层房间因屋顶接受的太阳辐射热较多而使空调负荷大大增加。例如，同样的南北向房间，窗墙面积比为0.30，顶层与非顶层相比，设计日冷负荷要大22%～93%，运行负荷要大23%～96%。为了降低空调负荷，应避免在顶层布置空调房间；如必须在顶层布置，则应有良好的隔热措施，如加大热阻或设置通风间层等。

第3.4.5条 在满足使用要求的前提下，降低空调房间的层高，实质上是减少外墙和窗户这些传热面积，降低空调投资，降低空调负荷和运行费用都有利。

第3.4.6条 减少空调建筑的外表面积，可以降低空调负荷。外表面采用浅色饰面，可以减少外表面对太阳辐射热的吸收量。例如，浅黄或浅绿色深色表面要少吸收30%左右的太阳辐射热。

第3.4.7条 建筑物外部窗户面积对空调负荷的影响很大，基本上呈线性递增关系。目前国内存在着为追求建筑物外表美观而采用大面积玻璃窗的倾向，这对节约空调能耗十分不利。动态模拟试验结果表明，各朝向单层窗的情况下，窗墙面积比从0.30增至0.50，运行负荷的设计日冷负荷要增加25%～42%，运行负荷要增加17%～25%。事实

上，窗墙面积比为0.30，对于房间开间为3.3m，层高为2.8m的墙面，窗户尺寸已达1.5m×1.8m；对于开间为3.9m，层高为2.8m的墙面，窗户尺寸已达1.5m×2.1m。这样的窗户面积已不算小了。当采用双层窗或单框双玻窗时，由于窗框遮阳面积增加，窗户传热系数变小，对降低空调负荷有利。在这种情况下，窗墙面积比从0.30增至0.40，空调负荷不致增加，或增加很小，但若窗墙面积比进一步加大，则空调负荷将逐步上升。

本条规定主要适用于居住建筑，如住宅、集体宿舍、旅馆、宾馆、招待所的客房，以及医院和病房等场所。对于特殊的公共建筑，在窗户采取良好的保温隔热和遮阳措施的情况下，窗墙面积比可不受本条规定的限制。

第3.4.8条 向阳面，特别是东、西向窗户，采取有效的遮阳措施，如热反射玻璃、反射阳光涂膜，各种固定或活动式遮阳措施，是减少太阳辐射得热，降低空调负荷，改善室内热环境条件的重要措施。

第3.4.9条 建筑物外部门窗的气密性对空调负荷有显著影响。例如，当房间的换气次数由每小时0.5次增至1.5次时，设计日冷负荷将增加41%，运行负荷将增加27%。《建筑外窗空气渗透性能分级及其检测方法》GB7107—86规定，当窗户试件两侧空气压力差为10Pa，窗户每米缝长的空气渗透量 $q_0 < 2.5m^3/(m \cdot h)$ 时，其气密性等级属于Ⅲ级。国产标准型气密钢窗、推拉铝窗以及平开铝窗等，均能满足这一要求。

第3.4.10条 舒适性空调房间，部分或全部窗扇可以开启，便于夜间利用自然通风降温，从而达到节约空调能耗和改善室内卫生条件的目的。这是一种简便易行的措施，舒

适性空调房间如有频繁开启的外门，将使空调负荷大幅度增加，而且室温也难以保持在允许的范围内。因此作出了本条规定。

第 3.4.12 条 间歇使用的空调建筑，如办公楼、商业建筑等，其室外围护结构内侧及内围护结构采用轻质材料，有利于在较短的时间内达到所要求的室温；相反，在连续使用的空调建筑，特别是室温允许波动范围较小的空调建筑，其外围护结构内侧及内围护结构采用重质材料较为有利。

在进行夏季空调建筑围护结构防潮设计时，应注意蒸汽渗透的方向是由外向内，因此，蒸汽渗透阻大的材料层或隔汽层应设在外侧。

第四章 围护结构保温设计

第一节 围护结构最小传热阻的确定

第 4.1.1 条 围护结构最小传热阻的确定方法。

设置集中采暖建筑物围护结构的传热阻应根据技术经济比较确定，且应符合有关国家节能标准的要求，其最小传热阻应按本规范第 (4.1.1) 条式 (4.1.1) 计算确定。

最小传热阻系指围护结构在规定的室外计算温度和室内计算温湿度条件下，为保证围护结构内表面温度不低于室内空气露点，从而避免结露，同时避免人体与表面之间的辐射换热过多而引起的不舒适感所需的传热阻。

确定围护结构最小传热阻的计算式如下：

$$R_{0 \cdot min} = \frac{(t_i - t_e)n}{[\Delta t]} R_i \qquad (4.1.1)$$

从形式上看，式 (4.1.1) 是稳定传热计算式。但是，实际上已考虑了室外温度波动对内表面温度的影响。因为式中的冬季室外计算温度 t_e 是根据围护结构的热惰性指标 D 值不同而采取不同的值，以便使 D 值较小、亦即抗干扰室外温度波动能力较小的围护结构，能求得较大的传热阻；反之亦然。这些具有不同传热阻的围护结构，不论 D 值大小，不仅在各自的室外计算温度条件下，其内表面温度都能满足要求，而且当室外温度计算温度偏离其计算温度降至当地最低一个日平发点。计算中应考虑最不利情况，即取较大的室温波幅值作为允许波幅值。在连续供暖条件下，在重型和中型结构建筑中，取室温允许波幅 $A_{ti}=2.0℃$；在轻型结构建筑中，取室温允许波幅 $A_{ti}=2.5℃$。在间歇供暖条件下，在重型和中型结构建筑中，取室温允许波幅 $A_{ti}=3.0℃$；在轻型结构建筑中，取室温允许波幅 $A_{ti}=3.5℃$。

对于平屋顶和坡屋顶顶棚，由于本规范第4.1.1条表4.1.1-2规定的允许温差 $[\Delta t]$ 值较小，其内表面温度已能达到 12.5～14℃。在上述的室温允许波幅条件下，已能保证内表面最低温度不低于室内空气露点，因此，其最小传热热阻可直接按式(4.1.1)求得，而不再需要附加。但对于外墙，由于规定的允许温差 $[\Delta t]$ 值较大，其内表面温度只能达到 11～12℃。在上述的室温允许波幅条件下，其内表面最低温度有可能低于室内空气露点温度，因此，其最小传热热阻应在按式(4.1.1)求得值的基础上进行附加。由于砖墙等重型结构外墙其内侧允许波幅条件下，其内表面最低温度不致低于室内空气露点温度，因此，其最小传热阻也不必进行附加。但是，在采用轻质外墙情况下，其内侧抵抗温度波动的能力较弱，在上述温度波动条件下，其内表面最低温度不低于室内空气露点温度，为了保证其内表面最低温度不低于室内空气露点温度，热阻有必要在按式(4.1.1)求得值的基础上按适度热阻进行附加。

表4.1.2 轻质外墙供暖和间歇供暖两种情况下求得的室内空气露点温度而求得的。考虑到这些轻质外墙的密度或平均密度在一定范围内取值。密度或平均密度较小的，应取较大的附加值。

均温度时，其内表面温度偏离其平均值向下的温降也不会超过1℃，也就是说，这些不同类型围护结构的内表面最低温度将达到大体相同的水平（参见第2.0.1条说明）。

式中的 t_i 为冬季室内计算温度，假定室温保持稳定不变。

式中的 n 为室内外温差修正系数，是考虑围护结构受室外冷空气的影响程度不同而采取的修正系数。

式中的 $[\Delta t]$ 为室内空气与内表面之间的允许温差。对于居住建筑和公共建筑的外墙，其内表面温差不仅能够满足卫生要求，而且也能满足不结露要求，相对湿度不能超过60%；对于重型屋顶和坡屋顶顶棚，由于规定的允许温差 $[\Delta t]$ 值较高（在计算条件下，内表面温度可达 12.5～14℃），因此，室温若在允许波幅范围内波动，内表面一般是不会出现结露的。

第4.1.2条 轻质外墙最小传热热阻附加值的规定。

如上条所述，按式(4.1.1)计算确定围护结构最小传热热阻时，假定室内计算温度保持稳定不变，但在我国目前的供暖条件下，无论是连续供暖，还是间歇供暖，室温总是有某种程度的波动的。据调查，在连续供暖条件下，在砖混等重型结构建筑中，室温的波幅值为 $1～2℃$；在加气混凝土等轻型结构建筑中，室温的波幅值为 $2～2.5℃$。在间歇供暖条件下，在重型和中型结构建筑中，室温的波幅值为 $2～3℃$；在轻型结构建筑中，室温的波幅值为 $2.5～3.5℃$。室温的波动引起内表面温度的波动，保证室内表面温度不低于室内空气的露点温度，这就是确定围护结构最小传热热阻附加值的基本出现以北京地区居住建筑中采用轻质外墙为例，来说明最小传热阻附加的必要性和现实性。当外墙采用 $\rho_o=1100\text{kg}/\text{m}^3$，$\lambda=0.44\text{W}/(\text{m}\cdot\text{K})$ 的粉煤灰陶粒混凝土墙板时，若最小传热阻不附加，则墙板厚度为 0.19m，在 $A_{ti}=2.0℃$ 条件下，其内表面最低温度为 9.5℃（室内空气露点温度为 10.1℃）；若最小传热阻附加 20%，则墙板厚度为 0.23m，在 $A_{ti}=2.0℃$ 条件下，其内表面最低温度为 10.2℃；若附加 40%，则墙板厚度为 0.29m，在 $A_{ti}=3.0℃$ 条件下，其内表面最低温度为 10.6℃。当外墙采用 $\rho_o=500\text{kg}/\text{m}^3$，$\lambda=0.24\text{W}/(\text{m}\cdot\text{K})$ 的加气混凝土墙板时，若最小传热阻不附加，则墙板厚度为 0.10m，在 $A_{ti}=2.5℃$ 条件下，其内表面最低温度为 8.6℃；若附加 30%，则墙板厚度为 0.14m，在 $A_{ti}=2.5℃$ 条件下，其内表面最低温度为 10.1℃；若附加 60%，则墙板厚度为 0.19m，在 $A_{ti}=3.5℃$ 条件下，其内表面最低温度为 10.1℃。当外墙采用石膏板、矿棉、石膏板、空气间层、钢筋混凝土薄墙板构成的轻质复合墙板时，若最小传热阻不附加，则矿棉层的厚度为 0.011m；若附加 40%，其内表面最低温度为 9.0℃；若附加 40%，则矿棉层厚度为 0.024m，在 $A_{ti}=2.5℃$ 条件下，其内表面最低温度为 10.4℃；若附加 80%，则矿棉层厚度为 0.038m，在 $A_{ti}=3.5℃$ 条件下，其内表面最低温度为 10.7℃。可见，当采用轻质外墙时，最小传热阻不附加，其厚度不足以满足最低限度的保温要求；按表 4.1.2 的规定附加，内表面最低温度附加，度均已高于室内空气露点温度，在实践中是完全可行的。

第 4.1.3 条 处在寒冷和夏热冬冷地区，且设置集中采暖的居住建筑和医院、幼儿园、办公楼、学校、门诊部等公共建筑，当采用Ⅲ、Ⅳ型围护结构时，要满足冬季保温要求并不困难，但要满足夏季隔热要求就比较困难。例如在北京地区，当采用加气混凝土外墙时，其传热阻达到 $0.77\text{m}^2\cdot\text{K}/\text{W}$，厚度为 0.14m，即可满足冬季保温要求，但要满足夏季隔热要求，其传热阻至少应达到 $0.88\text{m}^2\cdot\text{K}/\text{W}$，厚度为 0.175m，当采用加气混凝土条板屋顶时，其传热阻达到 $0.88\text{m}^2\cdot\text{K}/\text{W}$，厚度为 0.175m，即可满足冬季保温要求，但要满足夏季隔热要求，其传热阻至少应达到 $1.29\text{m}^2\cdot\text{K}/\text{W}$，厚度为 0.25m。这是因为屋顶和Ⅳ型围护结构的热稳定性较差，特别是作为屋面顶的东、西外墙时，在夏季室内外温度波作用下，内表面温度容易升得较高，因此有必要对它们进行夏季隔热验算。如经验算按夏季冬季保温的传热阻大于按冬季保温要求的最小传热阻，则应按夏季隔热要求采用。

第二节 围护结构保温措施

第 4.2.1 条 提高围护结构热阻值的措施。

提高热阻值是提高围护结构保温性能的主要措施。这里列出的几条措施经国内外实践证明行之有效，但构造设计和施工方法要适当。例如，构造设计上应避免贯通的热桥，空气间层应封闭，复合结构中的保温材料应避免施工水、雨水和冷凝水的浸湿等。

第 4.2.2 条 提高围护结构热稳定性的措施。

提高围护结构的热稳定性是提高其保温性能的另一措施。对于居住建筑和要求室温稳定的公共建筑，在采用轻型结构和复合结构时，特别要注意提高其热稳定性。这里提出的两条措施，有利于提高轻型结构和复合结构的热稳定性，从而可以充分发挥轻质材料各自的优点，用较薄的保温材料取得较好的保温效果。此外，提高围护结构的热稳定性对改善普通房间的热稳定性也是有益的。

第三节 热桥部位内表面温度验算及保温措施

第4.3.1条 围护结构的热桥部位系指散入墙体的混凝土或金属梁、柱，墙体和屋面板中的混凝土肋或金属肋件，装配式建筑中的板材接缝以及墙角，屋顶檐口，墙体勒脚，楼板与外墙，内隔墙与外墙联接处等部位。这些部位保温薄弱，热流密集，内表面温度较低，可能产生部位不同的结露和长霉现象，影响使用和耐久性。在进行保温设计时，应对这些部位的内表面温度进行验算，以便确定其是否低于室内空气露点温度。

第4.3.2条 为了确定室内空气露点温度，有必要对室内空气相对湿度的取值作出规定。

第4.3.3条 所列的围护结构中常见五种形式热桥的内表面温度计算公式引自原苏联《建筑热工规范》CHиПII-3-79，并经国内用导电纸热电模拟试验验证，认为修正系数 η 值是合适的，故本规范予以采用。

第4.3.4条 在我国的墙体改革中，曾采用陶粒混凝土等轻骨料混凝土单一材料墙体。由于吸热面小、散热面大，热流由内向外扩散，在外墙角处，形成热桥，容易出现结露。因此，本规范提出要求这一部位的内表面温度。验算的程序是，先根据外墙角处内表面温度 θ_i'，确定比例系数 ξ，然后计算内侧最小附加热阻 $R_{ad\cdot min}$，计算

中，不论围护结构轻重程度如何，室外计算温度 t_e 均按 I 型围护结构采用。也就是说，这一计算结果能保证在适当地室外采暖计算温度条件下，外墙角处内表面不会出现结露，本规范可不解列举。

第4.3.5条 围护结构中热桥的形式多种多样，则应通过模拟试验或解温度场的方法，验算其内表面温度。当内表面温度低于室内空气露点温度时，应在热桥部位的外侧或内侧采取保温措施。

第四节 窗户保温性能、气密性能和面积的规定

第4.4.1条 关于窗户（包括一般窗户、天窗和阳台门上部带玻璃部分）传热系数的取值。

《民用建筑热工设计规程》JGJ24—86 中表4.4.1 窗户总热阻（现改称传热阻）和总传热系数（现改称传热系数）是根据《采暖通风设计手册》1973年修订第二版的数据编制的。这些数据是50年代从苏联引进的，在我国已沿用多年。80年代初期，我国开始建立标定热箱法测定窗户保温性能试验装置，并于1987年颁布了国家标准《建筑外窗保温性能分级及其检测方法》GB8484—87。按这一标准，对我国常用单、双层钢窗和木窗，以及近年来大量涌现的铝窗、塑料窗、单框双玻窗和单框金属窗等100多樘窗户进行测定的结果表明，这些窗户的传热系数与《规程》值相比，对于金属单层窗和单框双玻窗，测定值与《规程》值接近；对于双层金属窗和木窗，测定值比《规程》值要小16%～39%。我国的测定值与国外一些国家（如美国、英国、德国、日本等国家）的数据相比，单层窗的测定值与国外数据接近；单框双玻窗的测定值与国外数据比国外数据要小一些。这是由于我国标准试验

部及单层阳台门下部加 20mm 左右的聚苯乙烯泡沫塑料或岩棉板的保温水平。

第 4.4.4 条 关于居住建筑窗户气密性的规定。

我国从 60 年代中期开始，逐步采用空腹和实腹钢窗代替木窗。由于窗型设计上的缺陷，以及制作和安装质量较差，使得窗户的气密性质量普遍较差。在采暖建筑中，通过窗户缝隙的空气渗透热损失约占建筑物全部热损失的 25% 以上。在大风降温天气，特别是在中高层和高层建筑中，室温将急剧下降或波动。在多风沙地区，室内有大量尘土进入。为了节约采暖能耗，改善室内热环境和卫生条件，迫切需要提高窗户的气密性。但是，提高窗户气密性又与保持室内空气适当的洁净度和相对湿度有矛盾。窗户过于密闭，将导致室内空气混浊，相对湿度过高。在我国目前建筑物内尚不能普遍设置机械换气设备和热气系统的条件下，采用具有适当气密性的窗户是经济合理的。

通过窗户缝隙的空气渗透是由风压和热压共同作用而引起的。室外风速越大，建筑物越高，风压和热压的作用越强。因此，本条对窗户气密性的规定，按冬季室外平均风速大于或等于 3.0m／s 和小于 3.0m／s 两类地区及建筑物 1～6 层和 7～30 层两种高度分别作出规定。实际上，建筑物的遮挡情况，建筑物的平面布置，朝向，高度，室内外温差的波动，以及风的随机性等因素，都会对热压和风压产生影响。因此，本条规定实际上只能起到某种宏观控制作用。

通过近年来的努力，我国已制订了国家标准《建筑外窗空气渗透性能分级及其检测方法》GB7107—86，对窗户空气渗透性能分级作出了规定（表4.4.4），并已建立了国家建

方法（GB8484—87）中，试件热侧采用接近实际情况的自然对流，表面换热系数较小所致；而国外一些国家的标准试验方法中，热侧一般采用强迫对流。表面换热系数偏大。因此，按我国标准试验方法测定的窗户传热系数是切合实际因而是比较合理的。我国国家建筑工程质量监督检测中心门窗检测部已于 1987 年成立，并通过国家计量认证。因此，本条规定：窗户的传热系数采用，当无上也已成立门窗质检机构。因此，本条规定：窗户的传热系数采用，当无上述按经国家计量认证的质检机构提供的测定值时，可按表 4.4.1 采用。表 4.4.1 中的数据是根据近年来国家建筑工程质量监督检测中心门窗检测部积累的 100 多樘窗户传热系数测定值归类统计的结果。这些数据在同类窗户中具有代表性。

第 4.4.2 条 关于严寒和寒冷地区居住建筑和公共建筑窗户（包括阳台门上部带玻璃部分）保温水平的规定。窗户是当前建筑保温中的一个薄弱环节。在国外发达国家的采暖建筑中，一般都不用单层窗，但在我国目前的经济条件下，要把采暖建筑中的单层窗全部改为双层窗或单框双玻璃窗是难以做到的。根据这一实际情况，本规范对居住建筑和公共建筑窗户的保温性能作出如下规定：严寒地区，不应低于《建筑外窗保温性能及其检测方法》GB8484—87规定的 II 级水平 [$K>2.00$，$<3.00W／(m^2·K)$]；寒冷地区各向窗户，不应低于 V 级水平 [$K>5.00$，$<6.40W／(m^2·K)$]、北向窗户宜达到 IV 级水平 [$K>4.00$，$<5.00W／(m^2·K)$]。

第 4.4.3 条 关于阳台门下部门肚板部分传热系数的规定：严寒地区，$K<1.35W／(m^2·K)$；寒冷地区，$K<1.72W／(m^2·K)$。这实际上相当于在双层阳台门内层门下

下，即使在最冷的一月份，南向窗户的太阳辐射得热量约占通过窗户向外热损失的61%，就整个采暖期平均来说，通过窗户向外热损失的占有不同朝向的窗墙面积比例可达77%。因此，不同朝向窗户应有不同的窗墙面积比，以便使不同朝向房间的热损失达到与大体相同的居住建筑各各朝向的窗墙面积比是这样确定的：

1. 首先假定一个基准居室：开间×进深×层高＝3.3×4.8×2.8m。朝向为北向。窗墙面积比按采光要求确定，取0.2。外墙按其热惰性指标 D 值分四种类型给出最小传热阻。窗户按本规范第 4.4.2 条规定采用。这一居室窗户和外墙采暖期平均热损按下式计算：

$$Q_{om(G+w)} = 0.2 K_G \cdot \Delta t_{meG} + 0.8 K_w \cdot \Delta t_{meW}$$

式中 $Q_{om(G+w)}$——基准居室窗户和外墙采暖期平均热损失，即基准热损失；

K_G——窗户传热系数，W／（m²·K）；

K_w——外墙传热系数，W／（m²·K），取 $K_w = 1/R_{o.min}$，$R_{o.min}$ 为最小传热阻；

Δt_{meG}——窗户采暖期室内外空气平均当量温差（℃）；

Δt_{meW}——外墙采暖期室内外空气平均当量温差（℃）。

这一基准热损失因地区、窗户类型和层数、外墙热惰性指标不同而有不同的值。

2. 其他朝向居室窗户和外墙采暖期平均热损失按下式计算：

$$Q_{m(G+w)} = K_G \cdot \Delta t_{meG} \cdot X + K_w \cdot \Delta t_{meW}(1-X)$$

式中 X——窗户在整个立面单元中所占的比例，即窗墙面积比；

筑工程质量监督检测中心门窗检测部，具备了窗户气密性检测条件，特别是我国实行改革开放以来，从国外引进了门窗生产先进技术和设备，科研与生产结合，节能与质量意识的提高，促使门窗行业蓬勃发展，新型气密窗和改进型气密窗得到了重视和发展，门窗气密性质量有了显著提高。测试结果表明，改型空腹钢窗的空气渗透性能等级已达到IV级水平，标准型气密钢窗、推拉铝窗等已达到III级水平，国标气密条密封窗、平开铝窗、塑料窗、单框双玻钢塑复合窗等已达到I、II级水平。因此，在我国采暖建筑中采用气密性质量较好的窗户不但需要，而且已有可能。

国标 GB7107—86 对窗户

空气渗透性能的分级　　　表4.4.4

空气渗透性能等级	I	II	III	IV	V
空气渗透量下限值（m³／（m·h·10Pa））	0.5	1.5	2.5	4.0	5.5

第 4.4.5 条 关于居住建筑各朝向窗墙面积比的规定。

窗墙面积比系指窗户洞口面积与房间立面面积（即房间层高与开间定位线围成的面积）的比值。据调查，北京市和东北三省居住建筑的窗墙面积比已从建国初期的0.19增至目前的0.35左右，并有进一步增大的趋势，这种情况需要具体分析。在我国传统民居中，南向开窗面积较大，北向住在不开窗或开小窗。这是利用日照，改善热环境，节约采暖能耗的有效办法。传热计算和分析表明，在北京地区采用单层钢窗情况下，南向窗户的太阳辐射得热量约占通过窗户向外热损失的52%～59%，东西向窗户的太阳辐射得热量约占通过窗户向外热损失的10%～13%。在沈阳地区采用双层钢窗情况下，南向窗户的太阳辐射得热量约占定。

采暖建筑地面热工性能直接影响在其中生活和工作的人们的健康与舒适。地面的热工性能用其吸热指数 B 值来反映。B 值大的地面，表明其从人体脚部吸走的热量较多，脚部感觉较冷；反之亦然。保证地面必要的热工性能，减少地面对人体脚部的吸热，是当前严寒和寒冷地区采暖建筑中急待解决的问题。本规范从我国的计算分析资料，并根据调查测定和计算得出了规定。本条提出按地面吸热指数 B 值的类别和要求作出了规定。将采暖建筑地面热工性能划分成三个类别（本规范附录4.5.1）。地面吸热指数 B 值的计算方法见本规范附录二中的表（三）。

第 4.5.2 条　关于不同类型采暖建筑对地面热工性能要求的规定。

考虑到我国目前的经济水平，本条未作硬性规定，在引用上采用"可"和"宜"两种。"宜"表示在条件许可时首先应这样做；"可"与"允许"同义。

第 4.5.3 条　关于严寒地区采暖建筑底层地面周边设置保温层的规定。

在严寒地区，当建筑物周边无采暖管沟时，在外墙内侧0.5～1.0m 范围内，地面温度往往很低，不但增加采暖能耗，而且有碍卫生，影响使用和耐久性。因此，本条对这部分地面周边应作出了规定。

(1-X)——外墙在整个立面单元中所占的比例。

3. 为了控制其他朝向居室的热损失，使之达到与基准居室大体相同的水平，则应按下式计算：

$$Q_{m(G+W)} < Q_{om(G+W)}$$

整理上式即得：

$$X \leq \frac{Q_{om(G+W)} - K_W \cdot \Delta t_{meW}}{K_G \cdot \Delta t_{meG} - K_W \cdot \Delta t_{meW}}$$

这就是不同朝向窗墙面积比的计算公式。计算中采用了"当量温差"这一概念，即考虑了窗户和外墙的太阳辐射得热。当给出采暖期不同朝向的太阳辐射照度，窗户传热系数、太阳辐射透过系数和结霜系数，以及四种类型外墙的最小传热阻等参数，即可按上式求得不同朝向的窗墙面积比。

本条一，当外墙传热阻按式 (4.1.1) 计算确定，即达到最小传热阻时，不同朝向允许达到的窗墙面积比。

本条二，当建筑设计上需要增大窗墙面积比时，则应采用比最小热阻大一些的传热阻（在本规范附录五附表 5.1和附表 5.2 中粗实线以下可以找到这些数值）；当实际采用的外墙传热热阻大于最小传热阻时，则窗墙面积比可以相应加大（即在本规范附录五附表 5.1 和附表 5.2 中取与粗实线以下数值相对应的窗墙面积比）。

由于木窗的传热系数大于小钢窗，太阳辐射的透过系数也有所不同，因此，不同朝向的窗墙面积比的数值也会有所差别，但总的来看差别不大。为简化起见，木窗也按钢窗考虑。这样做对节约采暖能耗也是有利的。

第五节　关于采暖建筑地面热工要求

第 4.5.1 条　关于采暖建筑地面热工性能类别划分的规定

第五章 围护结构隔热设计

第一节 围护结构隔热设计要求

第 5.1.1 条 关于围护结构隔热设计标准的规定。

在我国夏热冬暖、夏热冬冷地区，以及部分寒冷地区的民用建筑中，夏季大都利用自然通风来改善室内热环境。在自然通风情况下，建筑物的屋顶和屋东、西外墙夏季的隔热设计究竟应采用什么样的标准，这是一个分复杂而又急待解决的问题。通过对近年来有关这一问题研究成果的比较分析和反复复讨论，大多数人认为，采用本规范这（5.1.1）作为隔热设计标准较为合理。因为用内表面最高温度作为评价指标，既能反映围护结构隔热的本质，又便于实际应用。内表面最高温度满足式（5.1.1）的要求，实际上就是大体上达到 24 砖墙（清水墙，内侧抹 2cm 石灰砂浆）的隔热水平。

应该指出，由于各地夏季气候类型的不同（气温日较差及太阳辐射照度等的不同），同样形的 24 砖墙（西墙），在当地夏季室外计算条件下，其内表面最高温度并不正好等于当地夏季室外计算温度最高值。一般来说，夏季室外计算温度波幅值较大的地区（例如重庆地区，$A_{te}=5.7℃$），24 砖墙（西墙）内表面最高温度要比当地夏季室外计算温度最高值约低1℃；夏季室外计算温度波幅较小的地区（例如广州地区，$A_{te}=4.5℃$），24 砖墙（西墙）内表面最高温度要比当地夏季室外计算温度最高值约低 0.5℃。因此，按式

（5.1.1）验算时，若取 $\theta_{i \cdot max}=t_{e \cdot max}$，则实际上并未完全达到 24 砖墙的隔热水平。考虑到这一情况，在实际执行本标准时，一般来说，应尽量使所设计的屋顶和外墙的内表面最高温度低于当地夏季室外计算温度最高值。

第二节 围护结构隔热措施

第 5.2.1 条 关于围护结构的隔热措施。

所提出的七种隔热措施，经测试和实际应用证明行之有效，有些措施隔热效果显著，但应注意因地制宜，适当采用，如通风屋顶中的兜风檐口，宜在夏季多风地区采用，蓄水屋顶和植被屋顶，使用时应加强管理等。

第六章 采暖建筑围护结构防潮设计

第一节 围护结构内部冷凝受潮验算

第6.1.1条 关于何种类型的结构应进行内部冷凝受潮验算的规定。

根据现场实测资料判明，单层结构和外侧透气性较好的围护结构，其内部的施工湿度，经若干时间后即能达到正常平衡湿度。对于这类结构不需进行内部冷凝受潮验算。对于内侧有密实保护层的多层墙体结构，当内侧结构层为加气混凝土和粘土砖等多孔材料时，由于采暖期间存在着由室内向室外的水蒸气分压力差，在结构内部可能出现冷凝受潮，故应进行验算；当内侧结构层为密实混凝土或钢筋混凝土时，在室内温湿度正常条件下，一般不需进行内部冷凝受潮验算。

第6.1.2条 关于采暖期间，围护结构中保温材料重量湿度允许增量的规定。

材料的耐久性和耐机械强度，湿度过高会明显地降低其机械强度，产生破坏性变形，有机材料会遭致腐朽。湿度过高会使其保温性能显著降低。因此，对于一般采暖建筑，虽然允许结构内部产生一定量的冷凝水，但是为了保证结构的耐久性和保温性，材料的湿度不得超过一定限度。允许增量系指经过一个采暖期，保温材料重量湿度的增量在允许范围之内，以便采暖期过后，保温材料中的冷凝水逐渐向内侧和外侧散发，而不致在内部逐年积聚，导致湿度过高。关于保温材料重量湿度允许增量值的规定，本规范暂引用原苏联《建筑热工规范》СНИПⅡ—A7—62 的规定。原苏联《建筑热工规范》СНИПⅡ—3—79 规定其冷凝计算时间与本规范的不同，并为偏于安全起见，故仍沿用原苏联《建筑热工规范》СНИПⅡ—A7—62 中偏小的规定值。至于未列入本规范表 6.1.2 中的保温材料，可参照现行的原则确定其重量湿度的允许增量。根据体积湿度增量相同的原则确定其重量湿度的允许增量即是参照珍珠岩和水泥膨胀珍珠岩和水泥混凝土推算而得的。

第6.1.3条 关于围护结构中冷凝计算界面内侧所需蒸汽渗透阻的计算方法。

在本规范编制过程中，曾提出一种考虑液相水分迁移的实用分析计算方法，但因缺乏必要的材料湿物理性能计算参数，故仍沿用目前国内外工程中通行的方法。这是以稳定条件下纯蒸汽扩散过程为基础提出的冷凝受潮分析方法。此法应用上虽很简便，但没有正确地反映材料内部的湿迁移机理。从理论上讲，此法是不尽合理的，所以在设计以前，对此按此法计算分析的结果是充分偏于安全方面的，采用这种理想的方法以前，从实用的角度考虑，采用此法较为妥当。

第二节 围护结构防潮措施

第6.2.1条 关于围护结构防潮的基本原则和措施。

第6.2.2条 关于经验算围护结构内部冷凝受潮的围护结构应采取的施工措施和构造措施。

设置隔气汽层是防止结构内部冷凝受潮的一种措施，但有

附录一 名 词 解 释

为便于正确理解和执行本规范条文，本附录给出了39个主要名词的解释。其中大多数沿用习惯名称；有些名词为了规范之间的协调统一，已改换名称，如总换名称、已改换名称，如总传热阻改称传热系数、总热阻改称传热阻等；有些名词为了符合现行国家标准的规定，已改换名称，如容重改称密度、比热改称比热容、太阳辐射强度改称太阳辐射照度等；有些名词要给出一个确切的定义十分困难，这里只能给出一个近似的名词解释，如蓄热系数、热惰性指标、热稳定性等。

其副作用，即影响结构的干燥速度。因此，可能不设隔汽层的就不设置；当必须设置隔汽层时，对保温层的施工湿度要严加控制，避免湿法施工。在墙体结构中，在保温层和外侧密实层之间留有间隙，以切断液态水的毛细迁移，对改善保温层的湿度状况是十分有利的。对于卷材屋面，采取与室外空气相连通的排汽措施，一方面有利于湿气的外逸，对保温层起到干燥作用，另一方面也可以防止卷材屋面的起鼓。

附录三 室外计算参数

本附录是根据本规范第二章的有关规定，为设计人员提供在建筑热工设计计算中必需的室外计算参数而编制的。本附录附表3.1涉及全国各省、市、自治区（包括台湾省）以及香港等139个主要城市的围护结构冬季室外计算参数及最冷最热月平均温度。其中设计计算用采暖期天数（日平均温度<5℃的天数）、平均温度、度日数、冬季室外平均风速、最冷和最热月平均温度等取自国家标准《建筑气候区划标准》。这样做的主要原因是，考虑到该标准是一项综合性基础标准，气候参数的统计年份取近期35年，年份较长、特别数较稳定；同时考虑到国家标准之间应相互协调一致，特别是各项有关的专业标准应向基础标准靠拢。本附录附表3.1中的采暖期前特别冠以"设计计算用"字样，意在特别指出这里的采暖期仅供建筑热工设计计算用，而各地实际采用的采暖期应当按地行改或主管部门的规定执行。在附表3.1设计计算用采暖期天数一栏中，不带括号的数值系指累年日平均温度低于或等于5℃的天数；带括号的数值系指累年日平均温度稳定低于或等于5℃的天数。在设计计算中，这两种采暖期天数均可采用。

本附录附表3.2，围护结构夏季室外计算温度，包括夏热冬暖、夏热冬冷、温和和部分寒冷地区60个城市的计算参数。附表3.3"全国主要城市夏季太阳辐射照度"，包括夏热冬暖、夏热冬冷和部分寒冷地区15个城市的夏季太阳辐

附录二 建筑热工设计计算公式及参数

建筑热工设计涉及的计算公式及参数多而繁杂。虽然有些常规的计算公式及参数，在有关的教科书和手册中可以找到，但因来源不同，往往多有差别，使设计人员无所适从。为使设计人员有所遵循，使计算结果具有可比性，并尽量接近实际，有必要对本规范涉及的计算公式及参数作出统一规定。由于本规范涉及的计算公式及参数较多，如都列入正文，则将使正文显得臃肿而不得要领，因此，将大部分计算公式及参数列入本附录，以便设计人员查用。

附录四　建筑材料热物理性能计算参数

本附录给出了我国常用的70多种建筑材料（包括保温材料）的热物理性能计算参数，并规定了不同使用情况下这些材料导热系数和蓄热系数的修正系数取值，以便使计算结果具有可比性，并尽量接近实际。附表4.1中的数据，绝大部分是根据我国多年来的试验研究结果归纳而成，一小部分采取或参考原苏联和原东德建筑热工规范中的数据。附表4.1中的数据已考虑了围护结构在正常设计和正确使用条件下，材料中的正常含水率和材料的不均匀性和密度波动等对的影响，因而在一般情况下可以直接采用。如遇附表4.2中所列的情况，则材料的导热系数和蓄热系数应按本附录表规定进行修正。建筑材料热物理性能计算参数按本附录规定取值，计算结果将比较接近实际，并且安全可靠。

射照度。这些数据是根据当地观测台站建站起到1980年的观测资料统计确定的。目前全国已有40个城市的数据，限于篇幅，附表3.3仅列15个城市的数据。在进行围护结构夏季隔热计算，确定围护结构隔热厚度时，没有太阳辐射照度数据的城市，可按就近城市采用。

附录五 窗墙面积比与外墙允许最小传热热阻的对应关系

本附录给出北京、沈阳、呼和浩特、哈尔滨和乌鲁木齐等5个城市采暖居住建筑窗墙面积比与外墙允许最小传热热阻之间的对应关系。当外墙采用按本规范式（4.1.1）计算确定的最小传热阻时，窗墙面积比应按第4.4.3条一款的规定采用。当窗墙面积比超过这一规定值，外墙采用的传热阻不应小于附表中粗实线以下的数值。亦即窗墙面积比增大，外墙允许采用的最小传热阻相应增大。木窗的传热阻大于金属窗，当窗墙面积比相同时，采用木窗的居住建筑，外墙允许采用的最小传热阻可以稍小一些，但是为了方便应用并偏于安全起见，木窗和金属窗采用同一个对应关系（即同一个表格）。

本表附录表5.1和表5.2中外墙的最小传热热阻未考虑按本规范第4.1.2条规定的附加值。

附录六 围护结构保温的经济评价

本附录给出了围护结构保温的经济评价方法，包括围护结构经济传热阻、保温层的经济热阻和经济厚度，以及围护结构单位热阻造价的计算方法。围护结构的经济传热阻系指其建造费用（初次投资的折旧费）与使用费用（采暖运行费及设备折旧费）之和达到最小值时的传热阻。因此，经济传热阻是围护结构保温达到经济合理的标志。一些欧美国家在围护结构热工设计中早已采用经济传热阻这一概念。有些国家已将经济传热阻的计算列入建筑热工规范，例如原苏联《建筑热工规范》CHИΠ II—3—79，规定了围护结构保温层经济热阻和围护结构经济传热阻的计算方法；原东德1982年开始使用的《建筑热工规范》TGL35424列出了经济的建筑保温一节，并给出了围护结构经济传热阻的计算方法。随着我国改革开放方针的实施，在各项建设中越来越重视经济效益、经济热阻问题也开始受到重视。近年来国内出现了几种经济热阻的计算方法。本规范推荐采用的方法是以其中的一种方法为主，吸收其他方法的优点归纳而成的。如果其中的计算参数取值合理，则计算结果可用来评价围护结构保温的技术经济效果。

围护结构热工设计采用的热阻值，除了应满足保温隔热要求之外，还应经济合理；而采用经济热阻，则意味着能取得最佳的技术经济效果。由于我国建材，特别是保温材料价格偏高，回收年限定得较短，由计算所得的经济传热阻并不很大。例如，砖墙的经济厚度与实际采用的接近；岩棉复合墙体中岩棉保温板的经济厚度也不大，在实践中也是可以接受的。由于各地材料、设备和能源价格常有差异和变动，因此，单位计算参数的取值应按当时当地的具体情况确定。

附录七 法定计量单位与习用非

法定计量单位换算表

我国已从1986年起在全国实行以国际单位制为基础的法定计量单位。本规范遵照国家计委《关于在工程建设标准规范中采用法定计量单位的通知》要求，一律用法定计量单位作为各章节中出现的有关物理量的计量单位。为便于单位之间的对照和换算，本附录给出了法定计量单位与习用非法定计量单位换算表。

中华人民共和国国家标准

旅游旅馆建筑热工与空气调节节能设计标准

Energy conservation design standard on building envelope and air conditioning for tourist hotels

GB 50189—93

主编部门：中华人民共和国建设部
批准部门：中华人民共和国建设部
施行日期：1994 年 7 月 1 日

关于发布国家标准《旅游旅馆建筑热工与空气调节节能设计标准》的通知

建标〔1993〕731 号

根据建设部〔1991〕建标技字第 11 号文的要求，由中国建筑科学研究院会同有关单位共同制订的《旅游旅馆建筑热工与空气调节节能设计标准》，已经有关部门会审。现批准《旅游旅馆建筑热工与空气调节节能设计标准》GB 50189—93 为强制性国家标准，自一九九四年七月一日起施行。

本标准由建设部负责管理，其具体解释等工作由中国建筑科学研究院负责。出版发行由建设部标准定额研究所负责组织。

中华人民共和国建设部
一九九三年九月二十七日

1 总 则

1.0.1 为贯彻国家有关约束源的法律、法规及政策，通过设计采用技术措施，合理降低与控制旅游旅馆的能耗，制定本标准。

1.0.2 本标准适用于新建、扩建及改建的旅游旅馆的节能设计。

1.0.3 旅游旅馆建筑热工与空气调节节能的设计，除应符合本标准外，尚应符合国家现行有关标准、规范的规定。

2 术 语

2.0.1 体形系数

建筑物外表面积与其所包围的体积之比。

2.0.2 遮阳系数

实际透过窗玻璃的太阳辐射得热与透过 3mm 透明窗玻璃的太阳辐射得热之比值。

2.0.3 窗墙比

窗洞面积与外墙总面积（含窗洞面积）之比值。

2.0.4 能效比

制冷机在规定工况下的制冷量（kW）与相应输入功率（kW）的比值。

2.0.5 供冷的水输送系数

供冷的水循环所输送的显热交换量（kW）与所选配循环水泵电机的额定功率（kW）之比值。

2.0.6 供暖的水输送系数

供暖的水循环所输送的显热交换量（kW）与所选配循环水泵电机的额定功率（kW）之比值。

4 建筑围护结构

4.1 一般规定

4.1.1 旅游旅馆的主要房间，宜设于向阳的和冬季最大频率风向的下风一侧，朝向宜避免夏季太阳照射强烈的方向。

4.1.2 旅游旅馆宜尽量减少建筑物的外表面积。主体建筑宜避免过多的凹凸和错落。严寒地区与寒冷地区主体建筑的体形系数，宜控制在 0.35 以下。

4.1.3 四级旅游旅馆空调房间的空调等自然通风措施，可不设新风供给系统，可采取设置开启的外窗等自然通风措施。

4.1.4 严寒和寒冷地区外门的设置，应避开冬季的最大频率风向。不可避免时，要采取可靠的防风措施。

4.1.5 严寒地区应满足冬季保温的要求；寒冷地区应兼顾冬季保温要求并兼顾夏季隔热要求；夏热冬冷地区应满足夏季隔热兼顾冬季保温和夏季遮阳隔热要求；夏热冬暖地区应满足夏季遮阳隔热要求。

4.2 围护结构的热工设计

4.2.1 外窗的面积不宜过大。主体建筑标准层的窗墙面积比，不宜大于 0.45。

4.2.2 外窗玻璃的遮阳系数，严寒地区应大于 0.80；非严寒地区应小于 0.60，或采取外遮阳措施。

4.2.3 外窗的保温性能，应符合现行国家标准《建筑外窗

---

3 基 本 规 定

3.0.1 旅游旅馆的分级标准，应分为一、二、三、四级。

3.0.2 一、二、三级旅游旅馆应根据其等级、当地气象条件，室内设计计算参数，建筑规模与市局等，经技术经济比较分析后，择优选用相应的空调或采暖方式与设施。

3.0.3 四级旅游旅馆一般可不设空调，但最热月平均室外气温等大于 26℃的地区，可设置夏季降温空调设施。冬季年日平均温度稳定通过低于或等于+5℃的总天数大于和等于 60d 的地区，可设置冬季采暖设施。

3.0.4 设空调设备的旅游旅馆，当冬季需要进行采暖时，采用空调设备供热，还是另设独立的采暖系统，应根据旅馆等级与采暖期天数的多少，经技术经济分析比较后择优确定，但不得采用直接电加热的空调设备或系统。

3.0.5 旅游旅馆冬夏季室内气候的设计计算参数，应按本标准附录 A 的规定采用。

保温性能分级及其检测方法》的规定。其保温性能等级，严寒地区不应低于Ⅱ级，寒冷地区不应低于Ⅲ级，其它地区不宜低于Ⅳ级。

4.2.4 外窗的气密性，应符合现行国家标准《建筑外窗空气渗透性能分级及其检测方法》的规定，其气密性等级不应低于Ⅱ级。

4.2.5 围护结构的外墙、屋顶及地面的热工性能，应符合现行国家标准《采暖通风与空气调节设计规范》和现行行业标准《民用建筑节能设计标准》(采暖居住建筑部分）的规定。

5 空 调

5.1 冷 源

5.1.1 当旅游旅馆的客房规模超过40间时，其空调冷源应采用冷水机组。

5.1.2 当夏季有可利用的热源，且经济上合理时，其空调冷源宜采用额定蒸汽消耗低的吸收式冷水机组。

5.1.3 冷水机组台数宜选用2～3台，制冷量较大时亦不应超过4台，单机制冷量的大小应合理搭配。

5.1.4 冷水机组的选择，宜经济比较后，优先选用能量调节自动化程度高的机组。

5.1.5 当选用往复式冷水机组时，宜采用具有多台压缩机自动联控的冷水机组。

5.1.6 选用往复式、螺杆式、离心式冷水机组，其额定工况的能效比应符合表5.1.6的要求。当单台空调制冷量超过698kW时，不宜采用往复式机组。

冷水机组额定工况的能效比　　表5.1.6

单机制冷量(kW)	机型	能效比(kW／kW)
<116	往复式	>3.6
117～349	往复式	>3.8
	螺杆式	>3.9
350～581	往复式	>3.9
	螺杆式	>4.0

续表

单机制冷量(kW)	机型	能效比(kW/kW)
582~1163	离心式	>4.4
	螺杆式	>4.1
>1163	离心式	>4.4

注：额定工况系指蒸发器出水温度7℃，冷凝器进水温度30℃，出水温度35℃。

5.1.7 冷源的装置的制冷量指标，应考虑当地气象条件、旅馆等级、公用区餐饮区的比例等因素，经技术经济比较后确定。

5.2 热回收装置

5.2.1 当客房设置有独立的新风、排风系统时，宜选用全热或显热回收装置，其额定显热回收率不应低于60%。

5.2.2 冷水机组的冷凝热，应根据建筑物需热热量的大小与品位，经技术经济比较后加以合理利用。

5.2.3 大功率灯光的散热热量，应根据空调房间的系统特点加以合理利用。

5.3 水系统

5.3.1 空调供冷、供暖水系统的设计，应符合各个环路之间的水力平衡。对压差相差悬殊的高阻力环路，应设置二次循环泵。各环路应设置平衡阀等装置。

5.3.2 空调供冷供暖的水输送系数，不应小于30。供暖的水输送系数：对两管制系统，严寒地区不应小于150，寒冷地区不应小于190；夏热冬冷地区不应小于130；对四管制系统中的供暖供冷系统，夏热冬暖地区，各地区均不得小于90。

5.3.3 在设置二次泵的空调供冷、供暖水系统中，对其二次泵宜设置变频调速装置。

5.3.4 对同时供冷供暖的风机盘管四管制水系统，应仅限于舒适要求最高的一级旅游旅馆中采用。

5.4 风系统

5.4.1 旅馆公用部分的空调系统的服务范围和规模，应根据各空调房间的使用规律、负荷特点加以划分，并宜将空调机组设置在靠近空调房间的地方。

5.4.2 客房的新风、排风系统服务范围和规模，宜按中小规模划分，最大系统的风量不宜超过40000m³/h。

5.4.3 负荷变化较大的公用部分的空调通风系统，当其高峰使用时间较短、低谷使用时间较长时，应采用双速电机驱动风机，或并联双风机变风量等措施。

5.5 自控

5.5.1 空调的自控水平，应根据建筑规模、等级及运行管理的技术力量经综合分析、比较后确定。在有条件的地方，宜设置计算机能源管理系统。

5.5.2 每个空调风系统应至少设置1个调节温度的温控装置。

5.5.3 设置风机盘管的客房，均应设置单独调温的温控器，并宜与客房节能钥匙开关联锁。

5.5.4 温控器应具有标明温度值的刻度，每小格的分度值不得大于2℃，温度的设定与调节范围，应符合下列要求：仅用于冬季供暖的空调房间，温控器应调节范围均应为

16~24℃；仅用于夏季供冷的空调房间，温控器的调节范围应为20~28℃；用于夏季供冷、冬季供暖的空调房间，温控器的调节范围应为16~28℃。

5.5.5 根据冷水机组对冷却水进水温度的要求，应以冷却水的进水温度或出水温度作控制参数，对冷却塔的通风与水流量进行合理控制。

5.5.6 非直流式空气处理装置，应设置可调节新风量的装置。

5.6 管道保冷与保温

5.6.1 空调供冷水管的经济保冷厚度，不宜小于表5.6.1中所列数值。

空调供冷水管经济保冷厚度　　　表5.6.1

保冷材料	一年供冷时间(h)	公称直径(mm)	经济保冷厚度(mm)
岩棉管壳	2880	15~150	30
		200~350	40
玻璃棉管壳	3600	15~50	30
		65~350	40
	4320	15~80	40
		100~350	50

5.6.2 空调供暖水管的保温厚度，其值不应小于表5.6.2中所列的数值。

空调供暖水管经济保温厚度　　　表5.6.2

保温材料	公称直径(mm)	经济保温厚度(mm)
岩棉管壳	15~25	20
玻璃棉管壳	32~150	30
	200~950	40

5.6.3 冷热两用供水管的保温厚度，应按有5.6.1相应的经济保冷厚度选用。

5.6.4 空调风管的经济保冷厚度，宜按表5.6.4选用。

空调风管经济保冷厚度　　　表5.6.4

保冷材料	一年供冷时间(h)	经济保冷厚度(mm) 在非空调房间内	在空调房间吊顶内
岩棉板	2880	40	20
玻璃棉板	3600	50	30
	4320	60	40

注：在确定表5.6.1和表5.6.4的经济保冷厚度时，其材料导热系数分别为：

岩棉壳：$\lambda = 0.035 + 0.00012\ t_m$ $[W/(m \cdot K)]$(密度：120～150kg/m³)

玻璃棉管壳：$\lambda = 0.033 + 0.00023\ t_m$ $[W/(m \cdot K)]$(密度：40～60kg/m³)

岩棉板：$\lambda = 0.035 + 0.00022\ t_m$ $[W/(m \cdot K)]$(密度：100～200kg/m³)

玻璃棉板：$\lambda = 0.038[W/(m \cdot K)]$(密度：40～60kg/m³)

式中t_m系指保冷层的平均温度，一般取管内介质与周围空气的平均温度计算。

5.6.5 当选用其它保冷材料或导热系数与本标准所列数值相差较大时，保冷厚度应按下式修正：

$$\delta' = \delta \frac{\lambda'}{\lambda}$$

式中　δ'——修正后的经济保冷厚度(mm);

　　　δ——表中所列经济保冷厚度（mm);

　　　λ'——实际选用保冷材料的导热系数 [W／(m·K)];

　　　λ——表中所列保冷材料的导热系数 [W／(m·K)]。

5.6.6 空调供冷的水管与风管，应设置隔汽层与保护层。

6　监测与计量

6.0.1 在供冷、供热水等系统中，应设置温度、压力、水流量、冷热量等监测仪表。

6.0.2 对用电量、燃料（含煤气、油和煤）消耗量、用水量、蒸汽耗量，应分级、分类设置累计计量仪表。

6.0.3 对分散设置的空调器、空调机组的用电量，应按配电系统、机组的分散设置程度、设置电度表。

附录 A 旅游旅馆各种用途空调房间室内设计计算参数

旅游旅馆各种用途空调房间室内设计计算参数　　　　表 A

房间类型		夏季			冬季			新风量	空气中含尘浓度
		空气温度 t(℃)	相对湿度 RH(%rh)	风速 V(m/s)	空气温度 t(℃)	相对湿度 RH(%rh)	风速 V(m/s)	L(m³/h·p)	G(mg/m³)
客房	一级	24	<55	<0.25	24	>50	<0.15	>50	<0.15
	二级	25	<60	<0.25	23	>40	<0.15	>40	
	三级	26	<65	<0.25	22	>30	<0.15	>30	
	四级	27	—	—	21	—	—	—	
餐厅 宴会厅 多功能厅	一级	23	<65	<0.25	23	>40	<0.15	>30	<0.15
	二级	24	<65	<0.25	21	>40	<0.15	>25	
	三级	25	<65	<0.25	20	>40	<0.15	>20	
	四级	26	—	—	20	—	—	>15	
商业 服务	一级	24	<65	<0.25	23	>40	<0.15	>20	<0.25
	二级	25	<65	<0.25	21	>40	<0.15	>20	
	三级	26	—	<0.30	20	>30	<0.30	>10	
	四级	27	—	<0.30	20	—	<0.30	>10	
大堂 四季厅	一级	24	<60	<0.15	23	>50	<0.15	>10	<0.25
	二级	25	<60	<0.25	20	>40	<0.25	>10	
	三级	26	—	<0.30	20	—	<0.30	>10	
	四级	—	—	<0.30	20	—	<0.30	>10	
美容理发室		24	<60	<0.15	24	>30	<0.15	>30	<0.25
康乐设施		24	<60	<0.25	20	>40	<0.25	>30	<0.15

附录 B 本标准用词说明

为便于在执行本标准条文时区别对待，对于要求严格程度不同的用词说明如下：

B.0.1

1. 表示很严格，非这样作不可的：

正面词采用"必须"；

反面词采用"严禁"。

2. 表示严格，在正常情况下均应这样作的：

正面词采用"应"；

反面词采用"不应"或"不得"。

3. 表示允许稍有选择，在条件许可时首先应这样作的：

正面词采用"宜"或"可"；

反面词采用"不宜"。

B.0.2 条文中指明应按其它有关标准、规范执行的写法为"应按……执行"或"应符合……的规定"。

中华人民共和国国家标准

旅游旅馆建筑热工与空气调节
节能设计标准

GB 50189—93

条 文 说 明

附加说明

本标准主编单位、参加单位
和主要起草人名单

主编单位: 中国建筑科学研究院空气调节研究所
北京市建筑设计院

参加单位: 广州市设计院
中南建筑设计院
华东建筑设计院

主要起草人: 吴元炜 汪训昌 那景成 张锡虎
蔡德道 蔡路得 刘秋霞

目 录

前 言

根据建设部〔1991〕建标技字第 11 号文的要求，由中国建筑科学研究院负责主编，会同有关单位共同编制的国家标准《旅游旅馆建筑热工与空调节能设计标准》GB 50189—93，经中华人民共和国建设部以建标[1993]731 号文批准，并由国家技术监督局联合发布。

在本标准编制过程中，标准编制组进行了广泛的调查研究，认真总结了我国的工程实践经验，同时参考了有关国际标准和国外先进标准，并广泛征求了全国有关单位的意见。

鉴于本标准系初次编制，在执行本标准的过程中，注意积累各单位结合工程实践和科学研究，认真总结经验，希望各单位结合工程实践和科学研究，认真总结经验。如在使用中发现需要修改和补充之处，请将意见和有关资料寄交中国建筑科学研究院空气调节研究所《旅游旅馆建筑热工与空调气节能设计标准》管理组（北京安定门外小黄庄，邮政编码：100013）。

一些老饭店的改建、改造工程做了调查测试），总结了这类工程设计较多的设计单位经验，采纳了这些地区能源管理部门的意见后归纳提炼出来的，并经过旅游旅馆冬夏能耗实测验证，证明是必要的和可行的，可以适用于新建、扩建及改建的旅游旅馆的节能设计。

1.0.3 本条文规定了本标准与其它相关标准、规范的关系。因为旅游旅馆建筑工与空气调节热工与节能设计只是建筑工程设计的一项内容，故尚应符合国家现行的有关标准、规范的规定，主要是：

采暖通风与空气调节设计规范 GBJ 26—87；

民用建筑节能设计标准（采暖居住建筑部分）JGJ 26—86；

建筑外窗保温性能分级及其检测方法 GB 8484；

建筑外窗空气渗透性能分级及其检测方法 GB 7107；

设备及管道保温设计导则 GB 8175。

1 总 则

1.0.1 节约能源是我国的一项基本国策，国务院颁布了《节约能源管理暂行条例》、《关于进一步加强节约用电的若干规定》等一系列有关节能的文件。近十多年来，随着对外开放政策的贯彻，全国涉外宾馆、饭店建设规模较大、速度较快。这类建筑是我国民用建筑中最早达到现代化水平的建筑，一般都装有全年性舒适空调，每时每刻都要消耗大量能源（空调能耗约占其60%），已成为所在城市民用能耗的大户。因此，通过技术手段来降低这类建筑的日常使用能耗水平，已是一个十分迫切的问题。

调查测定表明，旅游旅馆的日常使用能源大约60%左右消耗在空调上。在设计阶段对影响能耗水平的建筑外围护结构和空调系统设计规范节能要求，就是从工程建设阶段住了这类建筑节能的主要环节，必将有效地控制其建成后的能耗水平。本标准规定的各项条款与指标，旨在给旅游旅馆节能设计规定最基本的要求。

1.0.2 本标准按旅游旅馆空调能耗的特点与共性，对包括建筑热工在内的影响旅馆空调能耗的各个设计因素，根据节能原理，借鉴美国 ANSI／ASHRAE90、英国建筑能源法规及日本住宅与办公楼建筑能等国外标准和国内外的建设经验，规定了各项技术要求。这些规定，是在对全国旅游旅馆集中的与地区广泛调查研究基础上（除对北京、上海、广州的一些新建宾馆，饭店进行调查测试之外，还对

2 术 语

2.0.1 体形系数是衡量建筑物的形体设计是否是节能的一项指标。对一定体积的建筑物来说，体形系数越大，意味着其外表面积就越大，越容易散热，就冬季采暖而言，不利于节能。

2.0.2 窗玻璃的遮阳系数是衡量窗玻璃阻挡太阳辐射能进入房间的能力的性能参数，是空调设计冷负荷及全年能耗计算中不可缺少的一项数据。

2.0.3 窗墙比是控制建筑能耗的重要指标。本定义对如何正确计算窗墙比指标作了明确规定。

2.0.4 能效比是衡量制冷机在规定工况下制冷效率高低的一个指标。其制冷量与输入功率均以 kW 为单位。

2.0.5～2.0.6 水输送系数是衡量空调供冷与供热水系统设计是否节能的一项综合指标。它的数值不但与管径确定时的水力摩阻取值有关，而且还与各种换热设备、阀门、管路布置方案以及水泵选择有关。

3 基 本 规 定

3.0.1 本标准的规定是在国家计委在 1986 年颁布的《旅游旅馆设计暂行标准》的基础上，仅对建筑热工与空气调节节能方面的规定进行补充、修订与系统化，故在旅游旅馆分级标准上仍根据该标准规定，分为一、二、三、四级。

3.0.2 本条文针对对热舒适和卫生要求较高的一、二、三级旅游旅馆，要求在选择采暖方式与设施时，既要根据当地气象条件、采暖与供冷时间的长短，系统设备的利用率及今后日常使用能耗的支付能力，因地制宜地确定本工程的空调或采暖、通风方式，还要考虑到自身的等级高低，今后的收费标准与消费水平，实事求是地经过经济比较择优选择经济、实用的设备与系统。

3.0.3 现行的《旅游旅馆设计暂行标准》、《中华人民共和国评定旅游涉外饭店星级的规定和标准》对四级旅游旅馆（即二星与一星级涉外饭店）是否设置空调或采暖设施问题，均按原则规定应根据当地气候条件而定，这在工程设计中很难掌握。而根据国家旅游局的资料推算，全国四级旅游旅馆约占总数的 70%。因此需对量大面广的四级旅游旅馆设置空调与采暖设施的可操作性。

实际调查表明，处理这个问题的难点在于对地处夏季不太热的部分华北地区仍比较暑胜地是否有必要装空调降温措施；对地处冬季比较冷的非法定采暖地区是否应该采暖是否可以如：寒冷地区的四级旅游旅馆，其热舒适标准较低，采暖时间又长，从降低运行费用和所选用的空调设备种类来看，一般宜另设独立的采暖系统；而对于热舒适标准较高，所选空调设备较为完善的一、二、三级旅游旅馆，一般宜利用空调设备供暖，不必另设独立的采暖系统。因此，在本条文中规定了应根据旅游旅馆等级采暖与采暖天数的多少，经对初投资与运行费用综合分析比较后确定；

2. 关于热源问题。不论采用哪种方式与系统进行采暖，均不得直接采用高品位的电能进行采暖。

3.0.5 本条的旅游旅馆冬夏季室内气候设计计算参数，是根据我国能源政策，测试数据和借鉴一些相关的国际标准与舒适空调发展较快的国家的相关标准而编制的，详见附录A的说明。

设置采暖或空调供热设施。

(1) 设置夏季空调降温设施的气候分界线的确定。为观察所确定气候分界线的影响范围及是否合理性，选取了23、24、26℃3个不同的七月室外平均气温，对夏季可不设空调降温设施的城市进行统计分析，最后确定以26℃为分界线，有哈尔滨、长春、沈阳、大连、呼和浩特、太原、大同、秦皇岛、承德、青岛、黄山、兰州、西宁、银川、西安、乌鲁木齐、成都、贵阳、昆明、拉萨等21个城市。从这些城市已建四级旅游旅馆数量看，占全国四级旅游旅馆总数的42%；从客房数量看，占全国32.5%。在这些地区的四级旅游旅馆不设空调，我们认为符合目前我国电力供应的实际能力，是必要的和可行的。对控制与降低这些地区供电电网的夏季高峰用电负荷将会起到积极作用。

2. 设置冬季采暖或空调供热设施的气候温度稳定低于或等于+5℃的天数大于60d作为是否设置集中采暖或设置空调供热设施的分界线。这从法定可设置集中采暖的天数为90d的规定，放宽到了60d。这是考虑到旅游旅馆的特殊性，根据已经建设和使用的四级旅游旅馆的经验来看是比较合适的。统计表明，属于这类非法定采暖地区内采暖地区的四级旅游旅馆的座数占全国四级旅游旅馆总数的34.2%，占客房总数的29.7%。

明确规定在此类地区可设采暖设施之后，还可避免在建成后发生冬天直接用电加热来进行采暖的弊病。

3.0.4 本条文就装有空调设施的旅游旅馆，当冬季需要进行采暖时，对设计作了两个层次的规定：

1. 是利用空调设备供暖，还是另设独立的采暖系统？

就应采取可靠的防风措施。

4.1.5 由于我国地域广阔，故在建筑围护结构一般规定中，必须针对地处不同的气候下的建筑，规定不同的处理对策。本条文中对旅游旅馆较为集中的四类地区所提出的不同原则要求，是此类建筑近10多年工程建设宝贵经验的总结，可作为这类建筑围护结构节能设计的指导原则。

4.2 围护结构的热工设计

4.2.1 外窗面积过大不但会大幅度增加基建投资和空调全年能耗，而且也不符合建筑设计的适用、经济、美观的原则。近十多年建设设计中存在着盲目追求"透"、"亮"、"轻"，加大外窗面积的倾向，如表1所示，从所统计的18幢旅游旅馆主体建筑的窗墙比数值来看，有的宽高达0.78。为了纠正与重视这种体型美的要求，给建筑师留有更多的创作自由度，故在本条文中，特对旅游旅馆主体部分窗墙面积比规定了最大限值宜控制在不大于0.45。表1中所列的18幢建筑，有55%能符合本条文规定要求。

国内部分旅游旅馆主体建筑的窗墙比　　　　表1

工程名称	窗墙比	工程名称	窗墙比
西苑饭店	0.36	和平宾馆	0.78
长城饭店	0.23	丽都饭店(一期)	0.21
昆仑饭店	0.41	长富宫饭店	0.24
华亭宾馆	0.48	香格里拉饭店	0.41
白天鹅宾馆	0.53	龙柏饭店	0.61
国际饭店	0.57	新苑饭店	0.30
兆龙饭店	0.49	海山饭店	0.63
首都宾馆	0.46	南林宾馆	0.44
东方饭店	0.44	虹桥宾馆	0.29

4 建筑围护结构

4.1 一般规定

4.1.1 本条文对旅游旅馆空调房间朝向作出规定，旨在从建筑物总体规划和平面设计开始，大多数空调房间的主导朝向，建筑物形体与建筑物所处纬度、主导风向的关系，就要求科学合理地处理好季冷负荷，从负荷来源的根本上降低空调的冬季热负荷和夏季冷负荷，从负荷来源的根本上降低空调的全年能耗量。

4.1.2 建筑物体型系数对建筑物热负荷影响较大。一般住宅建筑目前要求其主体型系数控制在0.30以下，但旅游旅馆的体型设计一般采用这种体型美观，故对其体型系数数很难限死。相对居住建筑的要求而言，适当放宽要求。故本条文提出严寒地区与寒冷地区其主体部分"宜控制在0.35以下"。

4.1.3 四级旅游旅馆对热舒适与卫生要求较低，工程实践只设房间空调器或空调风机盘管进行夏季供冷、冬季供暖，没有与室外作通风换气的设备。所以，一般客房没有与室外作通风换气的设备。所以，在建筑设计中需要充分考虑到这一弱点，采取可开设可调节换气，能开启的外窗等自然通风手段来补充，以改善室内空气质量。

4.1.4 大量工程实践经验表明，严寒和寒冷地区旅游旅馆冬季空调设施不设新风供热系统。如：一般客房冬季供暖效果的好坏，关键在于门外门设计上，从规划上或建筑总平面设计时若能避开冬季的主导风向为最好，否则

4.2.2 冬季透过外窗玻璃的太阳辐射热是室内自由热的主要组成部分，外窗玻璃的遮阳系数越大，越有利于减少采暖热负荷，节省全年供暖能耗。工程实践表明，在严寒地区普遍采用双层玻璃窗或中空保温玻璃窗是必要的、合理的。但为利用太阳辐射热，需要从防止太阳辐射被阻挡太多的角度，规定其外窗玻璃的遮阳系数的最低限值（此值相当于双层玻璃窗）。相反，其它一些地区、夏季一般都需要进行空调供冷，透过外窗玻璃的太阳辐射得热是造成室内空调冷负荷的主要组成部分，故减少太阳辐射的透过率是降低空调冷负荷的有效措施。夏季空调供冷时间越长，其节能效益越显著，况且单位的冷价约为单位热量热价的5～10倍。因此，在条文中对非严寒地区旅馆有效的遮阳系数规定了最大限值，或要求采取有效的外遮阳措施。如：根据建筑物的纬度与朝向，设置各种不同类型、大小的遮阳挡板。条文所规定的限值是根据我国工程经验和参照国外经验确定的。

4.2.3 本条文直接引用国标《建筑外窗保温性能分级及其检测方法》GB 8484 中 4.2 条对玻璃窗（包括玻璃屋顶）的分级标准，并规定不同地区应选用的等级。其实质是要求凡地处目前我国法定采暖地区的旅游旅馆必须采用双层玻璃窗或中空保温玻璃。

4.2.4 本条文考虑玻璃外窗空气渗透对冷负荷及实际能耗的影响十分显著，从降低空气渗透出发，直接引用国标《建筑外窗空气渗透性能分级及其检测方法》GB7—107 对外窗空气渗透性能分级标准，规定不论地处什么地区，凡旅游旅馆外窗其气密性均应符合Ⅱ级标准（相当现在采用的铝合金窗的性能）要求。

4.2.5 目前对全年性空调建筑围护结构外墙、屋顶及地面

的热工要求，还未进行专门研究。计算表明，在严寒地区和寒冷地区，由于旅游旅馆室内基准温度要比普通居民住宅高5℃，且采暖期还长1个月，显然旅游旅馆的热工要求应比普通住宅高。因而本条文原则规定了严寒地区和寒冷地区旅馆建筑围护结构和屋顶、地面的热工性能应不低于现行行业标准《民用建筑节能设计标准》（采暖居住建筑部分）JGJ 26 的规定。

在夏热冬冷地区、围护结构外墙、屋顶、地面，不但要考虑减少冬季热损失，而且还要顾及有利于夏季晚间散热，降低冷负荷，因此本条文原则规定了应不低于现行国家标准《采暖通风与空气调节设计规范》GBJ 19—87 对舒适住空调建筑的热工要求的规定。

5 空调

5.1 冷源

5.1.1 空调冷源的选择，经过对旅游旅馆采用集中供冷空调和窗式空调器的能耗、造价比较，证明从30间客房起集中供冷的耗电就明显降低，大约节电30%左右。从造价比中供冷的窗式空调稍低于集中供冷的中央空调，20～30间客房时，二者造价相当；但从50间客房起，集中供冷空调造价明显减少，约为窗式空调的12%～30%之间。综合耗电、造价两因素，因此本条文规定了当客房规模超过40间时应采用冷水机组作为空调中冷源。

5.1.2 在民用空调建筑中，吸收式冷水机组适用于有合适热源或电力不足的地方，它可缓解目前城市供电压力。但以在使用单位大多选用进口产品。近年来国内产品质量已有了较大提高，逐步顶替了进口产品。1991年全国产量已达400台套左右，能够满足国内工程需要。国产机单位冷量的耗蒸汽指标与进口产品相当，体积与重量指标较进口产品稍迟，故不影响选用。但考虑到吸收式冷水机组价格要比相同产冷量的离心机高50%左右；且能效低，如折算到原煤消耗量，比电力驱动制冷机耗煤更多。在没有合适热源的地方，还需建造专用锅炉房。为此，本条文采用了"当有合适热源在夏季可供利用时，宜采用"的用词。

5.1.3 从国内旅游旅馆所安装冷水机组的台数看，以2～3台居多。根据使用管理部门的反映，2～3台是比较理想的组合，运行管理方便，机房配套适中。其优点为：

1. 可根据负荷的变化运行所需的机组，使设备尽可能高效率地运转，以减少能耗。

2. 冷水机组可轮换地使用并互为备用，在确保空调系统正常运转的前提下，可提高设备的使用寿命。

因此，中小型的旅游旅馆宜选用2台，较大型的可选3台，特大的不应超过4台，任何规模的旅馆采用1台显然是不可取的。

5.1.4 制冷机大部分时间是在部分负荷条件下运行，因此制冷机的全年能耗水平不但与其部分负荷下的效率有关，而且还与节能量调节其控制系统及其性能有关。目前进口冷水机组无论何种型式，一般均备有这种装置。国产冷水机组，也有配设自动能量调节装置。为促进这方面的技术进步和降低主机的能耗水平，故本条文要求在选用冷水机组时，经经济比较后，宜优先选用能量调节自动化程度高的机组。

5.1.5 在往复式冷水机组中，具有多台压缩机自动联控的机组，的确具有节能的无比优越性。因为在空调运行的绝大部分时间里，冷水机组都在部分负荷下运转。多台压缩机的冷水机组在满负荷或部分负荷下，其效率都能接近100%；而单台复式冷水机组在部分负荷时的效率则下降较快。进口冷水机组大多为此种型式。且品种齐全。在我国南方尤为中、小型旅馆所采用。这种机型除节省能源外，操作极为简便，除开机、关机外，无需照看，无需电量调节。目前国内多台压缩式冷水机组已有多家公司生产，并形成系列，最大空调制冷量为698kW。因此，已可以推广应用。

5.1.6 本条根据目前国产及进口冷水机组的能效比指标经过统计后得出，见表2。

国产及进口冷水机组能效比统计表　　表2

冷量范围(kW)	机型	国产机	进口机	本条文规定的能效比控制指标(kW/kW)
<116	往复式	6种型号为3.25～3.82，其中5种超过3.6	在3.71～3.82之间	>3.6
117～349	往复式	14种型号为3.63～4.34，其中11种超过3.8	12种型号为3.81～4.27	>3.8
	螺杆式	4种型号中有3种超过3.9	所有型号均超过3.9	>3.9
350～581	往复式	6种型号均超过4.2	在4.15～4.36之间	>3.9
	螺杆式	2种型号均超过4.0	6种型号均超过4.0	>4.0
582～1163	离心式	8种型号为4～4.92，其中6种超过4.4	20种型号中有15种超过4.4	>4.4
	螺杆式	2种型号均超过4.1	3种型号均超过4.1	>4.1
>1163	离心式	17种型号中有13种超过4.4	19种型号均为4.43～5.51	>4.4

无论进口还是国产的冷水机组都以离心式的耗电指标为

最小。由于离心机的输气量不能过小，为此离心式与往复式在应用上形成了一个大概的范围。离心式冷水机组最小空调制冷量，国产为581kW，进口为500kW左右；往复式冷水机组的最大空调制冷量，国产为698kW。国产为850kW左右。但其能效比都比螺杆式和离心式冷机低。因此，从节能角度上考虑，单台制冷量达到698kW以上时，就不宜再选用往复式水机组。

5.1.7 冷源的装机容量指标。关于这一条的内容，本标准编制过程中曾有一种意见认为，此单项指标对建筑物节能不起控制作用，建议采用单位建筑面积年空调能耗量指标或设计最大负荷指标代替。为此在1988年冬季、夏季先后在北京、上海、广州地区选择了6座高层宾馆，而目前实测的气象条件与设计室外工况相差甚远，故还无法将实测结果换算成设计最大负荷指标，所以本标准仍旧规定制冷机容量的控制指标，以避免装机容量和单机容量过大，达到节省初投资，节约运行电费的目的。

关于目前宾馆、饭店的空调制冷机的装机容量，中南建筑科学研究院空调所在6座高层宾馆，加上中国建筑科学研究院空调所对18座宾馆作了调查统计，现以单位建筑面积空调建筑面积冷负荷指标，将其统计数字列于表3中。

从表3中统计数字可清楚地看出，目前宾馆、饭店制冷机的装机容量普遍选用过大，即大约有67%的工程按94～163W/m²指标选用制冷设备，而实际上83%的工程的实际开机容量和实际的冷负荷指标只有58～93W/m²（以上指标中的单位面积均为建筑面积）。

实际工程的冷源装置制冷机制冷量指标,可参照表3中数值,根据工程自身特点,经技术经济比较后确定。

24座宾馆饭店装机和开机容量的冷负荷指标　表3

冷负荷指标	<58	58.1~69.8	69.9~81.4	81.5~93	94~104.7	104.8~116.3	>116.3
装机容量的冷负荷指标(W/m²)							
宾馆饭店数量(个)	0	1	2	5	4	2	10
宾馆饭店所占百分比(%)	0	4.1	8.3	20.3	16.7	8.3	41.7
分计百分比(%)	33.2				66.7		
实际开机容量的冷负荷指标(W/m²)							
宾馆饭店数量(个)	2	8	9	3	2	0	0
宾馆饭店所占百分比(%)	8.3	33.3	37.5	12.5	8.3	0	0
分计百分比(%)	83.3				8.3		

5.2　热回收装置

5.2.1 根据重庆建筑工程学院城建系(即客房区)对北京、上海、广州地区共5座高层宾馆,全年空调负荷计算结果,其全年的新风处理的加热与冷却负荷、全年外围护结构的传热与冷负荷的数值列于表4中。

表4中所列数据表明,新风处理的全年热负荷与全年冷负荷与传热负荷大约为传热负荷的1~4倍,为了有效地减少新风处理负荷,除规定合理的新风量标准之外,还需采用热回收装置,回收空调排风中的热量和冷量,预热或预冷新风。

5座宾馆饭店标准层新风处理负荷与传热负荷之比值　表4

地区	北京		上海		广州
宾馆饭店名称	昆仑饭店	兆龙饭店	游苑饭店	白天鹅宾馆	中山国际酒家
新风处理加热负荷(kJ/a·s)	880.61	333.59	237.31	114.22	85.66
外围护结构传热负荷(kJ/a·s)	264.36	187.44	216.16	33.16	61.55
热负荷比值	3.33	1.78	1.10	3.44	1.39
新风处理冷却负荷(kJ/a·s)	87.09	32.99	158.72	499.11	374.30
外围护结构传热负荷(kJ/a·s)	99.23	36.51	28.60	130.21	169.44
冷负荷比值	0.88	0.90	5.55	3.83	2.21

注: kJ/a·s 为标准层每年的处理负荷。

热回收装置分两类:显热热回收装置和全热热回收装置。有关北京、上海、广州地区处理1m³/h室外新风,全年所需的冷、热负荷,热负荷列于表5中。

处理1m³/h新风的全年能耗量和采用全热回收装置后的全年节能效益　表5

全年负荷	全年热负荷(kJ/a)			预计可节约的标准煤量(kg/a)	全年冷负荷(kJ/a)			预计可节约的用电量(kWh/a)
	显热	潜热	全热		显热	潜热	全热	
北京地区	119671	65641	185124	6.30	2211	14989	18321	0.96
上海地区	86323	21545	107869	3.66	5920	66227	72147	3.76
广州地区	26607	1947	28554	0.96	17291	107475	124767	6.50

现以全年平均全热热回收效率为60%计算，把冬季回收的热量折算成电量，把夏季回收的冷量折算成电量，3个地区处理$1m^3/h$新风能回收节约的标煤数与电量，回收期如下：

按照目前全热热回收装置的国际市场价格，大约$1m^3/h$容量的价格是1美元，若以6元人民币兑换1美元折算，电费按0.30元/kWh，煤价按每公斤标煤0.1元计算，则北京地区约需要6年方可回收，广州地区只需要2年就可回收。

从表5中所列的数据可看出，对北京地区来说，新风处理的全年热负荷约为全年冷负荷的10倍，在热负荷中，潜热负荷占35%；在冷负荷中，潜热负荷占88%。对广州地区来说，新风处理的全年热负荷约为全年冷负荷量的23%，虽然在热负荷中潜热负荷只占6.8%，但在冷负荷中潜热负荷要占86%。对于上海地区来说，新风处理的全年热负荷约为全年冷负荷的1.5倍，在热负荷中潜热损失占20%，但在冷负荷中潜热负荷要占92%。因此，对于上述三个地区的空调新风、排风系统，宜采用全热热回收装置。

上海华亭宾馆共设置了8套转轮全热回收装置，其中对两套装置的测定结果表明：XK-2系统的EF2400热回收装置的热回收效率实测值大于样本上所查定的效率值，而XK-6系统的ET1200热回收装置的热回收效率实测值，4个工况均比样本效率值低10%~15%，但都基本上达到了原设计的62%~78%的热回收效率要求。

若电费按0.8元/kWh（议价电或自发电）计算，则北京地区约需4.2年回收；上海地区需1.8年回收；广州地区只需1.1年就可回收投资。

目前国内采用的热回收装置有进口的和国产的，使用时间还不长，但为了促进这方面技术进步，所以本标准中采用"宜选用全热或显热热回收装置"用语，表示允许有所选择。

5.2.2 制冷机组所散发的冷凝热是其制冷量的（1+EER）倍（EER是制冷机的能效比），空调供冷量越大，其冷凝热的排放量也越大。目前一般采用冷却塔排热，排放冷凝热时不但要消耗一部分电力，而且还会对周围环境带来热污染和噪声污染。而另一方面，作为旅游旅馆的服务标准，必须有24h生活热水的供应，其厨房与洗衣房也需要大量热水洗涤用。因此，如能把一部分冷凝热用于生活热水的预热，将可节省相当数量的煤、油或煤气。

在春秋过渡季，甚至在初寒与末寒期（特别是南方地区），处于建筑物内核的公共场所，往往由于人体与灯光散热量较大，需要开动制冷机供冷，而高层周边区因传热热损失却需要供暖。此时，如能考虑采用集中式热泵回收冷凝热，用于周边区的空调系统供暖，也可节省相当数量的燃料。

但是，为了使冷水机组的冷凝热得到充分合理的利用，首先需对内部用热的负荷量及其使用规律作详细的调查统计工作，并且在多数情况下，还需增添蓄热水池，辅助热源及部分自控装置，所以应进行多种技术方案的节能效益比较，按成本—效益原则确定最佳方案。

5.2.3 在宾馆饭店内的某些公共场所，有些地方装有大容量强光灯，嵌入顶棚内，其直接散向室内的热量约占其总热量的20%~40%，其余热量散发通过顶棚面进入空调房间，提高了顶棚内空气温度。最后还是要采用自然通风或机械通风的方法，配上合适的可通风排热的灯具，在夏季将强光散发的热量有组织地直接排至室外，从而减少空调冷负荷；在冬季通过空调回风加以再利用，从而降低通风排热灯具的热负荷。但是，一般灯具更换成通风排热灯具之后，还需在顶棚内增设一定数量的风管，小型排风机和风门，以及某些自控装置。因此，事先应对这部分热量回收的经济效益与初投资的关系进行全面技术经济比较后，确定是否能加以合理利用。

5.3 水 系 统

5.3.1 目前空调水系统的输配用电，在冬季供暖期约占动力用电的 20%～25%，在夏季供冷期约占动力用电的 12%～24%。因此，降低空调水系统的输配用电是目前宾馆饭店节约用电的一个重要环节。

一些高层宾馆、饭店空调水系统的调查测试表明，普遍存在着水流量大不合理问题。冬季供暖水系统的供回水温差：较好情况为 8～10℃，较差的情况只有 3℃。夏季供冷水系统的供回水温差：较好情况为 3℃左右，较差的情况只有 1～1.5℃。而循环水量一般是设计水量（或水泵额定流量）的 1.5 倍。造成上述问题的原因有三个方面：

(1) 因为设计水流量是根据最大的设计冷负荷（或热负荷），再按 5℃（10℃）供回水温差确定的，而实际出现的最大设计冷负荷（或热负荷）的时间，即按满负荷运行的时间，每年不超过 10～20h，绝大部分时间是在部分负荷条件下运行。

(2) 因为水泵扬程是根据最近环路、最大阻力，最后以一定安全系数后确定的，然后结合上述水泵型号、查找与其一致的水泵铭牌参数，确定水泵型号，而不是根据水

特性曲线确定水泵型号。因此，在实际水泵系统运行中，水泵实际工作点是在铭牌工作点的右下侧，故实际水流量要比设计水流量大 20%～50%。

(3) 因为在一些大的水系统中，设计计算时常常没有对每个环路进行水力平衡，对于压差相差悬殊的环路多数也不设置平衡阀等技术手段，施工安装完毕之后一般又不进行任何调测，环路之间阻力不平衡所引起的水力工况，热力工况失调现象只好靠大流量来掩盖。

为了从根本上扭转大流量小温差的不合理现象，针对上述三方面原因，本条文仅对管路设计提出了三层含义的规定：

(1) 要求对空调供冷、供暖水系统，不论是建筑物内的管路，还是建筑物之外的室外管网，均需按设计规范要求进行认真计算，使各个环路之间符合水力平衡要求。

(2) 当遇到某几个或某个支环路比其余环路压差相差悬殊（如阻力差 10kPa 以上者），则这些环路就应增设二次循环泵，以避免因这些少数高阻力环路的需要，而选用高扬程的总循环水泵。

需要指出，这里所规定的只涉及到设置二次循环泵的一种必要性，没有论及到其它必要情况，更没有论及特殊情况（如使用规律特殊，供水温度特殊等），更设有企图就一、二次水系选择进行比较，作出规定。

(3) 考虑到设计安装过程中难以做到各环路之间的严格水力平衡，以及施工安装过程中存在的种种不确定因素，在系统投入运行之前必须进行调试。为此必须设置能够实现准确地进行调试的技术手段，故规定了在各环路中应设置如平衡阀等平衡装置，以确保在实际运行中，各环路之间达到较好的水

力平衡。近几年工程实践证明，这是成功的做法。

5.3.2 空调水输送系数反映了单位电力消耗所能输送的冷量（和热量）的大小，它是检验供回水温差、水力计算摩阻的取值以及水泵选择是否经济合理的综合指标。

对空调供冷水系统来说，由于其循环水泵多数设置在本座建筑内，输送距离较短，供回水温差取值又较小，故循环水量较大，对最近环路全长计为60～200m的系统，一般按2000～500Pa/m的比摩阻确定管径，以使水管管径不至于过大和限制循环水泵扬程不至于过高。

经对空调供冷水系统进行实测，在部分负荷条件下，6个工程的实际水输送系数如表6所示。

6个工程的实测平均供冷水输送系数　　表6

工程项目代号	A	B	C	D	E	F
平均水输送系数	25.6	28.6	26.4	14.6	28.2	21.5
平均供回水温差(℃)	2～3	2.5～3.5	3～3.5	3.5左右	3.5～3.7	1.5～1.9
备注	一、二次泵系统	一次泵系统	客房区二次泵，公共区一次泵	一、二次泵系统	一次泵系统	一次泵系统

从表6中所列的数据可看出，只要把大流量小温差问题解决好，水输送系数就不会小于30，因此在本标准中规定供冷水的水输送系数不得小于30。

对空调供暖水系统来说，由于其锅炉离空调建筑的距离一般都不大，再加上空调建筑内部的输送管路，其总长度一般在200～800m范围内，水流速限止在2m/s以下。供回水温差取15℃：

$\sum l < 300m$ 时，比摩阻R取200Pa/m；

$300m < \sum l < 500m$ 时，R取140Pa/m；

$500m < \sum l < 700m$ 时，R取100Pa/m；

$700m < \sum l < 900m$ 时，R取80Pa/m。

故管路阻力一般为60kPa左右，但还应考虑到末端装置，控制调节阀，除污器，热交换器等附加局部阻力，故其总阻力一般在190～250kPa范围内。因此，本条文中对严寒地区，寒冷地区，夏热冬冷地区，夏热冬暖地区的空调供暖水输送系数分别规定为不小于190、250和130。对于四管制系统中的供暖管路，各地区均不得小于90。

5.3.3 在设置二次泵的空调供冷、供暖水系统中，目前一般做法是通过压差信号对二次泵进行台数控制，以实现变流量调节。但是，就已建成的国内这几个二次泵空调工程来说，均未调试出来，从控制角度，一般认为压差信号对实际水系统中流量变化并不敏感，而且并联二次泵越多，这种敏感度越低。

从流量调节角度看，台数控制只能实现有级的流量调节，而且由于二次泵实际工作点往往不能处于台数效率最高点，所以，即使流量减轻了，实际用电量减少并不多。

另外，从表6中可看出，设置一、二次泵系统的A、D工程，其实测的供冷水输送系数均小于一次泵系统的B、E工程（因为F工程水泵开启台数过多，故其水输送系数最小，应属例外）。由此可见，在一、二次泵系统中，特别是其中水泵选型不当时，反而合比一次泵系统更费电。

香山饭店采用变频调速装置对冷冻水泵、冷却水泵、供暖水泵进行变流量调节，已获得了显著的节电效益。该饭店共选用3台变频调速装置，分别对冷冻水泵、冷却水泵、供暖水泵进行变流量调节，1987年一年就节电50万kWh，而三套变频调速装置的投资费是13万元，即不到两年就可回收全部投资。

因此，在本标准中，对设置一、二次泵的空调供冷、供暖水系统，规定了宜采用高效调速装置，在部分负荷条件下调节水泵侧的循环水量，以便有效地节省空调水系统的输送电能。

5.3.4 关于四管制，北京地区有少量旅游旅馆如此装备，但实际运行从未按四管制运行，因此，本标准对四管制系统的采用，作了限制。

5.4 风 系 统

5.4.1 关于系统划分。在公用部分，各空调房间使用时间不同，如舞厅主要是晚上时间使用，酒吧、咖啡厅主要是社交时间使用，中、西餐厅，风味餐厅主要是在中餐、晚餐时间使用，大宴会厅与多功能厅有可能分隔成小空会合厅使用。四季厅、休息厅的高峰使用时间是上午8：00～9：00与下午5：00～6：00，各个空调场所负荷特点也不一样。为了达到经济运行和便于管理目的，必须根据这些空调房间的使用规律，负荷特点划分系统的服务范围和规模，并尽量使空调机组设置在靠近空调房间的地方。

5.4.2 对客房部分的新风空调系统，如系统风量过大、输配距离过长，必然带来以下三个弊病：
(1) 主干风管断面过大，需占用较大的建筑空间；

(2) 空气输配用电过大；
(3) 系统风量的沿途漏损增加。
因此，本标准规定宜按中小规模划分客房区的新风系统。

为了回收客房排风中的冷量（或热量），预冷（或预热）新风，设置热回收装置，并在各房出租率不高的季节便于关停部分楼层或区段客房的新、排风系统，在客房区新排风系统划分时应同时给予全面考虑。

5.4.3 无论是公用部分，还是客房，每天的高峰使用时间（指人流量多时刻）都较短，而低谷使用时间却较长。如，餐厅里人流量最多是中午与晚上用餐时间，别的时间，即使在营业时间人数也是稀少。此时不但可减少新风量，而且还可减少循环风量。再如，在旅游旅馆里，白天旅客一般均为外出游玩，很少人留在客房里，此时其客房新、排风量完全可减少到设计风量的1/3～1/4。因此，在本标准中规定，凡属这类使用规律的新、排风系统和空调系统，应采用如双速电机驱动风机或并联双风机等简易变风量措施，节省输配电耗。

5.5 自 控

5.5.1 从理论上讲，在空调通风系统上设置了自动控制装置后，不但可提高空调质量和稳定各项空调参数，而且还可减少运行管理人员和降低能源消耗。但是，购置自控装置需要相当大的初期投资，更重要的是要使自控装置置真正发挥作用，必须要有人（指技术人员）去掌握它、使用它、维护它。而目前自控产品的自动化程度与等级也有好几档。因此，在本标准中规定应根据建筑的规模、等级与运行管理的

5.6 管道保冷与保温

5.6.1～5.6.4

5.6.1 中计算空调供冷水管与风管的保冷厚度有两种：

(1) 按防结露方法计算；
(2) 按经济厚度方法计算。

由于空调建筑中制冷一般都用电力驱动制冷机制冷，冷量单价高，而管内外温差又较小，所以用结露方法计算所得的保温厚度均比用经济厚度方法薄。如武汉地区，采用岩棉管壳保冷时，两种计算方法在管内介质温度为10℃时的比较如表7。

从冷量损失来比较，采用经济保冷厚度均比防结露保冷厚度减少冷量损失40%～50%。因此，从节能观点出发，本标准对所有供冷水管与风管规定应按经济厚度计算保冷厚度。

防结露保冷厚度与经济保冷厚度的比较　表7

公称直径 (mm)	15	20	25	32	40	50	65	80	100	125	150	200	250
防结露保冷厚度 (mm)									30				
经济保冷厚度 (mm)		20					30					40	

室内状态接近时，可适量加大新风比例，改善室内空气质量；当室外空气状态与设计送风状态一致时，可按全新风运行，以便节省空气处理能耗。因此，本条文要求非直流式空气处理装置，必须设置可调节新风量的装置。

技术力量，确定空调自控的水平与等级，制订自控方案，以满足热舒适与卫生要求、节电节能要求。

5.5.2～5.5.4 客房温控器基本上是一个独立的闭环温度调节系统，每个客房设置一套，真大面厂，它不但关系到整个客房内宾客的热舒适感觉，而且还关系到整个饭店的节电、节能。在1986年以前建成的宾馆、饭店，绝大多数是采用某外国公司老一代产品：采用双金属片或双位温控器。(带) 作感温元件的双位调节器，有的甚至是气动温包式温控器。只是在最近一二年内在几个高级宾馆、饭店内采用了电子式多功能房间温控器。

调查测试发现，上述老式温控器存在着几个普遍性问题：①温度设定范围不适宜；②分度值过粗；③时间常数大；④没有节能功能。

因此，在本标准中规定客房内的风机盘管均应配置温度调节范围适宜并可与客房节能钥匙开关联锁的温控器。

温控器的温度控制范围，当用在仅需供暖的房间时，应为16～24℃；当用在仅需供冷的房间时，应为20～28℃；当用在供暖供冷都需要的客房时，应为16～28℃。

为了便于居住者自行设定所需室温，避免超调引起房间过冷或过热，温控器温度盘上应标明温度值，每小格分度值不应大于2℃。

5.5.5 制冷机冷却水的冷却塔是按照室外空气湿球温度28℃的条件选用的，这个工况的延续时间较短，因此，有可能根据冷却水温度下限，对冷却水量和冷却塔风量进行合理控制，以节约电耗。

5.5.6 非直流式空气处理装置的设计新风量是根据卫生要求的最小新风量标准确定的。在过渡季，当室外空气状态与

5.6.1～5.6.4 经济保冷保温厚度的计算公式与取值:

(1) 风管与设备的计算公式见式(1):

$$\delta = A_1 \sqrt{f_n \cdot \lambda \cdot t \frac{(T-T_a)}{P_i \cdot S}} - \frac{\lambda}{\alpha} \quad (1)$$

式中 δ——保冷(或保温)层厚度(m);

A_1——常数，当公式中计算参数采用中华人民共和国法定计量单位时，A_1 取值为 1.8975×10^{-3};

f_n——冷价(或热价)(元/10^6kJ)。本标准计算时冷价取值35.83元/10^6kJ;

λ——保冷材料制品导热系数。对于软质材料应取安装密度下的导热系数[W/(m²·K)];

t——一年运行时间(h)。计算全年供冷时间时，全国划分为3片，即以北京为代表的北方片，以上海到重庆的中片及以广州为代表的南方片，其供冷时间分别以2880h(4个月)、3600h(5个月)及4320h(6个月)计算;

T——设备和管道的外表面温度(℃)。冷冻水管取温度17℃;设备与管道取值7℃，风管与设备取值8;

T_a——环境温度(℃)。在本标准计算时，以北京、上海、广州最热的4个月平均温度作上述3片的环境温度，分别取值为23、24.9、27.9℃;

P_i——保冷(或保温)结构单位造价(元/m³);

S——保冷(或保温)工程投资贷款年分摊率，按复利计息。$S = \dfrac{i(1+i)^n}{(1+i)^2 - 1}$(%)。本标准计算时取 $S=10\%$;

i——年利率(复利率)(%);

n——计息年数(年)。本标准计算中取15年;

α——保冷(或保温)层外表面向大气的放热系数[W/(m²·K)]，本标准取值为8.18[W/(m²·K)]。

(2)管道的计算公式见式(2):

$$D_0 \ln \frac{D_0}{D_i} = A_2 \sqrt{f_n \cdot \lambda \cdot t \frac{(T-T_0)}{P_i \cdot S}} - \frac{2\lambda}{\alpha} \quad (2)$$

$$\delta = \frac{D_0 - D_i}{2}$$

式中 A_2——常数，当公式中的计算单位采用中华人民共和国法定计量单位时，A_2 取值为 3.795×10^{-3};

D_0——保冷(或保温)层外径(m);

D_i——保冷(或保温)层内径(m)。

保冷(或保温)结构单位造价 P_i 由三部分组成:

$$P_i = P_1 + P_2 + P_3$$

式中 P_1——保冷(或保温)材料单价，本标准计算时按当前价格取值，见表8;

保冷材料价格　表8

保冷材料名称		价格(元/m³)
岩棉	管壳	600
	板	300
玻璃棉	管壳	700
	板	270

P_2——单位保冷(或保温)结构的防潮保护层费用。以150mm 管壳为结构，相应所需约 50m

防潮保护层面积。防潮保护层单价取 20 元／m²

计算，则每立方米保冷保护层的防潮保护层费用为 1000 元；

P_3——保冷（或保温）结构施工安装费用，本标准准取值 70 元／m³。

6 监　测　与　计　量

6.0.1～6.0.3 关于能源消耗量的监测和计量的三方面措施，是根据调查测试中所发现的实际问题和按供电、供水有关部门的规定考虑到了采用国内产品的可能性，是能够实施的。这些措施将为这类建筑建成后进行科学的能量管理提供可靠的物质手段。

附录 A　旅游旅馆各种用途空调房间室内设计计算参数

在舒适性空调设计中，涉及到热舒适标准与卫生要求的室内设计计算参数有6项：温度、湿度、风速、新风量、噪声声级、室内空气含尘浓度。上述6项参数设计标准的高低，不但从使用功能上体现了该工程的等级，是估算全年能耗、考核与评价建筑物能量管理的基础，同时又是空调管理人员进行节能运行和设备维修的依据。因此，需要一个科学合理的统一标准。

旅游旅馆主要是为接待国外旅行者、华侨和港澳同胞等旅行而建设的，同时也是为来华经商、参加国际性会议、科技与文化交流活动者提供居住和开会的场所，故其室内环境标准应从满足上述人员要求为考虑。根据《旅游旅馆设计暂行标准》（国家计委计议[1986]147号文），我国旅游旅馆建设标准分为四级，各级之间的投资费用相差甚大，建成后的收费标准也有明显差别，因此按照经济原则，在热舒适标准上理应定出不同的水平。

在制订《旅游旅馆设计暂行标准》时，其附件三"各级旅游旅馆空调设计参数表的规定"，是依据1982年全国旅游旅馆建设空调经验调研的结果。从发布以来执行几年的情况看，总体上是合适的，但还存在着室内温度下限偏低等的差别，冬季室内温度下限偏低等不足之处。

调查测试表明，在许多宾馆、饭店建设过程中，普遍存在设计计算参数选用标准偏高倾向。一些建设单位与业主误认为，室内温度越低，夏季温度越低，冬季越高，自己的宾馆、饭店水平就越高，结果导致夏季过冷，要穿外套、薄毛衣；冬季过热，不得不开窗散热等既不舒适又浪费能源。一些设计者，为使其工程留有较多的安全裕量，设计计算时，不论级别高低，都将其室内设计状态点选在规定范围的靠近高标准侧（例如，夏季若规定了 24～26℃ 的范围，就选用 24℃ 进行计算）。

经验表明，在上海、广州地区，如果把设计计算温度夏季取高1℃，冬季取低1℃，则这将意味着空调工程投资额将降低 6% 左右，运行费用也减少 8% 左右。实际上用目前的空调负荷计算方法，按《旅游旅馆设计暂行标准》规定计算出的冷负荷已留有充分裕量，不必再在设计计算上层层加码，加大安全系数。

为了给设计提供科学合理的室内设计计算参数的选用标准，编制组在调查研究与理论计算基础上，在附录 A 中对 5 项参数作了具体规定。具体说明如下：

A.0.1　关于室内温度、湿度及风速的设计参数

客房区是一切旅馆的经营主体，一旦客房区参数定下来后，其它空调场所就有了一个相对比较的基础，故先以客房区为例说明之。

表 9 给出了英、美对客房温、湿度及风速的规定，和英、法、美、日、意、瑞士、挪威等国已建旅馆的相应参数的取值。表 10 统计了目前北京、上海、广州、深圳、杭州、西安的几十家代表性宾馆、饭店、酒楼客房的相应设计值。这些工程有的是美国、日本、香港、新加坡、德国、瑞

典的一些著名设计事务所设计的，所以在某种程度上以以反映当今国际工程状况。

国内工程客房温，湿度设计计算参数（续表）

工程名称		夏季 t(℃)	RH(%rh)	冬季 t(℃)	RH(%rh)
上海	华亭宾馆	24	55~65	22	>30
	花园饭店	24~26	40~65	22~24	40~65
	金沙江大酒店	23~26	40~60	20~23	40~60
南京	商城	25.5	50	21.1	
	金陵饭店	22	55	21	45
	友好饭店	25		22	
杭州	新侨饭店	25~27		20~22	
	工业大厦	28		16	
济南	齐鲁饭店	26	55~60	20	40~50
	东方宾馆	25	55	22	60
广州	白天鹅宾馆	24~25	55~60	20~22	40~50
	中国大酒店	24	55	22	40
	花园酒店	23.9	50~60	21.1	
	上海购物中心	25~26	60		
	晶都大酒店	25	50		
	国贸中心				
深圳	北方大厦	<28	<70		
	蛇口南海酒家	25~26	55~65		
西安	海口宾馆	26	50	20	30~40
	唐城饭店	26	50	20	30~40
	阿望宫	28		16	

从表 9 与表 10 可看出，室内温、湿度设计计算参数取值范围相当大。夏季最低到 22℃，最高为 28℃，但多数在 24~26℃ 之间；湿度一般在 50%~65% 范围内。冬季温度最低可到 16℃，最高为 24℃，多数在 20~23℃ 之间，湿度一般在 30%~60% 范围内。国际上对旅馆不但设计参数设有统一标

国外客房温、湿度及风速设计计算参数　表9

国家名称		夏季 t(℃)	RH(%rh)	V(m/s)	冬季 t(℃)	RH(%rh)	V(m/s)
美国 ASHRAE55—1981 标准		24.4	30~70	<0.25	21.7	30~70	<0.15
英国 IHVE 学会	高标准	22.0	40~60	<0.15	24.0	40~60	<0.15
美国开利公司	高标准	23.5	45~50		23~24.5	30~35	
	一般	25~26	45~50		20~23	35~40	
法国巴黎		23~26			22		
日本东京		26	50	0.10~0.15	24	40	0.10~0.15
美国新奥尔良		23	50		23	30	
意大利佛罗伦萨		26	50		20	50	
瑞士日内瓦		24	50		22	40	
挪威卑尔根		22	50		22	50	

国内工程客房温，湿度设计计算参数　表10

工程名称		夏季 t(℃)	RH(%rh)	冬季 t(℃)	RH(%rh)
北京	长城饭店	24.4	55	22.2	55
	昆仑饭店	25	55~60	21	35~40
	西苑饭店	24	60	21	>35
	香格里拉饭店	26	50	22	50
	长富宫饭店	25~27	45~55	21~23	40~50
	中国大酒店	23	50	22	
	国际饭店	26	<65	21	>35
	燕莎中心	24	65	23	
	皇家大饭店	25	50	22	40

准，就是星级评定也无统一标准，但是对室内热环境的舒适性有一国际标准，那就是 ISO 7730《适中温度热环境》（1984）。该标准实际上将丹麦 Fanger 教授的热舒适研究成果订入了国际标准，采用 PMV 与 PPD 指标作为热舒适评价指标，并以 Fanger 方程的 4 个环境参数——温度、平均辐射温度、湿度、风速，和 2 个人体主观因素——服装热阻与人体活动的新陈代谢，来计算 PMV 的定量关系式。

鉴于空调最终是为客房造成宾客各感受到舒适的热环境，不同等级，满足的程度应有差异。据此原则，本标准编制室内设计参数时，利用 ISO 7730 所给出的温度参数。为此首先作了以下两方面的设定：

(1) 按照《旅游旅馆设计暂行标准》，旅游旅馆分为四级，一级只是少数，相当于国外的五星豪华级，大量建设的是二、三级，四级是具有国内外旅馆通用特性的旅游旅馆。对这四种级别旅游旅馆的热舒适要求设定如表 11。

对四种级别旅游旅馆的热舒适设定　　　表 11

旅游旅馆级别	宾客对热舒适的满意程度(%)	热舒适指标		
		PPD(%)	PMV	
			夏季	冬季
一级	95	5	0	0
二级	92	8	+0.37	-0.37
三级	88	12	+0.57	-0.57
四级	84	16	+0.72	-0.72

(2) 根据大量调查、测试结果可对客房室内风速、相对湿度、平均辐射温度、服装热阻、新陈代谢率作出以下设定：

	夏季	冬季
风速(m/s)	0.25	0.15
相对湿度(%)	60	40
平均辐射温度(℃)	比室温高 4℃	与室温相等
服装热阻(clo)	0.70	0.90
新陈代谢率(met)	1.0	1.0

通过计算，得出客房室温的四级设计计算参数推荐值：

	夏季	冬季
一级	24℃	24℃
二级	25℃	23℃
三级	25℃	22℃
四级	26℃	22℃

1989 年专门发函致全国各大设计院征求对上述推荐值的意见。根据返回的意见，从空调工程除湿、加湿的能耗与可行性考虑，以及适当将四级旅馆热舒适要求降低的原则，对客房上述三项参数作了适当调整，最后提出如附录 A 所列规定值。

对于餐厅、宴会厅、大堂、四季厅等空调场所，计算方法相同，但在相对湿度、平均辐射温度、服装热阻、新陈代谢等参数设定上则因地而异。

A.0.2　关于新风量的设计参数

空调建筑一般均为窗户不开启的密闭性建筑。空气是人类赖以生存的不可缺少的条件。人生理上的新陈代谢，需要吸入一定数量的新鲜空气，同时又呼出相应数量的CO_2与水汽，并从体内排泄出有气味的有机物。因而需要向空调建筑室内供给一定数量的室外新鲜空气进行稀释。一般来说，送入的新气量越多，室内空气的新鲜程度就越高。但是，所送入的室外新鲜空气必须经过各种空气处理，达到规定的清洁度和温湿度。而新风处理与输配都需要消耗一定的能量。送入的数量越多，消耗的能量也越多。因此，从节约基建投资与节能角度看，又要限制送入的新风量。

从近年来我国内已建成的或正在建设的一些高层空调建筑工程实测来分析，空调新风供给量标准高低相差甚悬殊。据对38座宾馆、饭店的设计数据统计，最低标准，客房区不设新风系统，客房新鲜空气靠开窗来解决；而最高标准，如北京西苑饭店为144m³/h·room，南京金陵饭店为156.2m³/h·room，超过了日本东京王广场饭店豪华级客房140m³/h·room的标准。

在确定新风供给量标准时，既要反对首目追求高标准，加大安全系数，使设计新风量的取值越来越高；又要防止不顾宾馆工作人员健康，为了降低能耗与初投资，压低设计标准。确定新风量标准的基础原则，首先对不同级别的卫生标准，再根据所规定的卫生标准，在满足卫生标准的前提下来制订出相应的新风供给量标准，在满足卫生标准的前提下力求节能。

在宾馆饭店内，除厨房、洗衣房之外，室内主要污染源是人体的新陈代谢与行为活动。具体地说就是呼吸所产生的CO_2，从皮肤排出的有气味的有机物质，吸烟所产生的烟尘与烟气。

CO_2不是有毒物质，只有在1%～10%及以上的浓度条件下才危害人的健康。因此，美国政府与工业卫生专家会议建议把0.5%浓度作为工业范围的CO_2临界浓度。但是在舒适性空调房间内，由于人员轻微活动或休息状态，新陈代谢较低，室内CO_2浓度，一般远远低于上述的临界浓度水平。如果从维持人的生命过程需要的氧气来计算，所需提供的新鲜空气是很少的。据测算，对于一个静坐工作的人来说大约只需要提供0.41m³/h·p新鲜空气就可以了。因此，向空调房间内提供室外新鲜空气的主要作用是稀释人体呼出的CO_2、皮肤分泌出来的或其它过程散发出来的气味，以及吸烟时所产生的烟尘和烟气。

参照美国ASHRAE62标准与日本"空气调和·卫生工学会规格HASS102《换气》的评价指标，首先对四级旅游旅馆客房室内空气卫生状况的允许浓度作了如下规定：

	CO_2 允许浓度
一级	0.10%
二级	0.12%
三级	0.15%
四级	0.25%

然后，根据客房内人体的新陈代谢率、CO_2产生率，利用稀释公式可计算得在客房不吸烟条件下所需的新风供给量。

	新风供给量(m³/h·p)
一级	25.47
二级	19.10
三级	13.89
四级	7.27

大于10μm的灰尘都会包含在大气中。在空调房间内，居住者的行为活动也均会不同程度上扬起大大小小的尘埃。本标准室内参数既体现卫生要求，又需与工程专业采取技术措施相衔接，即这类尘埃也应该是过滤器选用与设计计算的对象，因此，本标准决定采用"空气中含尘浓度"来表征。

(2) 室内空气含尘浓度的限值。鉴于国内卫生界在这方面尚未做深入、系统的研究工作，因此，本标准参照美国环境保护局（EPA）的标准（第一套用来保护公共卫生；第二套用来保护土壤、水、植物，及人体舒适与健康免遭影响）和日本《建筑基准法》的规定，对人们长时间停留并对健康有影响的场所，如客房、餐饮、康乐等场所，规定空气中含尘浓度不超过0.15mg/m³，对大堂、四季厅、商业、服务等公共场所，规定为不超过0.25mg/m³。见表12、13。

美国EPA标准对室内含尘浓度的规定　　表12

	全年几何平均值(mg/m³)	24h内的最大值(mg/m³)
第一套标准	0.075	0.260
第二套标准	0.060	0.150

日本《建筑基准法》对室内气候参数的规定　　表13

悬浮粉尘含量	<0.1mg/m³
一氧化碳含量	<0.001%
二氧化碳含量	<0.1%
温度	17~28℃
相对湿度	45%~70%
气流	<0.5m/s

再考虑到吸烟条件下新风量需加倍的原则，以及四级旅游旅馆可不设新风供给系统的条件，最后确定为：

客房新风供给量(m³/h·p)

一级　　50
二级　　40
三级　　30
四级　　—

其它空调场所新风量确定的原理与客房相同，但在新陈代谢取值上则有所不同。

A.0.3 关于室内空气含尘浓度的参数

在旅游旅馆内，不但需要一个安静、舒适的室内热环境，而且还需要一个清洁卫生、有利于居住者身体健康、有利于室内建筑设备及建筑装饰保护的室内环境，所以应对室内空气中悬浮微粒的浓度作出明确规定。

(1) 室内空气含尘浓度与可吸入颗粒物的关系。悬浮于空气中的微粒，粒径小于10μm的固态与液态的微粒，以气溶胶的形态存在，俗称大气尘，环保专业又称为飘尘。在医学卫生行业，因为这种粒径的微粒，可直接被人吸入肺内，危害人体健康，称之为"可吸入颗粒物（英文缩写为IP）"，这被《公共场所卫生标准》GB9663~9673-83所采用。但"可吸入颗粒物"与空调净化专业习惯用词"空气中含尘浓度"不一致。为此，向卫生标准编制单位作了调研。国内大量调研表明，公认"可吸入颗粒物"是"含尘量"的70%，即空气中100g尘埃中70g为可吸入颗粒物。

考虑到在距地面200m高度的天空中，除了原有高空中大气尘之外，还有高度的烟囱的烟尘，刮风吹起的灰尘等粒径

国家建筑工程总局标准

住 宅 隔 声 标 准

JGJ 11—82

主编部门：中国建筑科学研究院
批准部门：国家建筑工程总局批准
报国家基本建设委员会备案
试行日期：1982年8月1日

通　知

（82）建工科字第183号

由中国建筑科学研究院会同有关单位编制的《住宅隔声标准》，经审定，批准为部颁标准，编号为JGJ11—82，自一九八二年八月一日起试行。

我国有关建筑功能方面的标准不多，经验也较少，请各单位在使用本《标准》过程中注意积累资料，总结经验，并将总结意见或资料及时函告中国建筑科学研究院物理所，以便今后修订。

国家建筑工程总局
一九八二年三月二十六日

住宅隔声标准

为防止住宅内邻户间噪声的相互干扰，特制定本标准，作为隔声设计的依据。

本标准包括分户墙与楼板的空气声隔声标准及门窗墙的撞击声隔声标准。不包括外墙、分室墙及门窗的隔声要求。

注：一般门、窗隔声量为20分贝左右，隔外墙上有窗、分室墙上有门，则隔声量将由门、窗决定。

关于住宅内的设备噪声隔声标准将另作规定。

1. 分户墙与楼板的空气声隔声标准，见表1。

表 1

空气声隔声等级	隔声指数 I_a （分贝）
一级	≥50
二级	≥45
三级	≥40

注：空气声隔声指数 I_a 是国际标准化组织(ISO)对围护结构空气声隔声性能所采用的单值评价方法确定的指数(详见附录A)。

2. 楼板撞击声隔声标准，见表2。

表 2

撞击声隔声等级	隔声指数 I_i （分贝）
一级	≤65
二级	≤75

注：①根据我国目前实际情况，在近期内对楼板撞击声隔声指数不得超过85分贝，作为三级外标准。
②撞击声隔声指数 I_i 是国际标准化组织(ISO)对楼板撞击声隔声性能所采用的单值评价方法确定的指数(详见附录A)。

编 制 说 明

《住宅隔声标准》是根据国家建筑工程总局(80)建工科规字第6号文要求，由中国建筑科学研究院物理所、同济大学、清华大学，北京市建筑设计院及上海市民用建筑设计院组成《住宅隔声标准》编制组，并与有关科研、高等院校和建筑设计等十六个单位共同协作编制的。

在编制过程中，对我国十四个主要城市的住宅隔声现状进行了大量的实测调研和调查，吸取了有关的试验研究成果，参照国外住宅标准的有关资料，结合我国当前的技术经济政策和水平提出初稿，并且向全国各有关单位广泛地征求了意见，最后经会议讨论审查定稿。

本标准共三条。另有三个附录，即《隔声指数 I_a 及 I_i》、《住宅隔声测量暂行规定》、《住宅现场隔声测量暂行规定》、《隔声测量资料汇总》。

在执行本标准过程中，如发现需要修改和补充之处，请将意见与有关资料寄给中国建筑科学研究院物理所，以便修订时参考。

中国建筑科学研究院
一九八二年三月二十日

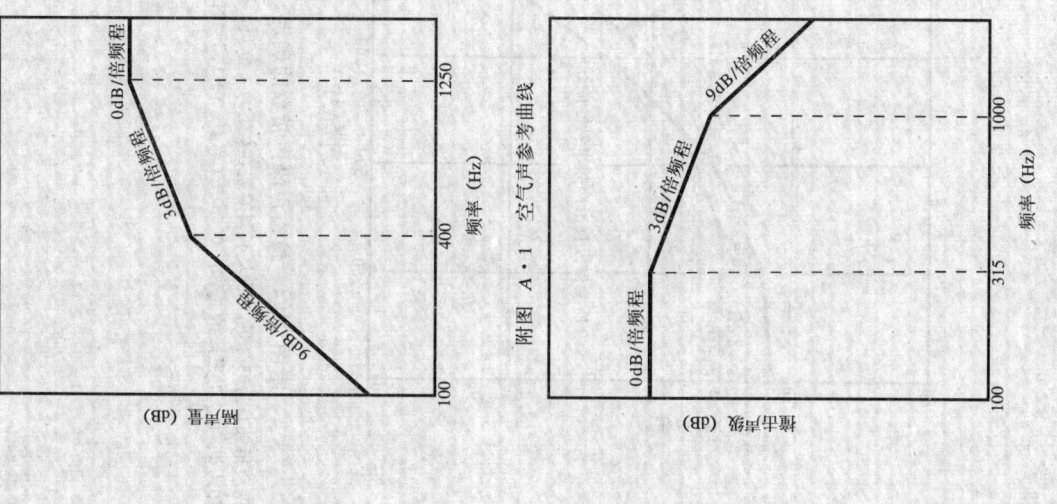

附图 A·1 空气声参考曲线

附图 A·2 撞击声参考曲线

3 隔声质量的检验

3.1 隔声质量应作为检验住宅建筑质量的一项指标；隔声质量检验应作现场进行，共测试方法可按附录B《住宅现场隔声测量暂行规定》进行。

3.2 隔墙和楼板构件在实验室间测量的隔声数据，可作为设计时的参考，不得作为验收的依据。

附录A 隔声指数 I_a 及 I_i 的确定

（补 充）

隔声指数 I_a 及 I_i 是同国际标准化组织（ISO）对围护结构隔声性能所采用的一种单值评价指标。是将所测得的隔声频率特性曲线，与国际标准化组织规定的参考曲线，按一定方法进行比较后读取的数值。

空气声与撞击声的参考曲线分别见附图 A.1，附图 A.2。

隔声指数的确定：先将隔声频率特性曲线按规定的比例画于纸上，然后将绘有参考曲线的透明纸覆盖共上（参考曲线与比例的同上），参考曲线以1分贝为一步，向测得的曲线移动，至下列两条规定部得到满足为止：

（1）不利偏差的总和：当采用 1/3 倍频程频谱时不大于32分贝，采用倍频程频谱时不大于10分贝。

（2）在任一频率的不利偏差：当采用 1/3 倍频程频谱时不大于 5分贝，采用倍频程频谱时不大于8分贝，采用倍频程频谱时不大于 5分贝。

满足上述两条件时，参考曲线位置时，参考曲线上：500赫线所指向的隔声量指数，即为隔声指数。

实例见附图A.3、附图A.4。

注：① 隔声频率特性曲线的比例：横坐标每倍频程相距1.5厘米；纵坐标每10分贝相距2厘米。

② 所谓不利偏差，对空气声隔声来说，是指测量数低于参考数值的情况（即低于参考曲线的部分），对撞击声隔声来说，则是指测量数依过参考数的情况（即高于参考曲线的部分）。计算中仅计算及不利方向的偏差，有利偏差不计在作内。

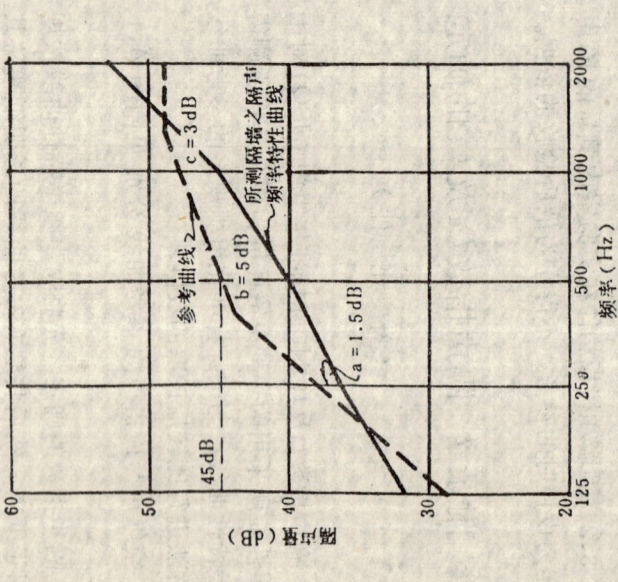

附图 A.3 空气声隔声指数的确定

隔声指数I_a为15分贝，最大不利偏差在b处为5分贝，不利偏差总和为a、b、c三段的总和：$a+b+c=1.5+5+3=9.5$分贝 <10分贝

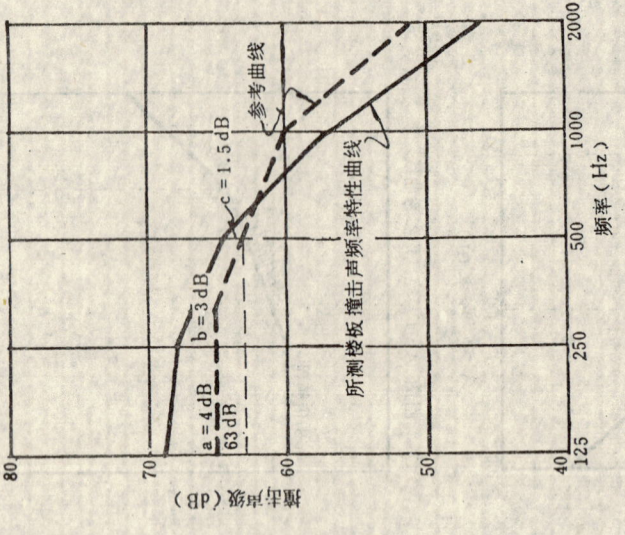

附图 A.4 撞击声隔声指数的确定

隔声指数I_i为63分贝，最大不利偏差在a处为4分贝，不利偏差总和为a、b、c三段的总和：$a+b+c=4+3+1.5=8.5$分贝 <10分贝

住宅现场隔声测量记录表

附表 B.1

测量地点 _____ 省 _____ 市 _____ 路（区） _____ 栋 _____ 单元 _____ 层 _____ 号   测量内容 _____

被测构件名称 _____ 面密度 _____ 公斤/米²   造价 _____ 元/米²   测量日期 ____ 年 ____ 月 ____ 日   第 ____ 页   测量者 _____

声源室体积 $V_1 =$ ____ × ____ × ____ = ____ 米³

受声室体积 $V_2 =$ ____ × ____ × ____ = ____ 米³

受声室内表面积 $S =$ ____ 米²

被测构件面积 $S_W =$ ____ 米²

项 目	频　率　（赫）					评　价	
	声　压　级　（分贝）					平　均	
	125	250	500	1000	2000	C	A
						I_o	I_l

	项　目	125	250	500	1000	2000	C	A
一 声源室	测 点 1							
	2							
	3							
	平 均 $\overline{L_1}$							
二 受声室背景	L_o							
	测 点 1							
	2							
	3							
	平 均 $\overline{L_2}$							
三 受声室吸声修正项	第一位置 点 1							
	2							
	3							
	第二位置 4							
	5							
	6							
	平 均 $\overline{L_p}$							
	8 10lgA							
	9 10-10lgA							
四 结 果	10 $D = \overline{L_1} - \overline{L_2}$							
	11 $R' = \overline{L_1} - \overline{L_2} + 10\lg\dfrac{10}{A}$							
	12 $\overline{L_l}$							
	13 $L'_n = \overline{L_l} + 10\lg\dfrac{A}{10}$							

频率（赫）

125　250　500　1000　2000

声源室

受声室

测试房间平面、门窗位置、测点位置

被测构件断面构造及尺寸

附录 B 住宅现场隔声测量暂行规定

（补充件）

住宅现场隔声测量，可按国际标准 ISO 140/IV 及 ISO 140/VII 的规定进行，亦可按本暂行规定之简化测量方法进行。

住宅现场隔声测量的简化方法是按照隔声测试规范的要求，结合住宅现场隔声测量的特点而确定的。

B.1 空气声的测量

B.1.1 声源

采用标准撞击器及声源箱组成标准声源。将标准声源箱置于被测墙对面的墙角处。若测楼板空气声，则将标准声源置于楼板下面房间内任意一个端角处。声源和下边必须有性能良好的隔振垫，如泡沫塑料、海绵橡胶等，厚度至少 5 厘米。

注：①标准撞击器系据国际标准化组织（ISO）规定而制造的定型产品。
　　②也可使用白噪声作为声源。

① 国内已有生产。

B.1.2 接收仪器

采用精密声级计及倍频程滤波器作接收仪器。测量前必须对接收仪器反复进行校准。测量频带的中心频率为：125，250，500，1000，2000 赫。另外还需测量 C 声级和 A 声级。以上测量均用慢档用 5 秒内的平均值。

B.1.3 声场及测点

所选房间的体积必须大于 30 米³，墙或楼板两侧房间的体积不应相差太大。测定的构件面积不得小于 10 米²。测点必须离开面 0.5 米反射面以上，但其中必须包括房间中心附近的一点。各测点之间的声压级差超过 6 分贝时，超过部分的频率至少测六个点。结果的表达取它们的算术平均值。如果各测点的声压级差超过 10 分贝时，则声场不符合要求，需另选房间。

B.1.4 几项具体规定

B.1.4.1 测量时声场内不得超过 2 人。

B.1.4.2 测量者各持仪器正对背向声源，亦不得将背向声源，亦不得将传声器正对声源。

B.1.4.3 传声器与声源间不应有人或物体的遮挡。

B.1.4.4 记录者站在声源的后方。

B.1.4.5 传声器离地面的高度为 1.2～1.4 米，可采用三角架固定声级计。

B.1.4.6 测量之前，应将"住宅现场隔声测量记录表"（附表 B.1）中不能填写的项目填写清楚。

B.1.4.7 测量时房间的门窗必须关闭。

背景噪声对测量结果影响的修正值　　附表 B.2

L_2-L_y（分贝）	3	4	5	6	7	8	9
修正值（分贝）	-3	-2	-2	-1	-1	-0.5	-0.5

$$A = \frac{0.164V}{T} \tag{2}$$

式中　V——受声室的体积，米³；

　　　T——受声室的混响时间，秒。

另一确定等效吸声面积的方法是利用标准声源进行测量后推算，其测量方法如下：

B.1.6.2.1　事先测出标准声源各频带的声功率级 L_W。

B.1.6.2.2　在被测构件的受声室内，将标准声源置于混响区域内（离开反射面1.0米），从两个不同的声压级分别发声。对每个声源位置需测三个点的声压级，每个测点的传声器须离开声源1.5米以上，以保证工作是在混响场内进行。并按B.1.3规定测算出六个点的声压级的平均值$\bar{L}_P$。

B.1.6.2.3　将测得的$\bar{L}_P$值代入（3）式，即可求得 $10\lg A$

$$10\lg A = L_W - \bar{L}_P + 6 \tag{3}$$

式中　A——等效吸声面积，米²；

　　　L_W——标准声源的声功率级，分贝；

　　　$\bar{L}_P$——按B.1.6.2.2规定所测得的平均声压级，分贝。

将求得的$10\lg A$填入记录表第8项

注：$10\lg A$的推算方法系根据公式 $I = \dfrac{4W}{A}$

$$10\lg\frac{I}{I_0}=10\lg\frac{W}{W_0}+10\lg A$$
$$L_P = 6 + L_W - 10\lg A$$
$$10\lg A = L_W - L_P + 6$$

出：

B.1.5　对受声室背景噪声的要求

在进行测量之前，应作受声室内背景噪声的测量。背景噪声L_0应低于受声室内相应频带的测试声压级（L_2）10分贝或低10分贝以上，若不到10分贝，则应按附表B.2所列之修正值，对所测得的受声室声压级进行修正。背景噪声应较稳定的噪声，而不应测噪声值。测得的背景噪声修正值，应填入附表B.1第3项。

上述的修正项应用于以下各数上。

如果$L_2 - L_0$少于3分贝，即声压级L_2接近或低于背景噪声，则不能确定L_2的精确值，不能进行测量。

B.1.6　测量与计算方法

B.1.6.1　隔声量R'的测量与计算

按B.1.2规定的频率范围，作声源室与受声室测定求得平均值$\bar{L}_1$、$\bar{L}_2$，然后按B.1.3规定求出第2项及第5项。

应各测点的声压级，分别填入记录表第2项及第5项，$\bar{L}_1$、$\bar{L}_2$，分别填入两室间围护结构的隔声量R'为：

$$R' = \bar{L}_1 - \bar{L}_2 + 10\lg\frac{10}{A} \quad 分贝 \tag{1}$$

式中　$\bar{L}_1$——声源室内平均声压级，分贝；

　　　$\bar{L}_2$——受声室内平均声压级，分贝；

　　　A——受声室内的等效吸声面积，米²。

（1）式中$10\lg\dfrac{10}{A}$为吸声量修正项，其中分子项10米²

B.1.6.2　受声室等效吸声面积A的测量和计算

可以用测量受声室混响时间的方法，按公式（2）算出：

B.1.6.2.4 受声室的吸声修正项 $10\lg\frac{10}{A}$，将此值填入记录表第 9 项。

$$10\lg\frac{10}{A}=10\lg10-10\lg A=10-10\lg A$$

B.1.6.2.5 将记录表之第 10 项与第 9 项相加，即可算出隔声量R'，并填入记录表第11项。

B.1.7 结果的表达

按B.1.6得出R'值后，将计算结果在记录表的座标图中绘出频率特性曲线，算出R'的平均值，并按附录 A的方法读出隔声量指数I_a，分别记入记录表中。

B.2 楼板撞击声隔声测量

B.2.1 撞击声源

采用B.1.1中规定的标准撞击器。

撞击器放在所测楼板上，其位置及方向见附图 B.1。图中撞击器位置1，处于楼板中心附近；撞击器位置2，处于位置1到墙角距离的中间点附近；撞击器位置3，处于1、2、3构成的任角三角形且正角附近。

B.2.2 接收仪器

接收仪器与B.1.2规定相同。

B.2.3 楼板下受声室声场及测点

测点不能正对撞击器正中心的位置，其它要求及测点必须包括大致在房间中心的一点，其它要求同B.1.3。

B.2.4 几项具体规定同B.1.4。

B.2.5 对受声室背景噪声的要求同B.1.5。

B.2.6 测量与计算方法

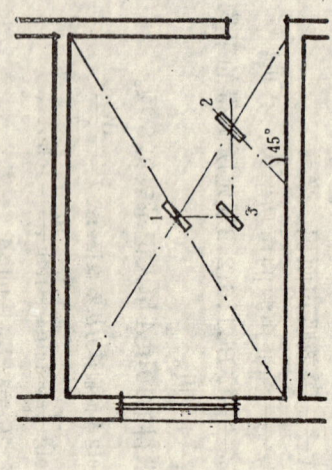

附图 B.1 撞击器位置示意图

B.2.6.1 按 B.1.2规定的频率范围，测量楼板下受声室内各测点的撞击声压级，填入记录表第 4 项。并按 B.1.3的要求，算出平均撞击声级 $\bar{L}_n$，填入记录表第 12项。楼板的标准撞击声级 L'_n 为

$$L'_n=\bar{L}_i+10\lg\frac{A}{10}\quad\text{分贝}\quad（4）$$

式中，$10\lg\frac{A}{10}$ 为受声室内吸声修正项，它的测量与计算方法同 B.1.6.2。

B.2.7 结果的表达

按B.2.6计算出L'_n后，将计算结果在记录表的座标图中绘出频率特性曲线，算出L'_n的平均值，并按附录 A的方法读出撞击声隔声指数I_n，分别地入记录表中。

编号	构件名称	面密度(kg/m²)	空气声隔声指数(dB)
3	14~18cm钢筋混凝土大板	250~400	46~50
4	25cm加气混凝土板双面抹灰	220	47~48
5	3~4层纸面石膏板组合墙	60	45~49
6	2×9cm纸面双层硬化石灰板喷浆	130	45
7	板条墙	90	45~47
8	14~16cm钢筋混凝土空心大板	200~240	43~47
9	石膏板与轻混凝土的组合墙体	65~69	44~47
10	20~24cm球渣的或粉煤灰砖墙双面抹灰	280	44~47
11	12cm砖墙，双面抹灰	220~285	43~47
12	20cm混凝土空心砌块，双面抹灰	60	43~47
13	石膏龙骨四层石膏板；板竖向排列 板横向排列	110	45~47 41
14	抽空石膏条板双面抹灰		42
15	12~15cm加气混凝土双面抹灰	150~165	40~45
16	8~9cm石膏条复合板墙	32	37~41
17	石膏板与加气混凝土组合墙体一层	70	38~39
18	10cm石膏条蜂窝板加贴石膏板一层	44	35
19	2×6cm双层珍珠岩石膏板	70	30~35
20	8~9cm双层纸面石膏板（木龙骨）	25	31~34
21	9cm单层硬化石膏板	65	32
22	8cm双层水泥刨花板	45	30
23	6cm单层珍珠岩石膏板	35	24

B.3 关于使用"住宅隔声测量记录表"的几点说明

B.3.1 测量内容一栏，若测量墙板的空气声时，则填"空气声"三字；若测量楼板撞击声时，则填"撞击声"三字。

B.3.2 测量楼板撞击声时，将测量结果填在"变声"一栏内，其三点平均即为 L。

B.3.3 "变声吸声"一栏中的"第一位"是指标准吸声修正项为。"第一位置"和"第二位置"是指根据标准所述的两个位置。

附录C 住宅隔声测量资料汇总
（参考件）

本资料所列构件之隔声性能，以多年来各地住宅现场隔声测量与调查所得之数据为主整理而成。由于各地构件的施工条件不一和测量的误差，有些构件的隔声性能数据有一个幅度，可供设计时参考，但不能作为验收的依据。具体隔声指数和结构示意参见附表及附图。

墙板的隔声性能
附表 C.1

编号	构件名称	面密度(kg/m²)	空气声隔声指数(dB)
1	24cm砖墙双面抹灰	500	48~53
2	14cm振动砖墙板	300	48~50

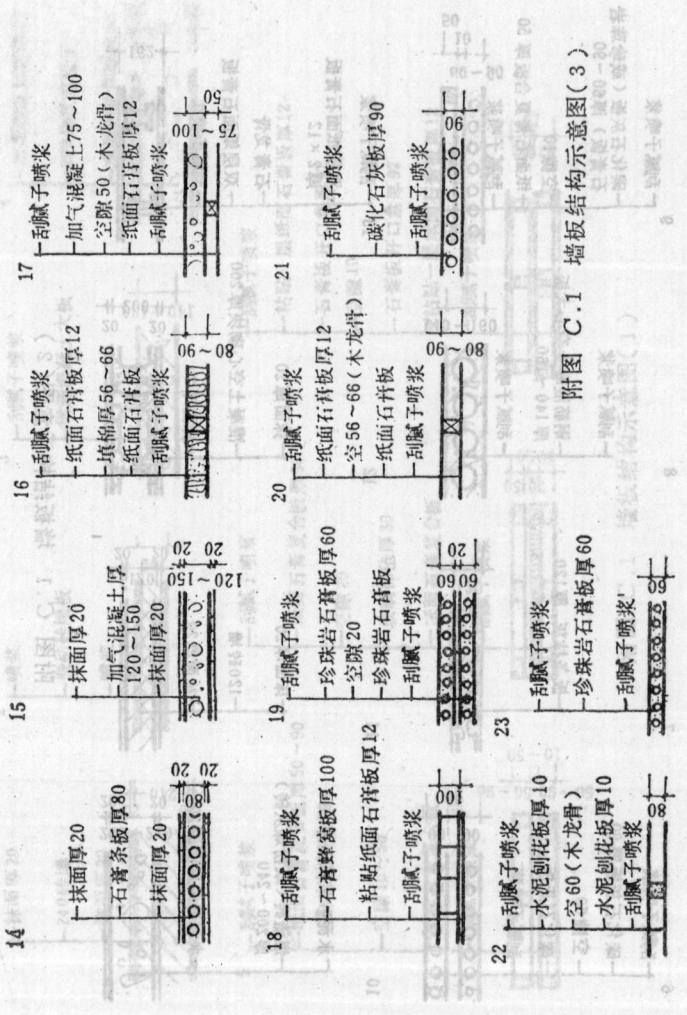

14　抹面厚20　石膏茶板厚80　抹面厚20　　20 20　80

15　抹面厚20　加气混凝土厚120～150　抹面厚20　　120～150　20 20

16　刮腻子喷浆　纸面石衬板厚12　填棉厚56～66　纸面石衬板　刮腻子喷浆　　60～80

17　刮腻子喷浆　加气混凝土75～100　空隙50（木龙骨）　纸面石衬板厚12　刮腻子喷浆　　50　75～100

18　刮腻子喷浆　石膏蜂窝板厚100　粘贴纸面石衬板厚12　刮腻子喷浆　　100

19　刮腻子喷浆　珍珠岩石膏板厚60　空隙20　珍珠岩石膏板　刮腻子喷浆　　60 60　20

20　刮腻子喷浆　纸面石衬板厚12　空隙56～66（木龙骨）　纸面石衬板　刮腻子喷浆　　60～80

21　刮腻子喷浆　碳化石砖厚90　刮腻子喷浆　　90

22　刮腻子喷浆　水泥刨花板厚10　空隙60（木龙骨）　水泥刨花板厚10　刮腻子喷浆　　80

23　刮腻子喷浆　珍珠岩石膏板厚60　刮腻子喷浆　　60

附图 C.1　墙板结构示意图（3）

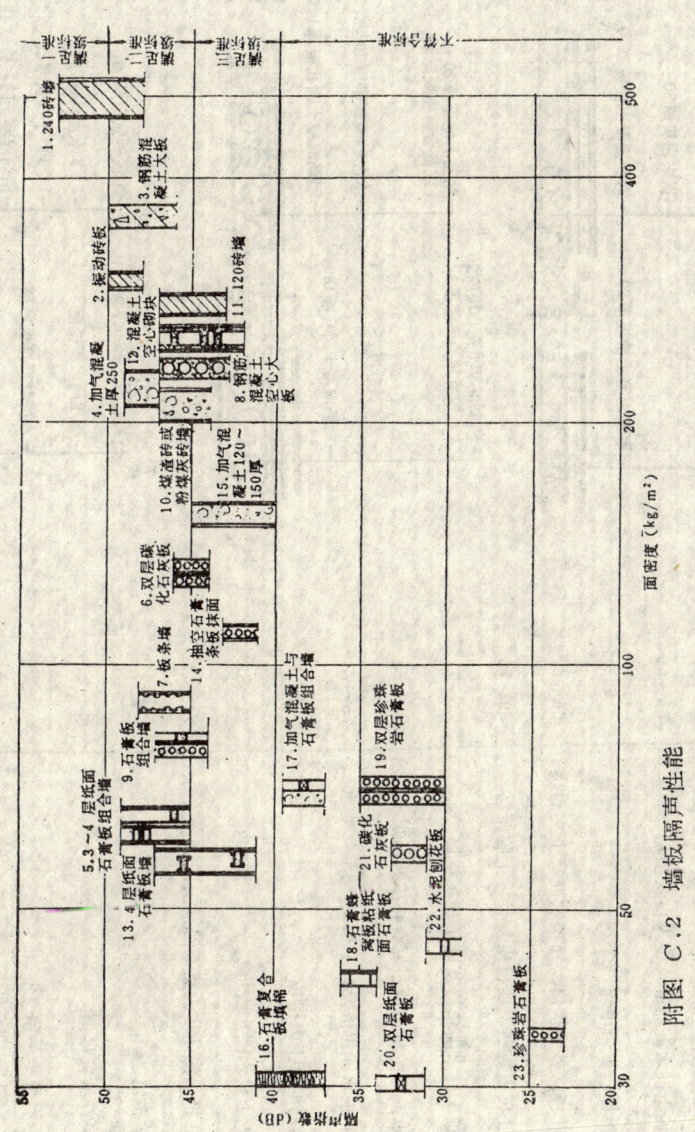

附图 C.2 墙板隔声性能

楼板的隔声性能　　　　附表 C.2

编号	构件名称	撞击声压级指数 (dB)
1	钢筋混凝土楼板上石木搁栅垫层的木楼板	58~65
2	钢筋混凝土楼板上设水泥焦渣及锯末白灰垫层	65~66
3	钢筋混凝土槽形板，板条吊顶	66
4	钢筋混凝土圆孔板，砂子垫层，铺预制混凝土夹心块	66~67
5	钢筋混凝土楼板上实贴木地板或砂复合再生胶面层	69~72
6	钢筋混凝土楼板上设水泥焦渣及砂子烟灰垫层	71~72
7	钢丝网水泥楼板，干铺板吊顶，复合再生胶面层	73~75
8	钢筋混凝土圆孔板上设水泥焦渣及砂子烟灰垫层	75~78
9	11~12cm厚钢筋混凝土大楼板	77
10	钢筋混凝土楼板上设水泥焦渣垫层	81~83
11	钢筋混凝土圆孔板水泥砂浆或石混凝土面层	82~84
12	密肋楼板松散矿渣填芯	82
13	钢丝网水泥楼板纤维板吊顶	83~87
14	钢丝网水泥楼板石膏板吊顶	86~90
15	密肋楼板珍珠岩或陶粒砂浆填芯	85~89
16	密肋楼板加气混凝土或纸蜂窝填芯	92~96
17	钢丝网水泥楼板	101

构造示意图

1　木地面厚20／木搁栅同垫焦渣厚50／钢筋混凝土楼板厚90

2　水泥砂浆抹面厚20／1:8水泥焦渣厚30／锯末白灰层／钢筋混凝土楼板厚90

3　水泥砂浆面厚20／钢筋混凝土槽型板／木筋厚20／板条抹灰吊顶

4　预制混凝土夹心块厚60（石灰炉渣再生胶芯）／干铺黄砂层25／钢筋混凝土圆孔板180

5　钻贴木地面厚20（或复合再生胶厚5）／水泥砂浆找平层20／钢筋混凝土圆孔板厚120

6　水泥砂浆面厚20／1:8水泥焦渣厚30／1:3砂子烟灰厚30／钢筋混凝土楼板厚90

7　复合再生胶面厚5／钢丝网水泥楼板／木龙骨纤维板吊顶

8　水泥砂浆面厚20／1:8水泥焦渣厚30／1:3砂子烟灰厚30／钢筋混凝土圆孔板厚180

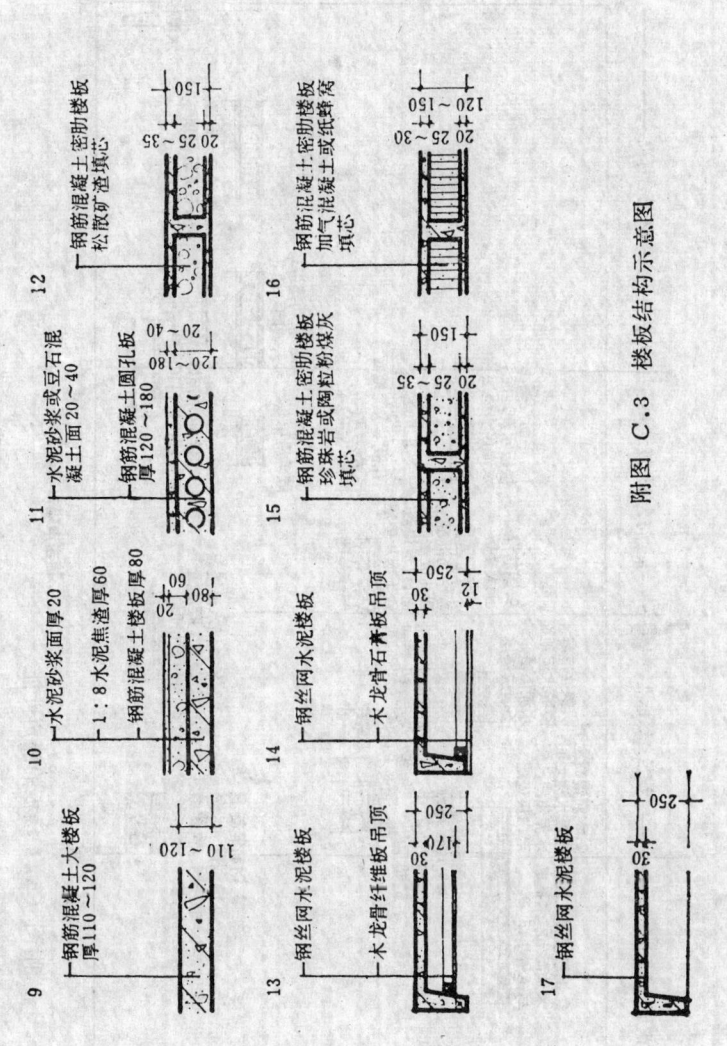

附图 C.3 楼板结构示意图

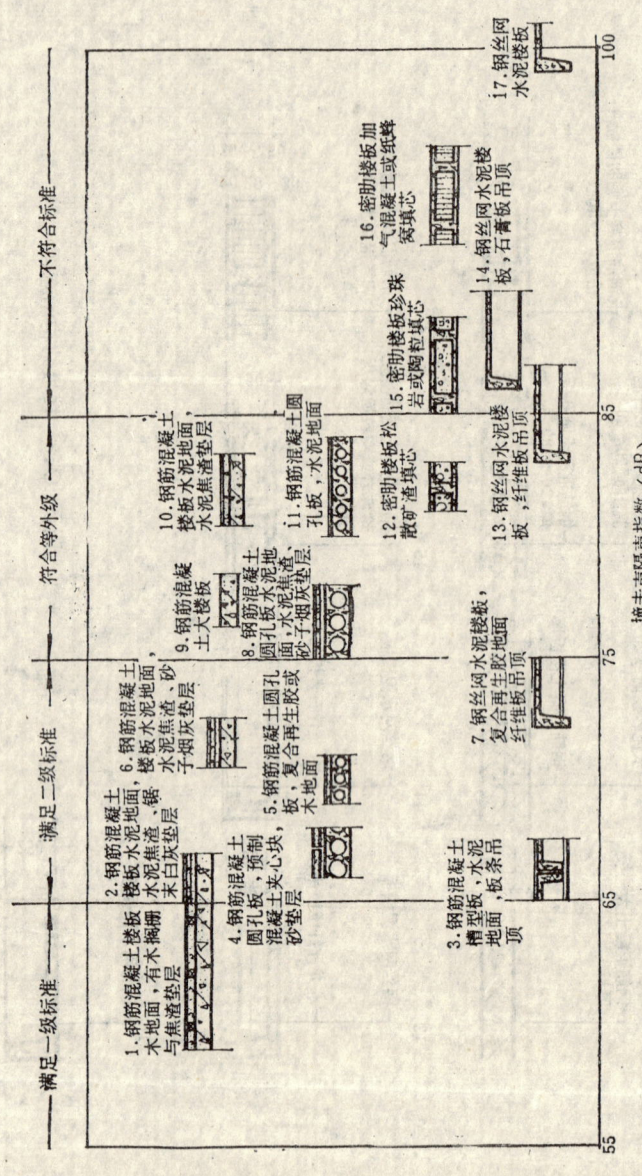

附图 C.4 楼板的隔声性能

关于发布行业标准《民用建筑节能设计标准（采暖居住建筑部分）》的通知

建标〔1995〕708号

根据建设部〔1991〕建标字第718号文的要求，由中国建筑科学研究院主编的《民用建筑节能设计标准（采暖居住建筑部分）》，业经审查，现批准为行业标准，编号JGJ26—95，自1996年7月1日起施行。原部标准《民用建筑节能设计标准（采暖居住建筑部分）》（JGJ26—86）同时废止。

本标准由建设部建筑工程标准技术归口单位中国建筑科学研究院归口管理并负责其具体解释。

本标准由建设部标准定额研究所组织出版。

中华人民共和国建设部
1995年12月7日

中华人民共和国行业标准

民用建筑节能设计标准

（采暖居住建筑部分）

Energy conservation design standard for new heating residential buildings

JGJ 26—95

主编单位：中国建筑科学研究院
批准部门：中华人民共和国建设部
施行日期：1996年7月1日

1 总　则

1.0.1 为了贯彻国家节约能源的政策，扭转我国严寒和寒冷地区居住建筑采暖能耗大、热环境质量差的状况，通过在建筑设计和采暖设计中采用有效的技术措施，将采暖能耗控制在规定水平，制订本标准。

1.0.2 本标准适用于严寒和寒冷地区设置集中采暖的新建和扩建居住建筑建筑热工与采暖节能设计。暂无条件设置集中采暖的居住建筑，其围护结构宜按本标准执行。

1.0.3 按本标准进行居住建筑建筑热工与采暖节能设计时，尚应符合国家现行有关标准、规范的规定。

2 术语、符号

2.0.1 采暖期室外平均温度 (t_e) outdoor mean air temperature during heating period

在采暖期起止日期内，室外逐日平均温度的平均值。

2.0.2 采暖期度日数 (D_d) degreedays of heating period

室内基准温度18℃与采暖期室外平均温度之间的温差，乘以采暖期天数的数值，单位℃·d。

2.0.3 采暖能耗 (Q) energy consumed for heating

用于建筑物采暖所消耗的能量，本标准中的采暖能耗主要指建筑物耗热量和采暖耗煤量。

2.0.4 建筑物耗热量指标 (q_H) index of heat loss of building

在采暖期室外平均温度条件下，为保持室内计算温度，单位建筑面积在单位时间内消耗的需由室内采暖设备供给的热量，单位：W/m²。

2.0.5 采暖耗煤量指标 (q_c) index of coal consumeption for heating

在采暖期室外平均温度条件下，为保持室内计算温度，单位建筑面积在一个采暖期内消耗的标准煤量，单位：kg/m²。

2.0.6 采暖设计热负荷指标 (q) index of design load for heating of building

在采暖期室外计算温度条件下，为保持室内计算温度，单位建筑面积在单位时间内需由锅炉房或其他供热设施供给的热量，单位：W/m²。

2.0.7 围护结构传热系数 (K) overall heat transfer coefficient of building envelope

围护结构两侧空气温差为1K，在单位时间内通过单位面积围

transferied heat quantity

在采暖室内外计算温度条件下，全日理论水泵输送耗电量与全日系统供热量的比值。两者取相同单位，无因次。

护结构的传热量，单位：W/（m²·K）。

2.0.8 围护结构传热系数的修正系数（ε）correction factor for overall heat transfer coefficient of building envelope

不同地区，不同朝向的围护结构，因受太阳辐射和天空辐射的影响，使得其在两侧空气温差同样为1K情况下，在单位时间内通过单位面积围护结构的传热量要改变。这个改变后同样未受太阳辐射和天空辐射影响的原有传热量的比值，即为围护结构传热系数的修正系数。

2.0.9 建筑物体形系数（S）shape coefficient of building

建筑物与室外大气接触的外表面积与其所包围的体积的比值。外表面积中，不包括地面和不采暖楼梯间隔墙和户门的面积。

2.0.10 窗墙面积比 area ratio of window to wall

窗户洞口面积与房间立面单元面积（即建筑层高与开间定位线围成的面积）的比值。

2.0.11 采暖供热系统 heating system

锅炉机组、室外管网、室内管网和散热器等设备组成的系统。

2.0.12 锅炉机组容量 capacity of boiler plant

又称额定出力。锅炉铭牌标出的出力，单位：MW。

2.0.13 锅炉效率 boiler efficiency

锅炉产生的、可供有效利用的热量与其燃烧的煤所含热量的比值。在不同条件下，又可分为锅炉铭牌效率和运行效率。

2.0.14 锅炉铭牌效率 rating boiler efficiency

又称额定效率。锅炉在设计工况下的效率。

2.0.15 锅炉运行效率（η_2）rating of boiler efficiency

锅炉实际运行工况下的效率。

2.0.16 室外管网输送效率（η_1）heat transfer efficiency of outdoor heating network

管网输出总热量（输入总热量减去各段热损失）与管网输入总热量的比值。

2.0.17 耗电输热比 EHR值 ratio of electricity consumption to

3 建筑物耗热量指标和采暖耗煤量指标

3.0.1 建筑物耗热量指标应按下式计算：

$$q_H = q_{H \cdot T} + q_{INF} - q_{I \cdot H} \qquad (3.0.1)$$

式中 q_H——建筑物耗热量指标 (W/m²)；
$q_{H \cdot T}$——单位建筑面积通过围护结构的传热耗热量 (W/m²)；
q_{INF}——单位建筑面积的空气渗透耗热量 (W/m²)；
$q_{I \cdot H}$——单位建筑面积的建筑物内部得热（包括炊事、照明、家电和人体散热），住宅建筑，取 3.80W/m²。

3.0.2 单位建筑面积通过围护结构的传热耗热量应按下式计算：

$$q_{H \cdot T} = (t_i - t_e)(\sum_{i=1}^m \varepsilon_i \cdot K_i \cdot F_i)/A_o \qquad (3.0.2)$$

式中 t_i——全部房间内平均室内计算温度，一般住宅建筑，取 16℃；
t_e——采暖期室外平均温度 (℃)，应按本标准附录 A 采用；
ε_i——围护结构传热系数的修正系数，应按本标准附录 B 附表 B 采用；
K_i——围护结构的传热系数 [W/ (m²·K)]，对于外墙应取其平均传热系数，计算方法见本标准附录 C；
F_i——围护结构的面积 (m²)，应按本标准附录 D 的规定计算；
A_o——建筑面积 (m²)，应按本标准附录 D 的规定计算。

3.0.3 单位建筑面积的空气渗透耗热量应按下式计算：

$$q_{INF} = (t_i - t_e)(C_p \cdot \rho \cdot N \cdot V)/A_o \qquad (3.0.3)$$

式中 C_p——空气比热容，取 0.28W·h/ (kg·K)；
ρ——空气密度 (kg/m²)，取 t_e 条件下的值；
N——换气次数，住宅建筑取 0.5 1/h；
V——换气体积 (m³)，应按本标准附录 D 的规定计算。

3.0.4 采暖耗煤量指标应按下式计算：

$$q_c = 24 \cdot Z \cdot q_H/H_c \cdot \eta_1 \cdot \eta_2 \qquad (3.0.4)$$

式中 q_c——采暖耗煤量指标 (kg/m²) 标准煤；
q_H——建筑物耗热量指标 (W/m²)；
Z——采暖期天数 (d)，应按本标准附录 A 采用；
H_c——标准煤热值，取 8.14×10³W·h/kg；
η_1——室外管网输送效率，采取节能措施前，取 0.85，采取节能措施后，取 0.90；
η_2——锅炉运行效率，采取节能措施前，取 0.55，采取节能措施后，取 0.68。

3.0.5 不同地区采暖居住建筑耗热量指标和采暖耗煤量指标不应超过本标准附录 A 附表 A 规定的数值。

3.0.6 集体宿舍、招待所、旅馆、托幼建筑等采暖居住建筑围护结构的保温应达到当地采暖居住宅建筑相同的水平。

4 建筑热工设计

4.1 一般规定

4.1.1 建筑物朝向宜采用南北向或接近南北向，主要房间宜避开冬季主导风向。

4.1.2 建筑物体形系数宜控制在0.30及0.30以下；若体形系数大于0.30，则屋顶和外墙传热系数应符合表4.2.1的规定。

4.1.3 采暖居住建筑的楼梯间和外廊应设置门窗；在采暖期室外平均温度为-0.1～-6.0℃的地区，楼梯间不采暖时，楼梯间隔墙和户门应采取保温措施；在-6.0℃以下地区，楼梯间应采暖，入口处应设置门斗等避风设施。

4.2 围护结构设计

4.2.1 不同地区采暖居住建筑各部分围护结构的传热系数不应超过表4.2.1规定的限值。

4.2.2 当实际采用的窗户传热系数比表4.2.1规定的限值低0.5及0.5以上时，在满足本标准规定的耗热量指标条件下，可按本标准3.0.1～3.0.3条规定的方法，重新计算确定外墙和屋顶所需的传热系数。

4.2.3 外墙受周边混凝土梁、柱等热桥影响条件下，其平均传热系数不应超过表4.2.1规定的限值。

4.2.4 窗户（包括阳台门上部透明部分）面积不宜过大。不同朝向的窗墙面积比不应超过表4.2.4规定的数值。

不同朝向的窗墙面积比　　　　表4.2.4

朝　向	窗墙面积比
北	0.25
东、西	0.30
南	0.35

注：如窗墙面积比超过上表规定的数值，则应调整外墙及屋顶等围护结构的传热系数，使建筑物耗热量指标达到规定要求。

4.2.5 设计中应采用气密性良好的窗户（包括阳台门），其气密性等级，在1～6层建筑中，不应低于现行国家标准《建筑外窗空气渗透性能分级及其检测方法》(GB7107)规定的Ⅲ级水平；在7～30层建筑中，不应低于上述标准规定的Ⅱ级水平。

4.2.6 在建筑物采用气密窗或设置密封条的情况下，房间同应设置可以调节的换气装置或其他可行的换气设施。

4.2.7 围护结构的热桥部位应采取保温措施，以保证其内表面温度不低于室内空气露点温度并减少附加传热损失。

4.2.8 采暖期室外平均温度低于-5.0℃的地区，建筑物的外墙在室外地坪以下的垂直墙面，以及周边直接接触土壤的地面应采取保温措施。在室外地坪以下的垂直墙面，其传热系数不应超过表4.2.1规定的周边地面传热系数限值。在外墙周边从外墙内侧算起2.0m范围内，地面的传热系数不应超过0.30W/(m²·K)。

不同地区采暖居住建筑各部分围护结构传热系数限值 [W/(m²·K)]

表 4.2.1

采暖期室外平均温度(℃)	代表性城市	屋顶 体形系数≤0.3	屋顶 体形系数>0.3	外墙 体形系数≤0.3	外墙 体形系数>0.3	不采暖楼梯间 隔墙	不采暖楼梯间 户门	窗户(含阳台门) 阳台门上部	窗户(含阳台门) 阳台门下部芯板	外门	地板 接触室外空气地板	地板 不采暖地下室上部地板	地面 周边地面	地面 非周边地面
2.0~1.0	郑州、洛阳、徐州	0.80	0.60	1.10/1.40	0.80/1.10	1.83	2.70	4.70/4.00	1.70	/	0.60	0.65	0.52	0.30
0.9~0.0	西安、拉萨、济南、青岛、安阳	0.80	0.60	1.00/1.28	0.70/1.00	1.83	2.70	4.70/4.00	1.70	/	0.60	0.65	0.52	0.30
−0.1~−1.0	石家庄、德州、晋城、天水	0.80	0.60	0.92/1.20	0.60/0.85	1.83	2.00	4.70/4.00	1.70	/	0.60	0.65	0.52	0.30
−1.1~−2.0	北京、天津、大连、阳泉、平凉	0.80	0.60	0.90/1.16	0.55/0.82	1.83	2.00	4.70/4.00	1.70	/	0.50	0.55	0.52	0.30
−2.1~−3.0	兰州、太原、银川、阿坝、喀什	0.70	0.50	0.85/1.10	0.62/0.78	0.94	2.00	4.70/4.00	1.70	/	0.50	0.55	0.52	0.30
−3.1~−4.0	西宁、银川、丹东	0.70	0.50	0.68	0.65	0.94	2.00	4.00	1.70	/	0.50	0.55	0.52	0.30
−4.1~−5.0	张家口、敦煌、酒泉、伊宁、吐鲁番	0.70	0.50	0.75	0.60	0.94	2.00	3.00	1.35	/	0.50	0.55	0.52	0.30
−5.1~−6.0	沈阳、大同、本溪、阜新、哈密	0.60	0.40	0.68	0.56	0.94	1.50	3.00	1.35	2.50	0.40	0.55	0.30	0.30
−6.1~−7.0	呼和浩特、抚顺、大柴旦	0.60	0.40	0.65	0.50	/	/	3.00	1.35	2.50	0.40	0.55	0.30	0.30
−7.1~−8.0	延吉、通辽、通化、四平	0.60	0.40	0.65	0.50	/	/	2.50	1.35	2.50	0.40	0.55	0.30	0.30
−8.1~−9.0	长春、乌鲁木齐	0.50	0.30	0.56	0.45	/	/	2.50	1.35	2.50	0.30	0.50	0.30	0.30
−9.1~−10.0	哈尔滨、牡丹江、克拉玛依	0.50	0.30	0.52	0.40	/	/	2.50	1.35	2.50	0.30	0.50	0.30	0.30
−10.1~−11.0	佳木斯、安达、齐齐哈尔、富锦	0.50	0.30	0.52	0.40	/	/	2.50	1.35	2.50	0.30	0.50	0.30	0.30
−11.1~−12.0	海伦、博克图	0.40	0.25	0.52	0.40	/	/	2.00	1.35	2.50	0.25	0.45	0.30	0.30
−12.1~−14.5	伊春、海拉尔、满洲里	0.40	0.25	0.52	0.40	/	/	2.00	1.35	2.50	0.25	0.45	0.30	0.30

注:①表中外墙的传热系数限值指考虑周边热桥影响后的外墙平均传热系数。有些地区外墙周边的传热系数限值高于外墙平均传热系数。上行数据、下行数据有两行数据。上行数据与外墙平均传热系数相对应,下行数据与传热系数为4.00的单框双层金属窗相对应。

②表中窗的传热系数下行数据一栏中0.52为位于建筑物周边的不带保温层的混凝土地面的传热系数。非周边地面一栏中0.30为带保温料于建筑物非周边的混凝土地面的传热系数。

5 采 暖 设 计

5.1 一般规定

5.1.1 居住建筑的采暖供热应以热电厂和区域锅炉房为主要热源。在工厂区附近，应充分利用工业余热和废热。

5.1.2 城市新建的住宅区，在当地没有热电联产的供热热源、废热可资利用的情况下，应建以集中锅炉房为热源的供热系统。集中锅炉房的单台容量不宜小于7.0MW，供热面积不宜小于10万m²。对于规模较小的住宅区，锅炉房的单台容量可适当降低，但不宜小于4.2MW。新建锅炉房宜建在靠近供热负荷密度大的地区。

5.1.3 新建居住建筑的采暖供热系统，应按热水连续采暖进行设计。住宅区内的商业、文化及其他公共建筑以及工厂生活区的采暖方式，可根据其使用性质、供热要求由技术经济比较确定。

5.2 采暖供热系统

5.2.1 在设计采暖供热系统时，应详细进行热负荷的调查和计算，确定系统的合理规模和供热半径。当系统的规模较大时，宜采用间接连接的二次水系统，从而提高热源的运行效率，减少输配电耗。一次水设计供水温度应取115～130℃，回水温度应取70～80℃。

5.2.2 在进行室内采暖系统设计时，设计人员应考虑按户计热设计的可能性。房间的散热器面积应按设计热负荷量和分室控制温度的可能性。房间内南北朝向房间分开环路布置。采暖房间内有不保温采暖干管时，干管采暖系统应对采暖热力平衡予以考虑。

5.2.3 设计中应对采暖供热系统进行水力平衡计算，确保各环路水温符合设计要求。在室外各环路及建筑入口处采暖供水管（或回水管）路上应安装水力平衡或其他水力平衡元件，并进行水力平衡调试。对同一热源有不同类型用户的系统应考虑分不同时间供热的可能性。

5.2.4 在设计热力站时，间接连接的热力应选用结构紧凑、传热系数高，使用寿命长的换热器。换热器的传热系数宜大于或等于3000W/（m²·K）。直接连接和间接连接的热力站均应设置必要的自动或手动调节装置。

5.2.5 锅炉的选型应与当地长期供应的煤种相匹配。锅炉的额定效率不应低于表5.2.5中规定的数值。

锅炉最低额定效率（%）　　　　表5.2.5

燃料品种	发热值(kJ/kg)	锅炉容量 (MW)				
		2.8	4.2	7.0	14.0	28.0
烟煤 Ⅰ	15500～19700	72	73	74	76	78
烟煤 Ⅱ	>19700	74	76	78	80	82

5.2.6 锅炉房总装机容量应按下式确定：

$$Q_B = Q_0/\eta_1 \qquad (5.2.6)$$

式中　Q_B——锅炉房总装机容量（W）；
Q_0——锅炉房负担的采暖设计热负荷（W）；
η_1——室外管网输送效率，一般取0.90。

5.2.7 新建锅炉房选用锅炉台数，宜采用2～3台，在低于设计运行负荷条件下，单台锅炉运行负荷不应低于额定负荷的50%。

5.2.8 锅炉用鼓风机、引风机与除尘器，宜单炉配置，其容量应与锅炉容量相匹配。选取设备的功率应接近表5.2.8规定的数值。设计中应充分利用锅炉产生的各种余热。

EHR 值应不大于按下式所得的计算值：

$$EHR \leqslant \frac{\varepsilon \cdot \tau \cdot N}{\Sigma Q} \leqslant \frac{0.0056(14 + a\Sigma L)}{24q \cdot A} \qquad \Delta t \qquad (5.2.11)$$

式中　EHR——设计条件下输送单位热量的耗电量，无因次；

ΣQ——全日系统供热量（kW·h）；

ε——全日理论水泵输送耗电量（kW·h）；

τ——全日水泵运行时数，连续运行时 τ=24 h；

N——水泵铭牌轴功率（kW）；

q——采暖设计热负荷指标（kW/m²）；

A——系统的供热面积（m²）；

Δt——设计供回水温差，对于一次网，Δt=45～50℃；
对于二次网，Δt=25℃；

ΣL——室外管外管主干线（包括供回水管）总长度（m）。

a 的取值：当 ΣL≤500m，a=0.0115；
500m<ΣL<1000m，a=0.0092；
ΣL≥1000m，a=0.0069。

一次网和二次网按式（5.2.11）计算所得的 EHR 值见表 5.2.11。

EHR 计 算 值　　　　表 5.2.11

管网主干线总长度 ΣL(m)	设计供回水温差 Δt		
	50℃	45℃	25℃
200	0.0018	0.002	0.0037
400	0.0021	0.0023	0.0042
600	0.0022	0.0024	0.0044
800	0.0024	0.0026	0.0048
1000	0.0025	0.0028	0.0050
1500	0.0027	0.0030	0.0055
2000	0.0031	0.0035	0.0062
2500	0.0035	0.0039	0.0070
3000	0.0039	0.0043	0.0078
3500	0.0043	0.0047	0.0085
4000	0.0047	0.0052	0.0093

燃用Ⅱ、Ⅲ类烟煤层燃炉的鼓风机与引风机匹配指标　表 5.2.8

锅炉容量 MW(t/h)	鼓 风 机		引 风 机	
	风量 m³/h / 风压 Pa (mmH₂O)	配用电动机功率 kW	风量 m³/h / 风压 Pa (mmH₂O)	配用电动机功率 kW
2.8 (4)	6000 / 508 (52)	2.2	10590 / 2225 (227)	10.0
4.2 (6)	9100 / 1362 (139)	5.5	16050 / 2097 (214)	13.0
7.0 (10)	14760 / 1352 (138)	7.5	25200 / 2097 (214)	22.0
14.0 (20)	29520 / 1352 (138)	17.0	50400 / 2097 (214)	40.0
28.0 (40)	59040 / 1352 (138)	30.0	100800 / 2097 (214)	75.0

5.2.9　一、二次循环水泵应选用高效节能低噪声水泵。水泵台数宜采用 2 台，一用一备。系统容量较大时，可合理增加台数，但必须避免"大流量、小温差"的运行方式。一次水泵选取时应考虑分阶段改变流量调节的可能性。系统的水质应符合国家标准《热水锅炉水质标准》（GB1576）的要求。宜设置除氧装置。

5.2.10　设计与计量中应提出对锅炉房、热力站和建筑物入口的要求。锅炉房总管、热力站和每个独立建筑物入口应设置供回水温度计、压力表和热表（或热水流量计）。补水系统应设置计量水表。锅炉房动力用电、水泵用电和照明用电应分别计量。单台锅炉容量超过 7.0MW 的大型锅炉房，应设置计算机监控系统。

5.2.11　热水采暖供热系统的一、二次水的动力消耗应予以控制。一般情况下，耗电输热比，即设计条件下，输送单位热量的耗电量

5.3 管道敷设与保温

5.3.1 设计一、二次热水管网和二次管网，应采用经济合理的敷设方式。对于庭院管网，宜采用直埋敷设。对于一次管网，当管径较大且地下水位不高时可采用地沟敷设。

5.3.2 采暖供热管道保温厚度应按现行国家标准《设备及管道保温设计导则》(GB8175)中经济厚度的计算公式确定。

5.3.3 当供热热媒与采暖管道周围空气之间的温差等于或低于60℃时，安装在室外或室内地沟中的采暖供热管道的保温厚度不得小于表5.3.3中规定的数值。

5.3.4 当选用其他保温材料或其导热系数与表5.3.3中值差异较大时，最小保温厚度应按下式修正：

$$\delta'_{min} = \lambda'_m \cdot \delta_{min} / \lambda_m \qquad (5.3.4\text{-}1)$$

式中 δ'_{min} —— 修正后的最小保温厚度 (mm)；

δ_{min} —— 表中最小保温厚度 (mm)；

λ'_m —— 实际选用的保温材料在其平均使用温度下的导热系数 [W/(m·K)]；

λ_m —— 表中保温材料在其平均使用温度下的导热系数 [W/(m·K)]。

当实际热媒温度与管道周围空气温度之差大于60℃时，最小保温厚度应按下式修正：

$$\delta'_{min} = (t_w - t_a) \, \delta_{min} / 60 \qquad (5.3.4\text{-}2)$$

式中 t_w —— 实际供热热媒温度 (℃)；

t_a —— 管道周围空气温度 (℃)。

5.3.5 当系统供热面积大于或等于5万m²时，应将200~300mm管径的保温厚度在表5.3.3最小保温厚度的基础上再增加10mm。

采暖供热管道最小保温厚度 δ_{min} 表5.3.3

保温材料	直径 (mm)		最小保温厚度 δ_{min}(mm)
	公称直径 D_0	外径 D	
岩棉或矿棉管壳 $\lambda_m=0.0314+0.0002t_m$ (W/m·K) $t_m=70℃$ $\lambda_m=0.0452$ (W/m·K)	25~32	32~38	30
	40~200	45~219	35
	250~300	273~325	45
玻璃棉管壳 $\lambda_m=0.024+0.00018t_m$ (W/m·K) $t_m=70℃$ $\lambda_m=0.037$ (W/m·K)	25~32	32~38	25
	40~200	45~219	30
	250~300	273~325	40
聚氨酯硬质泡沫保温（直埋管） $\lambda_m=0.02+0.00014t_m$ (W/m·K) $t_m=70℃$ $\lambda_m=0.03$ (W/m·K)	25~32	32~38	20
	40~200	45~219	25
	250~300	273~325	35

注：表中 t_m 为保温材料层的平均使用温度(℃)，取管道内热媒与管道周围空气的平均温度。

续表

地 名	计算用采暖期			耗热量指标 q_H (W/m²)	耗煤量指标 q_e (kg/m²)
	天数 Z(d)	室外平均温度 t_e(℃)	度日数 D_{ti}(℃·d)		
内蒙古自治区					
呼和浩特	166	-6.2	4017	21.3	17.0
锡林浩特	190	-10.5	5415	22.0	20.1
海拉尔	209	-14.3	6751	22.6	22.8
通辽	165	-7.1	4191	21.6	17.2
赤峰	160	-6.0	3840	21.3	16.4
满洲里	211	-12.8	6499	22.4	22.8
博克图	210	-11.3	6153	22.2	22.5
二连浩特	180	-9.9	5022	21.9	19.0
多伦	192	-9.2	5222	21.8	20.2
白云鄂博	191	-8.2	5004	21.6	19.9
辽宁省					
沈阳	152	-5.7	3602	21.2	15.5
丹东	144	-3.5	3096	20.9	14.5
大连	131	-1.6	2568	20.6	13.0
阜新	156	-6.0	3744	21.3	16.0
抚顺	162	-6.6	3985	21.4	16.7
朝阳	148	-5.2	3434	21.1	16.7
本溪	151	-5.7	3579	21.2	15.4
锦州	144	-4.1	3182	21.0	14.6
鞍山	144	-4.8	3283	21.1	14.6
锦西	143	-4.2	3175	21.0	14.5
吉林省					
长春	170	-8.3	4471	21.7	17.8
吉林	171	-9.0	4617	21.8	18.0
延吉	170	-7.1	4267	21.5	17.6
通化	168	-7.7	4318	21.6	17.5
双辽	167	-7.8	4309	21.6	17.4
四平	163	-7.4	4140	21.5	16.9
白城	175	-9.0	4725	21.8	18.4

附录A 全国主要城镇采暖期有关参数 及建筑物耗热量、采暖耗煤量指标

附表A

全国主要城镇采暖期有关参数及建筑物耗热量、采暖耗煤量指标

地 名	计算用采暖期			耗热量指标 q_H (W/m²)	耗煤量指标 q_e (kg/m²)
	天数 Z(d)	室外平均温度 t_e(℃)	度日数 D_{ti}(℃·d)		
北京市	125	-1.6	2450	20.6	12.4
天津市	119	-1.2	2285	20.5	11.8
河北省					
石家庄	112	-0.6	2083	20.3	11.0
张家口	153	-4.8	3488	21.1	15.3
秦皇岛	135	-2.4	2754	20.8	13.5
保定	119	-1.2	2285	20.5	11.8
邯郸	108	0.1	1933	20.3	10.6
唐山	127	-2.9	2654	20.8	12.8
承德	144	-4.5	3240	21.0	14.6
丰宁	163	-5.6	3847	21.2	16.6
山西省					
太原	135	-2.7	2795	20.8	13.5
大同	162	-5.2	3758	21.1	16.5
长治	135	-2.7	2795	20.8	13.5
阳泉	124	-1.3	2393	20.5	12.2
临汾	113	-1.1	2158	20.4	11.1
晋城	121	-0.9	2287	20.4	11.9
运城	102	0.0	1836	20.3	10.0

地 名	计算用采暖期			耗热量指标 q_H (W/m²)	耗煤量指标 q_c (kg/m²)
	天数 Z (d)	室外平均温度 t_e (℃)	度日数 D_{ui} (℃·d)		
黑龙江省					
哈尔滨	176	-10.0	4928	21.9	18.6
嫩江	197	-13.5	6206	22.5	21.4
齐齐哈尔	182	-10.2	5132	21.9	19.2
富锦	184	-10.6	5262	22.0	19.5
牡丹江	178	-9.4	4877	21.8	18.7
呼玛	210	-14.5	6825	22.7	23.0
佳木斯	180	-10.3	5094	21.9	19.0
安达	180	-10.4	5112	22.0	19.1
伊春	193	-12.4	5867	22.4	20.8
克山	191	-12.1	5749	22.3	20.5
江苏省					
徐州	94	1.4	1560	20.0	9.1
连云港	96	1.4	1594	20.0	9.2
宿迁	94	1.4	1560	20.0	9.1
淮阴	95	1.7	1549	20.0	9.2
盐城	90	2.1	1431	20.0	8.7
山东省					
济南	101	0.6	1757	20.2	9.8
青岛	110	0.9	1881	20.2	10.7
烟台	111	0.5	1943	20.2	10.8
德州	113	-0.8	2124	20.5	11.2
淄博	111	-0.5	2054	20.4	10.9
兖州	106	-0.4	1950	20.4	10.4
潍坊	114	-0.7	2132	20.4	11.2
河南省					
郑州	98	1.4	1627	20.0	9.4
安阳	105	0.3	1859	20.3	10.3
濮阳	107	0.2	1905	20.3	10.5
新乡	100	1.2	1680	20.1	9.7
洛阳	91	1.8	1474	20.0	8.8
商丘	101	1.1	1707	20.1	9.8
开封	102	1.3	1703	20.1	9.9

地 名	计算用采暖期			耗热量指标 q_H (W/m²)	耗煤量指标 q_c (kg/m²)
	天数 Z (d)	室外平均温度 t_e (℃)	度日数 D_{ui} (℃·d)		
四川省					
阿坝	189	-2.8	3931	20.8	18.9
甘孜	165	-0.9	3119	20.5	16.3
康定	139	0.2	2474	20.3	18.5
西藏自治区					
拉萨	142	0.5	2485	20.2	13.8
噶尔	240	-5.5	5640	21.2	24.5
日喀则	158	-0.5	2923	20.4	15.5
陕西省					
西安	100	0.9	1710	20.2	9.7
榆林	148	-4.4	3315	21.0	14.8
延安	130	-2.6	2678	20.7	13.0
宝鸡	101	1.1	1707	20.1	9.8
甘肃省					
兰州	132	-2.8	2746	20.8	13.2
酒泉	155	-4.4	3472	21.0	15.7
敦煌	138	-4.1	3053	21.0	14.0
张掖	156	-4.5	3510	21.0	15.8
山丹	165	-5.1	3812	21.1	16.8
平凉	137	-1.7	2699	20.6	13.6
天水	116	-0.3	2123	20.3	11.3
青海省					
西宁	162	-3.3	3451	20.9	16.3
玛多	284	-7.2	7159	21.5	29.4
大柴旦	205	-6.8	5084	21.4	21.1
共和	182	-4.9	4168	21.1	18.5
格尔木	179	-5.0	4117	21.1	18.2
玉树	194	-3.1	4093	20.8	19.4
宁夏回族自治区					
银川	145	-3.8	3161	21.0	14.7
中宁	137	-3.1	2891	20.8	13.7
固原	162	-3.3	3451	20.9	16.3
石嘴山	149	-4.1	3293	21.0	15.1

续表

地名	计算用采暖期天数 Z (d)	室外平均温度 t_e (℃)	度日数 D_{di} (℃·d)	耗热量指标 q^H (W/m²)	耗煤量指标 q_c (kg/m²)
新疆维吾尔自治区					
乌鲁木齐	162	−8.5	4293	21.8	17.0
塔城	163	−6.5	3994	21.4	16.8
哈密	137	−5.9	3274	21.3	14.1
伊宁	139	−4.8	3169	21.1	14.1
喀什	118	−2.7	2443	20.7	11.8
富蕴	178	−12.6	5447	22.4	19.2
克拉马依	146	−9.2	3971	21.8	15.3
吐鲁番	117	−5.0	2691	21.1	11.9
库车	123	−3.6	2657	20.9	12.4
和田	112	−2.1	2251	20.7	11.2

附录 B　围护结构传热系数的修正系数 ε_i 值

附表 B

围护结构传热系数的修正系数 ε_i 值

地区	窗型类型	有无阳台	窗户（包括阳台上部）南	东、西	北	外墙（包括阳台门下部）南	东、西	北	屋顶水平
西安	单层窗	有	0.69	0.80	0.86	0.79	0.88	0.91	0.94
		无	0.52	0.69	0.78				
	双玻窗及双层窗	有	0.60	0.76	0.84				
		无	0.28	0.60	0.73				
北京	单层窗	有	0.57	0.78	0.88	0.70	0.86	0.92	0.91
		无	0.34	0.66	0.81				
	双玻窗及双层窗	有	0.50	0.74	0.86				
		无	0.18	0.57	0.76				
兰州	单层窗	有	0.71	0.82	0.87	0.79	0.88	0.92	0.93
		无	0.54	0.71	0.80				
	双玻窗及双层窗	有	0.66	0.78	0.85				
		无	0.43	0.64	0.75				
沈阳	双玻窗及双层窗	有	0.64	0.81	0.90	0.78	0.89	0.94	0.95
		无	0.39	0.69	0.83				
呼和浩特	双玻窗及双层窗	有	0.55	0.76	0.88	0.73	0.86	0.93	0.89
		无	0.25	0.60	0.80				
乌鲁木齐	双玻窗及双层窗	有	0.60	0.75	0.92	0.76	0.85	0.95	0.95
		无	0.34	0.59	0.86				
长春	双玻窗及双层窗	有	0.62	0.81	0.91	0.77	0.89	0.95	0.92
		无	0.36	0.68	0.84				
	三玻窗及单层窗＋双玻窗	有	0.60	0.79	0.90				
		无	0.34	0.66	0.84				

附录C 外墙平均传热系数的计算

C.0.1 外墙受周边热桥影响条件下，其平均传热系数应按下式计算：

$$K_m = \frac{K_p \cdot F_p + K_{B1} \cdot F_{B1} + K_{B2} \cdot F_{B2} + K_{B3} \cdot F_{B3}}{F_p + F_{B1} + F_{B2} + F_{B3}} \qquad (C.0.1)$$

式中 K_m——外墙的平均传热系数 [W/(m²·K)];

K_p——外墙主体部位的传热系数 [W/(m²·K)]，应按国家现行标准《民用建筑热工设计规范》GB50176—93 的规定计算；

K_{B1}、K_{B2}、K_{B3}——外墙周边热桥部位的传热系数 [W/(m²·K)];

F_p——外墙主体部位的面积 (m²);

F_{B1}、F_{B2}、F_{B3}——外墙周边热桥部位的面积 (m²)。外墙主体部位和周边热桥部位如附图 C.0.1 所示。

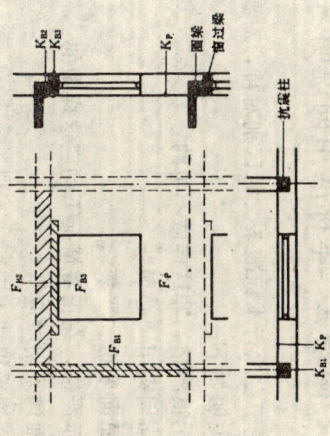

附图 C.0.1 外墙主体部位和周边热桥部位示意图

续表

地区	窗　户（包括阳台门上部）		南	东、西	北	外墙（包括阳台门下部） 南	东、西	北	屋顶 水平
	类　型	有无阳台							
哈尔滨	双玻窗及双层窗	有	0.67	0.83	0.91				
		无	0.45	0.71	0.85	0.80	0.90	0.95	0.96
	三玻窗及单层窗＋双玻窗	有	0.65	0.82	0.90				
		无	0.43	0.70	0.84				

注：①阳台门上部透明部分的 ϵ_i，按同朝向窗户采用；阳台门下部不透明部分的 ϵ_i，按同朝向外墙采用。

②不采暖楼梯间隔墙和户门，以及不采暖地下室上面的楼板的 ϵ_i，应以温差修正系数 n 代替。

③接触土壤的地面，取 $\epsilon_i=1$。

附录 D 关于面积和体积的计算

D.0.1 建筑面积 A_o，应按各层外墙外包线围成面积的总和计算。

D.0.2 建筑体积 V_o，应按建筑物外表面和底层地面围成的体积计算。

D.0.3 换气体积 V，楼梯间不采暖时，应按 $V=0.60V_o$ 计算；楼梯间采暖时，应按 $V=0.65V_o$ 计算。

D.0.4 屋顶或顶棚面积 F_R，应按支承屋顶的外墙外包线围成的屋顶面积计算，如果楼梯间不采暖，则应减去楼梯间的屋顶面积。

D.0.5 外墙面积 F_W，应按不同朝向分别计算。某一朝向的外墙面积，由该朝向外表面积减去窗户和外门门洞面积构成。当楼梯间不采暖时，应减去楼梯间的外墙面积。

D.0.6 窗户（包括阳台门上部透明部分）面积 F_G，应按朝向和有、无阳台分别计算，取窗户门洞面积。

D.0.7 外门门洞面积 F_D，应按不同朝向分别计算，取外门门洞面积。

D.0.8 阳台门下部不透明部分面积 F_B，应按不同朝向分别计算，取洞口面积。

D.0.9 地面面积 F_F，应按周边和非周边，以及有、无地下室分别计算。周边地面系指由外墙内侧向起算向内 2.0m 范围内的地面；其余为非周边地面。如果楼梯间不采暖，还应减去楼梯间所占地面面积。

D.0.10 地板面积 F_B，接触室外空气的地板和非周边地下室上面的地板应分别计算。

D.0.11 楼梯间隔墙面积 $F_{S \cdot W}$，楼梯间不采暖时应计算一面积，由楼梯间隔墙总面积减去户门门洞口总面积构成。

D.0.12 户门面积 $F_{S \cdot D}$，楼梯间不采暖时应计算这一面积，由各层户门门洞口面积的总和构成。

附录 E 本标准用词说明

E.0.1 为便于在执行本标准条文时区别对待，对要求严格程度不同的用词说明如下：

(1) 表示很严格，非这样做不可的：

正面词采用"必须"；
反面词采用"严禁"。

(2) 表示严格，在正常情况下均应这样做的：

正面词采用"应"；
反面词采用"不应"或"不得"。

(3) 表示允许稍有选择，在条件许可时首先应这样做的：

正面词采用"宜"或"可"；
反面词采用"不宜"。

E.0.2 条文中必须按指定的标准、规范或其他有关规定执行的写法为"应按……执行"或"应符合……规定"。

中华人民共和国行业标准

民用建筑节能设计标准

（采暖居住建筑部分）

JGJ 26—95

条　文　说　明

附加说明

本标准主编单位、参加单位
和主要起草人名单

主 编 单 位：中国建筑科学研究院

参 加 单 位：中国建筑技术研究院
　　　　　　　北京市建筑设计研究院
　　　　　　　哈尔滨建筑大学
　　　　　　　辽宁省建筑材料科学研究所

主要起草人：杨善勤　郎四维　李惠茹
　　　　　　　朱文鹏　许文发　朱盈豹
　　　　　　　欧阳坤泽　黄　鑫　谢守穆

前 言

根据建设部建标〔1991〕718号的要求，由中国建筑科学研究院主编，中国建筑技术研究院、北京市建筑设计研究院、哈尔滨建筑大学、辽宁省建筑材料科学研究所等单位参加，在部标准《民用建筑节能设计标准（采暖居住建筑部分）》（JGJ26—86）基础上，共同修订而成的《民用建筑节能设计标准（采暖居住建筑部分）》（JGJ26—95）经建设部1995年12月7日以建标〔1995〕第708号文批准，业已发布。

为便于广大设计、施工、科研、学校等单位的有关人员在使用本标准时能正确地理解和执行条文规定，《民用建筑节能设计标准（采暖居住建筑部分）》编制组按章、节、条顺序编制了本标准的条文说明，供国内使用者参考。在使用现本条文说明中，如发现本条文说明有欠妥之处，请将意见函寄中国建筑科学研究院。

1995年12月15日

目 次

制定了一批技术法规和标准规范，如：1986 年颁布实施的部标《民用建筑热工设计规程》JGJ24—86（以下简称原规程），部标《民用建筑节能设计标准（采暖居住建筑部分）》JGJ26—86（以下简称原标准，1987 年颁布实施的国标《采暖通风与空气调节设计规范》（GBJ19—87），以及 1993 年颁布实施的国标《民用建筑热工设计规范》（GB50176—93）等。这些标准规范的颁布实施，对于改善环境、节约能源，提高投资的经济和社会效益，起到了重要作用。但是，原规程仅对围护结构保温阶段的最低要求作出规定，原标准是我国建筑节能起步阶段的标准，节能率为 30%，围护结构保温水平提高的幅度并不大，而且由于种种原因，在我国三北地区并未全面实施，迄今只有北京、天津、哈尔滨、西安、兰州、沈阳等几个先行城市实施约 3000 万 m²。近年来，我国城市集中供热、区域锅炉供热和小区锅炉供热正在逐步扩大、火炉采暖的比例正在逐步缩小，但就总体来看，热效率低，供热成本高的供热方式，目前仍占主导地位，因此在目前，我国采暖围护结构保温水平低，热环境差，采暖能耗大的状况仍仍普遍存在这种状况待改变。我国采暖围护结构保温水平与发达国家相比，仍有较大差距，但若按本标准执行，则差距将明显缩小，不仅采暖能耗有较大差距，但若按本标准执行，而且热环境也有明显改善。

表 1 为国内外建筑围护结构保温水平比较。由表 1 可见，我国采暖设计和采暖设计中采用有效的技术措施是，将采暖能耗从当地 1980 到 1981 年住宅通用设计的基础上节能 50%（其中建筑物约承担 30%，采暖系统的承担 20%），但用于加强保温和提高门窗气密性的投资，不超过土建工程造价的 10%，投资回收期不超过 10 年，在采暖系统中采取节能措施而节约标准煤的投资不超过开发可标准煤的投资。

修订本标准的基本目标是，通过在建筑设计和采暖设计中采用有效的技术措施，将采暖能耗从当地 1980 到 1981 年住宅通用设计的基础上节能 50%（其中建筑物约承担 30%，采暖系统的承担 20%），但用于加强保温和提高门窗气密性的投资，不超过土建工程造价的 10%，投资回收期不超过 10 年，在采暖系统中采取节能措施而节约标准煤的投资不超过开发每吨标准煤的投资。节能措施能而节约 50% 的多层砖混结构住宅的测算结果表明：当建筑物体形系数小于等于 0.30 时，无论是采用内保温还是外保温墙体，都能实现上述目标；当体形系数大于 0.30 而采用外保温墙体，而采用内保温墙体，则能实现上述目标。对北京、沈阳、哈尔滨三地区节能 50% 的多层砖混结构住宅的测算表明：当建筑物体形系数小于等于 0.30 时，无论是采用内保温还是外保温墙体，都能实现上述目标；当体形系数大于 0.30 而达到 0.35 时，采用外保温墙体，而采用内保

1 总 则

1.0.1 本标准的宗旨（修改原标准第 1.0.1 条）

1.0.1 本标准的宗旨（修改原标准第 1.0.1 条）

我国严寒和寒冷地区，主要包括东北、华北和西北地区（简称三北地区），累年日平均温度低于或等于 5℃ 的天数，一般都在 90 天以上，最长的满洲里达 211 天。这一地区习惯上称为采暖地区，其面积约占我国国土面积的 70%。到 1990 年底为止，这一地区城市建筑共有房屋建筑面积 30.7 亿 m²，其中住宅建筑 16.5 亿 m²，占 53.8%，再加上集体宿舍、招待所、旅馆、托幼等建筑约 1.5 亿 m²，共计有采暖居住建筑 18 亿 m²，占 58.6%。在这些采暖居住建筑中，从总体来看，平房及低层建筑仍占大多数，愈是城镇和中小城市，平房及低层建筑愈多，愈是大城市，多层及高层建筑多些。近年来新建中高层和高层建筑水平大体相同条件下，其热量指标要比多层建筑高些，有的甚至要高。我国长期以来，因片面强调降低建筑造价，加之没有建筑围护结构方面的标准规范可供依据，导致建筑围护结构过于单薄，门窗缝隙过大，采暖能耗过高。就采暖方式来看，我国三北地区城镇，仍以火炉采暖为主，在采暖住宅建筑中约占 3/4，而火炉采暖的热效率平均只有 15%～25%；在大中城市，分散锅炉房供热所占比例最大。据北京、哈尔滨等 29 个大中城市共 3.7 亿 m² 建筑面积统计，锅炉房供热平均占 84%；在大中城市调查，供热面积小于 5 万 m² 的锅炉房占 90.2%，锅炉容量小于 4t/h 的占 91.5%。这些锅炉平均有 72% 沿用间歇供热方式，低效率状态下运行，实际的供热面积约的 40% 左右。

近年来，随着我国国民经济的迅速发展，国家对环境保护、节约能源，改善居住条件等问题的高度重视，法制逐步健全，相应

温墙体、节能投资占工程造价的百分比将接近10%。因此，在实施本标准时，如能根据地区气候条件和建筑物体形系数，选择适当的墙体构造，则能保证目标是能够实现的。如果这一目标在我国三北地区全面实施，则从1996～2000年期间，累计节能量可达1000万t标准煤。

1.0.2 本标准的适用范围（修改原标准第1.0.3条）。

明确规定本标准适用于集中采暖的新建和扩建居住建筑设计。居住建筑主要包括住宅建筑（约占92%）和集体宿舍、招待所、旅馆、托幼建筑等。集中采暖系指由分散的锅炉房、小区锅炉房和城市热网等热源，通过管道向建筑物供热的采暖方式。改建的居住建筑如有节能要求，应按国家现行有关标准规范的规定执行。至于使用功能与居住建筑相近的其他民用建筑、工业企业辅助建筑，究竟包括哪些建筑，如何参照使用也不够明确，故都不列入本标准范围。暂无条件设置集中采暖的居住建筑，其围护结构按本标准执行，一则有利于节能和改善室内热环境，二则为将来条件许可时设置集中采暖创造有利条件。

1.0.3 本标准同其他标准规范的衔接（合并原标准第1.0.2条和第1.0.4条）。

居住建筑设计涉及许多方面，节能设计仅是其中一个方面，因此，按本标准进行节能设计时，尚应符合国家现行有关规范的规定。

国内外建筑围护结构传热系数的比较 表1

国别		屋顶	外墙	窗户
中国 北京	按原规程	1.26	1.70	6.40
	按原标准	0.91	1.28	6.40
	按本标准	0.80、0.60	1.16、0.82	4.00
中国 哈尔滨	按原规程	0.77	1.28	3.26
	按原标准	0.64	0.73	3.26
	按本标准	0.50、0.30	0.52、0.40	2.50
加拿大	南部地区（含斯德哥尔摩）	0.12	0.17	2.00
	度日数相当于哈尔滨地区	0.17（可燃的）0.31（不燃的）	0.27	2.22
	度日数相当于北京地区	0.23（可燃的）0.40（不燃的）	0.38	2.86
丹麦		0.20	0.30（重量≤100kg/m²）0.35（重量>100kg/m²）	2.90
英国		0.45	0.45	
日本	青森、岩手县等	0.23	0.42	2.33
	宫城、山形县等	0.51	0.77	3.49
	东京都	0.66	0.77	4.65
		0.66	0.87	6.51
德国		0.22	0.50	1.50

注：①表中传热系数的单位是 W/(m²·K)；
②国外数据为该国现行标准规定的限值；
③瑞典、加拿大、丹麦、英国资料据英国现行节能标准《建筑节能技术政策大纲背景材料》1992年9月，日本资料据日本建设部《住宅新节能标准与指南》1992年2月。德国资料据德国《新节能规范》1995年1月。

2 术语、符号

2.0.1~2.0.17 对本标准中术语、符号的规定（合并和修改原标准第六章）。

将原标准中的主要符号和附录六名词解释合并和修改后形成本标准第 2.0.1~2.0.17 条。这些术语、符号中的绝大部分是本标准常用的术语、符号，少量与其他专业共用的则从现行标准、规范中引用。

3 建筑物耗热量指标和采暖耗煤量指标

3.0.1~3.0.4 对建筑物耗热量指标和采暖耗煤量指标计算方法的规定（修改原标准第 3.0.2、3.0.3 条）。

为了实现第二阶段节能目标，本标准除了对不同地区采暖住宅建筑的耗热量指标作出规定外，还对这两个指标的计算方法作出规定，以便使计算结果具有可比性和一定的准确性，以及必要时对设计对象的能耗水平作出评价，对围护结构的传热系数进行调整。

本标准中这两个指标的计算方法，本质上与原标准第三章的计算方法是一致的，只不过是在原标准计算方法的基础上进行修改和简化的结果。修改简化之处在于：某些符号有变动，如 Q_H，Q_C 变成 q_C，q_C 变成 H_C，γ 变成 ρ 等等，某些单位有变动，如 Q_H 的单位 kW/m^2 变成 q_H 的单位 W/m^2 等；此外，还有节能措施后，锅炉运行效率 η_2 由原标准的 0.60 提高到本标准的 0.68，而室外网管的输送效率 η_2 仍保持 0.90。将原标准的 $D_{di}=(18-t_e)Z$，$\Delta t=16-18=-2℃$，代入原标准式（2）、（3），并经简化后得到：

$$q_H = q_{H\cdot T} + q_{INF} - q_{I\cdot H}$$

$$q_{H\cdot T} = (t_i - t_e)(\sum_{i=1}^{m}\varepsilon i \cdot K_i \cdot F_i)/A_0$$

$$q_{INF} = (t_i - t_e)(C_p \cdot \rho \cdot N \cdot V)/A_0$$

$$q_{I\cdot H} = 3.80$$

这样，建筑物耗热量指标 q_H 即可与采暖期室外平均温度 t_e 直接挂钩，而不必与采暖期采暖期度日数 D_{di} 挂钩，从而使计算工作简化，便于本标准的贯彻执行。

3.0.5~3.0.6 不同地区采暖住宅建筑耗热量指标和采暖耗煤量

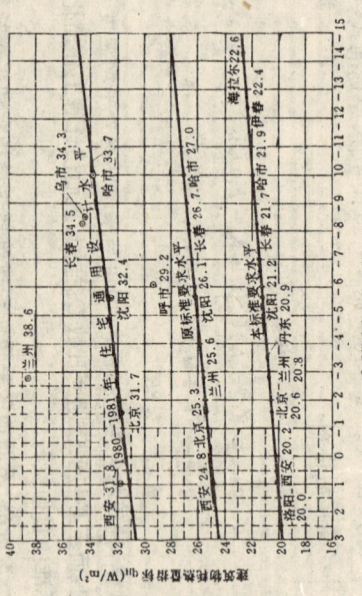

采暖室外平均温度 t_i(℃)

图1 不同阶段采暖住宅建筑耗热量指标

系数和窗墙面积比等）不变条件下，建筑物耗热量指标随体形系数的增长而增长，但是，不同体形系数的建筑，其耗热量指标是不同的。原标准的耗热量指标是以体形系数为0.30左右的多层住宅建筑为基准而制订的，某一地区，只有一个耗热量指标，对于新设计的节能住宅，不论其体形系数大小，均应达到0.30这一指标。这一规定，对于占绝大多数的体形系数小于或等于0.30的多层和中高层住宅来说是完全可行的；对于占少数的体形系数在0.31～0.35的多层住宅来说是基本可行的，因为外墙和屋顶要求的保温厚度不大；对于占极少数的体形系数大于0.35的低层和点式住宅来说，由于外墙和屋顶要求的保温厚度过大，在实现中就发生了困难。考虑到这种情况，以及近年来有些地区新建住宅建筑体形系数有增大的趋势（如北京地区近年来新建多层住宅建筑体形系数已增至0.35左右，但有些地区（如沈阳、哈尔滨等地区）新建多层住宅建筑，绝大多数体形系数仍保持0.30左右，立面仍以体形系数为0.30左右的多层住宅建筑为基准来制订以实现节

指标的规定（修改原标准第2.0.1、3.0.1条，取消第4.3.1和4.3.2条）。

建筑物耗热量指标和采暖耗煤量指标是评价建筑物能耗水平的两个重要指标。这两个指标是按单位建筑面积，也可按单位建筑面积来规定，特别是住宅建筑的层高差别不大，故本标准仍按单位建筑面积来规定。考虑到居住建筑，

准中建筑物耗热量指标的计算公式经简化后，耗热量指标与采暖期室外平均温度无关，而且也不必采用采暖期度日数进行计算。为了简化起见，本标准将建筑物耗热量指标可以通与采暖期室外平均温度直接挂钩，由于建筑物耗热量指标可以通过控制建筑部分围护结构传热系数限值和空气渗透系数限值来达到，亦即通过规定建筑物围护结构传热系数限值来达到，为了简化建筑物各部分围护结构传热系数限值和门窗系数限值的规定。

本标准取消了围护结构传热系数平均传热系数限值的规定。

在采暖居住建筑中，住宅建筑约占92%，集体宿舍、招待所、旅馆、托幼建筑等居住建筑约占8%左右，后面这些居住建筑一般都高于住宅，其换气次数和测试数据，难以作出定量分析，故本标准只对采暖住宅建筑的耗热量指标作出规定，而对集体宿舍等居住建筑应达到本标准当地采暖住宅建筑的耗热量指标不作规定，但它们的围护结构保温水平应达到本标准规定的水平。

图1为不同地区、不同阶段采暖居住宅建筑耗热量指标。图中最上一条线是根据各地1980年～1981年住宅通用设计，4个单元6层楼，体形系数为0.30左右的建筑物的耗热量指标计算求得，这是耗热量指标在原标准的基准水平，它是根据当地一般高于住宅建筑耗热量指标在原标准基准水平上降低20%确定的；最下面一条线为本标准要求水平，它是根据耗热量指标在基准水平的基础上降低35%确定的。本标准在基准水平即取这一条线。

A中耗热量指标表明，在围护结构传热研究结果表明，在围护结构传热（主要指围护结构热

4 建筑热工设计

4.1 一般规定

4.1.1 对建筑物朝向的规定（修改原标准第 4.1.1 条）。

建筑物朝向对太阳辐射得热量和空气渗透耗热量都有影响。在其他条件相同情况下，东西向板式多层住宅建筑的传热耗热量要比南北向的高 5% 左右。建筑物的主立面朝向冬季主导风向，会使空气渗透耗热量增加。从有利于节能出发，作出了本条规定。但是，建筑物的朝向是由多种因素决定的，并不只取决于采暖能耗。因此，在规定的用词上用"宜"。

4.1.2 对建筑物体形系数的规定（修改原标准第 4.1.2 条）

在其他条件相同情况下，建筑物的耗热量指标随体形系数的增长而增长。从有利于节能出发，体形系数应尽可能地小。对于绝大多数的多层板式住宅建筑，当层数达到 6 层，单元数达到 4 个以上，体形系数控制在 0.30 以下是不准做到的，中高层和高层住宅建筑更容易做到。但是，由于近年来要求住宅建筑多样化和房间尽量多争取对外窗口等原因，建筑物的体形变得复杂、平、立面出现过多的凹凸面。这样的多层建筑，其体形系数容易超过 0.30。从有利于节能并从实际情况出发，作出了本条规定。在用词上采用"宜"，表示在条件许可时首先应这样做，但并非非硬性规定都要达到。对于体形系数超过 0.30 的住宅建筑，采取加强屋顶和外墙保温的做法，以便将建筑物耗热量指标控制在规定水平，总体上实现节能 50% 的目标。

4.1.3 对采暖居住建筑楼梯间、外廊和出入口的规定（修改原标准第 4.1.3 条）。

目前，在沈阳以南地区，住宅建筑的楼梯间一般都不采暖，人能 50% 这一目标。不仅要求体形系数小于或等于 0.30 的多层和中高层住宅建筑的耗热量指标达到规定要求，而且要求体形系数大于 0.30、小于或等于 0.35 的多层住宅建筑的耗热量指标也达到规定要求。鉴于节能和节地的需要，我国今后城市新建住宅，绝大多数将是多层多单元住宅，中高层和高层建筑也将日益增多，预计体形系数小于或等于 0.35 的住宅建筑将占绝大多数，保证这些住宅建筑的耗热量指标达到规定要求，就能从总体上实现节能 50% 这一目标。至于占极少数体形系数大于 0.35 的低层和点式住宅，允许其耗热量指标稍有增加，但其围护结构的保温水平应符合本标准表 4.2.1 的规定。

在我国，节约采暖能耗主要是指节约采暖用煤。为了将采暖能耗控制在规定水平并便于各地执行，本标准附录 A 对不同地区住宅建筑采暖耗煤量指标作出了规定。节能住宅建筑采暖耗煤量指标的数值应按本标准式（3.0.4）计算。计算所得的采暖耗煤量指标不应超过规定的数值。

虽然本标准规定的建筑物传热耗热量指标、采暖耗煤量指标，以及各部分围护结构传热系数限值是限值，但在实际执行时，鼓励采取更好的节能措施，取得更大的节能效果。

途沉物，其耗热量指标大于本标准规定的数值，但就总体而言，耗热量指标是不会超过本标准规定数值的。

由于本标准要求集中采暖居住建筑围护结构保温达到当地采暖住宅建筑相同的水平，因此，表4.2.1仅适用于采暖住宅建筑，同时也适用于其他采暖居住建筑。

4.2.2 关于在满足本标准耗热量指标条件下，对窗户、外墙和屋顶传热系数作出适当调整的规定（新增条文）。

本标准表4.2.1中规定了窗户传热系数限值，但实际采用的窗户传热系数可能比规定限值要低很多。例如，在采暖期室外平均温度 $t_e \geq -4.0$℃地区，表中规定的窗户传热系数限值为4.0（单框双玻钢窗）和4.7（单层塑料窗）。但实际采用的窗户传热系数可能为3.5（单框双玻钢塑复合窗）和2.6（单框双玻塑料窗），在这种情况下，允许对窗户、外墙和屋顶的传热系数作出调整，调整的方法是，在满足本标准规定的耗热量指标条件下，按本标准规定的方法，重新计算确定外墙和屋顶所需的传热系数。

4.2.3 对外墙传热系数应考虑周边热桥影响的规定（新增条文）。

建筑物因抗震需要，每间外墙周边主体要设置混凝土圈梁和构造柱。这些部位与主体部位构造不同，形成热流密集的通道，故称为"热桥"。这些热桥部位必然增加传热热损失，如不加考虑，则耗热量的计算结果会偏小，或是所设计的建筑物将达不到预期的节能效果。近年来，国外一些国家已开始考虑这一影响，做法有两种：一种是，考虑周边热桥系数，另一种是，将外墙边热桥部位与主体部位分开考虑，周边热桥部位另行确定其传热系数。决定采用前一种做法，即考虑周边热桥影响，其平均传热系数按周边面积加权根据我国周边的实际情况和原工作基础，其平均传热系数按前一种做法，外墙因受周边热桥影响，其平均传热系数在本标准附录C说明）。本标准表4.2.1中规定的平均传热系数实际上系指外墙平均传热系数。也就是说，应小于或等于本表4.2.1中规定的外墙传热系数限值，采取这种做法，将使通过外墙的传热加权平均法求得的外墙传热系数值，采取这种做法，将使通过外墙的传热

口处也不设门斗。在北京以南地区，住宅建筑的楼梯间不但不采暖，有些甚至不设门窗，对节能很不利。计算表明，一栋多层住宅，楼梯间不采暖，耗热量比不采暖的外廊也不采暖门窗，耗热量要减少5%左右，楼梯间开敞比设置门窗，耗热量要增加10%左右，因此，从有利于节能并从实际情况出发，作出了本条规定。

4.2 围护结构设计

4.2.1 对不同地区采暖居住建筑各部分围护结构传热系数限值的规定（合并和修改原标准第4.2.1、4.2.2、4.2.3条，取消原第4.3.1、4.3.2条）。

本条规定的基本出发点是保证占绝大多数的采暖住宅建筑（即图1本标准规定的数值），其耗热量指标小于或等于本标准水平；允许占极少数的采暖住宅建筑，其耗热量指标大于本标准规定的数值。这样，就能从总体上保证实现节能50%这一目标。目前，我国城市新建的多层和中高层住宅建筑，其体形系数一般小于或等于0.30，但近年来有些地区住宅建筑的体形系数有增大的趋势，多层住宅建筑的体形系数突破0.30，达到0.35左右，在制定各部分围护结构传热系数限值时，考虑了这种情况，表4.2.1各部分围护结构传热系数限值，是分别针对体形系数小于或等于0.30和0.35的住宅建筑，其耗热量指标均满足本标准规定要求，并按本标准规定的计算方法确定的。表中，当屋顶和外墙小于或等于0.30的建筑物，实际上，按表4.2.1执行，一列数据适用于体形系数等于0.30和0.35这两列数据适用与体形系数等于0.30的建筑物，另一列数据适用于体形系数大于0.30。实际上，当屋顶和外墙等于0.30时，耗热量指标将小于本标准规定的数值；当体形系数大于0.35时，耗热量指标将大于本标准规定的数值，当体形系数小于或等于本标准规定的数值；当体形系数等于0.30时，耗热量指标也将小于本标准规定的数值。由于体形系数0.35时，耗热量指标将大于0.35的建筑物中，虽然有相当大一部分的耗热量指标小于或等于0.35本标准规定的数值，因此，虽然有一小部分体形系数大于0.35的

损失的计算结果与实际接近一步。考虑到平屋顶等一般都是外保温结构，受混凝土圈梁等周边热桥的影响较小，故不予考虑。

4.2.4 关于窗墙面积比的规定（修改原标准第4.2.4条）。

由原来的0.20改变为0.25。北向的窗墙面积比保持不变，对于开间为3.3m，层高2.7m的墙面，窗墙面积比为0.20时，窗户面积约为1.2m×1.4m，这种大小的窗户，对于北向大面积的房间来说常嫌水平已有，在实践中容易突破；此外，由于本标准围护结构的保温水平已有较大幅度的提高，寒冷地区一般也将采用双玻窗，因此，北向窗户稍稍开大一些也是合理的。

4.2.5 关于窗户气密性的规定（修改原标准第4.2.5条）。

我国窗户气密性经大量采用，目前有些地方仍在采用的普通钢窗，其密性较差，窗户每米缝长的空气渗透量。单层钢窗一般都在5.0m³/(m·h)以上，双层钢窗一般都在3.5m³/(m·h)以上。门窗的门窗，由于改善居住环境和保温节能的需要，在主管部门，门窗气密性质量得到显著提高。因此，在节能建筑中采用气密性较好的门窗，已经具备了物质基础。本条对窗户气密性等级的要求，按建筑层数分两档来规定：在1～6层建筑中，不应低于国标《建筑外窗空气渗透性分级及其检测方法》(GB7107)规定的Ⅲ级水平，相当于窗户每米缝长的空气渗透量：q_L≤2.5m³/(m·h)；在7～30层建筑中，不应低于上述标准规定的Ⅰ级水平，相当于窗户每米缝长的空气渗透量q_L≤1.5m³/(m·h)。

4.2.6 关于房间应具备适当通风换气条件的规定（将原标准第4.2.5条的注另立一条）。

在建筑物采用门窗密封或窗户加设密封条的情况下，从卫生要求出发，房间可以调节的换气小窗或其他可行的换气设施（如设在窗户上的换气小窗或墙上的换气孔，设在墙上的换气孔等）是必要的。为了引起重视，故另立一条。

4.2.7 关于热桥部位应采取保温措施的规定（修改原标准第4.2.6条）。

本条规定主要是从防止热桥部位内表面结露出发的，但热桥部位采取保温措施也有利于减少传热热损失。

4.2.8 关于严寒地区，建筑物外墙和地面应采取保温措施的规定（修改原标准第4.2.7条）。

在采暖期室外平均温度低于-5.0℃的严寒地区，建筑物外墙不采取保温措施，则外墙内侧墙面、以及地面内侧墙面易出现结露、墙角附近地面有冻脚现象，并使地面传热热损失增加。鉴于卫生和节能的需要，作出了本条规定。执行本条规定，以及从外墙内侧起算2.0m范围的垂直墙面外侧加50～70mm厚，地面下部加铺70mm厚苯乙烯泡沫塑料等具有一定抗压强度，吸湿性较小的保温层。

5 采暖设计

5.1 一般规定

5.1.1 关于供热热源的原则性规定（修改原标准第5.1.1条）。

根据国务院国发〔1986〕22号文件精神，大力发展集中供热是我国城市供热的基本方针。本标准明确规定，我国城市居住建筑的采暖供热应以热电厂和区域锅炉房为主要热源，这是符合国家政策方针的。关于利用工业余热和废热，我国工矿企业余热资源潜力很大。据了解，仅钢铁工业可利用的余热资源折合标准煤每年约500万t，目前的回收率仅为25%左右。化工、建材等部门在生产过程中也产生大量余热。这些余热都有可能转化为采暖热源，从而节约一次能源。

5.1.2 对城市新建住宅区的集中供热方式，规模和发展余热等的规定（修改原标准第5.1.2条）。

我国能源政策实行开发与节约并重的方针，近期应将节能放在主要地位。不论是近期还是中期，节能降耗的一个重要方面是加速发展城市集中供热。1980年城市集中供热，我国城市只有10个城市，1984年增加到22个城市，1989年发展到89个城市，供热占"三北"地区13个省市165个市的一半，供热面积达到约1.89亿m²，集中供热普及率达到12.08%。从"三北"地区大城市看，集中供热所占比重最大。据北京、哈尔滨等29个大中城市共3.7亿m²建筑面积统计，锅炉房供热平均占84%，因此，应建以集中供热逐步发展为热源的供热系统。从集中供热面积看，当前除了有计划逐步发展热电联产外，配合城市住宅发展规划，新建锅炉房应按照集中供热规划，考虑与城市热网相连接的可能性，以减少重复投资，锅炉房建在靠近热负荷密度大的地区，可减少管网投资和输配热损失，但要考虑环保要求。

5.1.3 关于采暖与供热媒与热方式的规定（修改原标准第5.1.3条）。

本条规定新建住宅建筑的采暖供热系统应按热水连续采暖进行设计。在国家节能文件中已明确规定"新建采暖系统采用热水采暖"，并在实践中取得了显著的经济效益，热水采暖同蒸汽采暖相比，不仅采暖质量有明显提高，而且对节约投资和节省燃料都是有利的。蒸汽采暖虽然在某些条件下具有设备、节能的优点，但在运行中都存在着维修工作量大、漏气重大、凝结水回收率低等问题。强调按连续采暖设计，主要是针对如何选用采暖设备。在设计条件下，连续采暖的热负荷，每小时都是均匀的，按正常条件所选造的设备可以满足使用要求。所谓连续采暖，即当室外达到采暖设计温度时，为使室内达到设计日平均设计温度，要求锅炉按照设计的供回水温度95℃/70℃，昼夜连续运行。当室外温度高于采暖设计温度时，可以采用质调节或量调节以及间歇调节等运行方式，以减少供热量。为了进一步节能，夜间允许室内温度适当下降。需要指出间歇调节与间歇采暖的概念不同。间歇调节只是在供暖过程中减少供热量的一种方法；而间歇采暖系指在室外温度达到采暖设计温度时，也采用缩短供暖时间的方法。有些建筑物，如办公楼、教学楼、礼堂、影剧院等，要求在使用时间内保持室内设计温度，而在非使用时间是允许室温自然下降。对于这类建筑物，采用间歇供暖的非住宅建筑采用是经济的，而且也是适当的。但在新建住宅区内的住宅建筑采用蒸汽为热媒的供热方式，这时只有通过调节供热量的方法才是经济可行的。对于工厂生活区的采暖可根据上述原则进行技术经济比较后确定。

5.2 采暖供热系统

5.2.1 对确定系统规模和供热半径等的原则性要求（新增条文）。

炉运行效率及热水输送效率达标，消除室温冷热不均的现象。

5.2.4 对热力站的技术要求（新增条文）

当供热规模较大，采用间接换热时，热力站是一、二次热网的连接纽带。它的设计是否合理直接关系到系统能否正常运行。从现有热力站的使用情况来看，螺旋板换热器目前多为手工操作，容易形成点腐蚀，质量得不到保证。推荐采用板式换热器，传热系数高的板式换热器。由于板式换热器的介质流速、传热系数与流通面积、换热器面积关系密切，片面加大换热面积有时会降低总传热量，设计时应给予足够注意。由于供热网一、二次流量相差较大，为保证换热器两侧流速接近，建议采用不等流导截面的板式换热器。本标准提出换热器传热系数的最低要求，其目的在于鼓励采用节能新产品。热力站设置必要的自动或手动调节装置，主要是便于管理和运行调节。

5.2.5 对锅炉选型的要求（修改原标准第5.2.4条）

本条旨在提醒设计者，锅炉选型要合适。由于我国采暖地域辽阔，各地供应的煤质差别很大，一般每种炉型都有适用的煤种，因此在选择炉前一定要掌握当地的供应煤和无烟煤，选择与煤种相适应的炉型，在此基础上选用高效锅炉。目前我国各种炉型对煤种的要求如下：

手烧炉：适应性广。

抛煤机炉：适应性广，但不适应水分大的煤。

链条炉：不宜单独燃烧无烟煤及结焦性强和高灰分的低质煤。

振动炉：燃用无烟煤及劣质煤效率下降。

往复炉：不宜燃烧挥发分低的贫煤和无烟煤，不宜烧灰熔点低的优质煤。

沸腾炉：适应各种煤种，多用于烧煤干石等劣质煤。

国务院于1982年发布了节约工业锅炉用煤的四号令，规定了在燃烧Ⅰ，Ⅱ类烟煤条件下锅炉运行效率的最低要求如下：

本标准强调，在设计采暖供热系统时，应详细进行热负荷的调查和计算，合理确定系统规模和供热半径，主要目的是避免出现"大马拉小车"的现象。有些设计人员从安全考虑，片面加大设备容量和散热器面积，使得每吨锅炉的供热面积仅在5000～6000m²左右，最低竟到2000m²左右，造成投资浪费，锅炉运行效率很低。

考虑到集中供热的要求和我国钢锅炉的单台容量且宜控制在7.0～28.0MW范围内。系统规模不宜采用同接连接，并将一次水设计供水温度取为115～130℃，设计回水温度取为70～80℃，主要是为了提高热源的运行效率，减少输配能耗，便于运行管理和控制。

5.2.2 关于室内采暖系统合理设计的原则性要求（修改原标准第5.2.1条）。

在进行室内采暖系统设计时，要求考虑按户热计量和分室温度控制的可能性，提高住户的节能意识。按用热量计费是建筑节能的关键措施。房间散热器面积的选取是否与负荷相匹配，直接关系到系统是否出现垂直和水平失调。系统垂直和水平失调造成各房间冷热不均，不能保证采暖质量并造成能量浪费。对室内采暖系统按南北朝向分开环路设置，不仅有利于系统的调节与平衡，更便于管网向附加的修正。

5.2.3 对系统达到水力平衡应采取的措施的规定（修改原标准第5.2.2条）

设计人员在设计采暖供热的水系统时，尽管进行了必要的水力平衡计算，但是如果缺乏定量调节的手段，系统仍会出现水力失调，导致室温冷热不均、近端过热、末端过冷，这种现象在现有小区网中相当普遍，但收效甚微，使系统在"大流量、小温差"条件下运行，反而造成能量浪费。目前国内已有若干技术措施可以实现水力平衡，例如安装平衡阀，应用等温降原理法等。只要水力平衡有保障，就应选配合适当置合适的锅炉和水泵，使锅

锅炉容量 MW（t/h）	运行效率%
2.8~4.2（4~6）	65
≥7.0（10）	72

为了保证达到上述要求，所选锅炉的额定效率应高于运行效率。本标准表5.2.5提出的锅炉额定效率最低额定效率，是根据第一机械工业部标准JB2816—80（代替第一机械工业部标准JB637—639—65）工业产品的技术条件中对锅炉效率的要求而制定的。

5.2.6 关于锅炉房总装机容量确定方法的规定（保持原标准第5.2.5条）。

锅炉房总装机容量要适当，容量过大不仅造成投资增大，而且造成锅炉超负荷利用率和运行效率而降低；相反，如果容量小不仅造成锅炉超负荷而降低效率，而且还会导致环境污染加重。一般锅炉房总装机容量是根据其负担的建筑物的计算热负荷，并考虑管网输送损失，即考虑管网输送损失以及管网不平衡所造成的损失而确定的，一般管网输送效率为90%。由于锅炉实际运行中应考虑超负荷等因素，锅炉实际出力往往低于设计出力，因此在设计中应考虑锅炉出力率与实际供热量相比稍有偏高，且锅炉有一定的超负荷能力，因此锅炉出力率的安全系数不予考虑。

5.2.7 关于新建锅炉采用锅炉台数等的规定（保持原标准第5.2.6条）。

由于采暖锅炉运行是季节性的，在非采暖期间可进行维修，因此可不备用。但考虑到便于运行时随室外温度的变化调节供热量，使采暖锅炉单台运行有利于提高运行效率能保持在50%以上以及便于管理，因此建议一般采用2~3台，尽量避免采用一台。

5.2.8 关于锅炉辅助设备与锅炉相匹配的规定（修改原标准第5.2.7条）。

锅炉辅助设备与锅炉相匹配，不仅有利于节电，也便于调节。为使锅炉燃料充分燃烧，必须保证适量的空气，并要及时排走燃烧后产生的烟气，因此要保证鼓风机与引风机所需的动力。所采用的鼓风机和引风机的风量和风压不能过大，否则，不仅耗电量大，而且还将恶化炉内燃烧费燃料和污染环境。锅炉的热效率永远达不到100%，不可避免存在各种热损失。在各种热损失中，排烟和固体不完全燃烧损失所占比重较大，尤其是排烟热损失，约占10%左右。在锅炉房设计中应考虑如何利用这些热量，提高热利用率。

5.2.9 对循环水泵和水系统的技术要求（修改原标准第5.2.8条）。

循环水泵和补给水泵的选择要与锅炉房的总容量相匹配。为了便于调节和节省动力。设置循环水泵可分阶段改变流量质调节的可能性。根据室外空气温度和热负荷变化，分阶段改变流量质调节，可以大大减少输配电能耗。锅炉房应设置符合国家标准《热水锅炉水质标准》（GB1576）规定的水处理设备，保证锅炉水受热面内部不结垢，从而保证锅炉安全运行、延长使用寿命，而且有利于锅炉高效率运行。

5.2.10 对锅炉房、热力站和建筑物入口处设置热表或热计量仪表的规定（修改原标准第5.2.9条）。

锅炉房总管、供回水温度计、压力表。热力站和每个独立建筑物入口处设置热表或热运行计量的需要、有人估算、有计量器具等是量化管理并配置必要仪表。仪表是量化管理的基本前提。对于大型锅炉房，必要的计量器具、热计量管理，可以逐步提高我国的供热管理水平、促进技术进步。机监测管理，可以逐步提高我国的供热管理水平、促进技术进步。（修改原标准的规定）。

5.2.11 关于控制输送单位动力电耗的规定（修改原标准第5.2.14条）。

热水采暖供热系统的一、二次水泵的动力电耗十分可观。据调查，北京地区每年每m²供热面积的热水输送型电耗达2.75kW·h。造成这种现象的主要原因是水泵选取型号偏大以及"大流量、小温差"的不合理运行方式。本条针对热水采暖系统合理设计选用水泵，控制动力消耗，在原来使用的水输送系数的概念基础上，提出用耗电输热比，即在设计条件下输送单位热量的耗电量作为控制指标，旨在使控制指标的物理概念更加清晰明确。耗电输热比 EHR 值是原水输送系数的倒数。

5.3 管道敷设与保温

5.3.1 对采暖供热管网敷设方式的规定（新增条文）。

一、二次热水管网的敷设方式、直接影响供热系统的总投资及运行费用。对于庭院管网或二次网，管径一般较小，采用直埋管敷设，投资较小，运行管理也较方便。对于一次管网，可根据管径大小经济比较采用直埋或地沟敷设。

5.3.2 对采暖供热管道保温厚度确定方法的规定（保持原标准第5.3.1条）。

在全国能源基础与管理标准化技术委员会主持下，已制定了《设备和管道保温技术通则》（GB4272），并已发布实施，该《通则》适用于动力、采暖、供热及一般工业部门的设备和管道，并明确规定："为减少保温结构散热损失的最佳的设备和管道保温层厚度应按"经济厚度"的方法计算。

根据《通则》的原则精神，已编制并发布了《设备和管道保温设计导则》（GB8175）。在《导则》中给出了计算经济保温层厚度的公式。民用建筑采暖管道应贯彻《通则》的原则精神，采用《导则》中给出的经济厚度计算公式确定保温层厚度。

5.3.3 对采暖供热管道保温厚度的规定（修改原标准第5.3.2条）。

采暖供热管道所用保温材料，本标准推荐采用岩棉或矿棉管壳、玻璃棉壳及聚氨酯硬质泡沫保温管（直埋管）等三种保温管壳，它们都有较好的保温性能。我国保温材料工业发展迅速，岩棉和玻璃棉保温材料生产量已有较大规模。聚氨酯硬质泡沫塑料保温管（直埋管）近几年发展很快。它保温性能优良，虽然目前价格较高，但随着技术进步和产量增加，必将在工程实践中得到广泛应用。表5.3.3中推荐的最小保温厚度，是以北京地区全年采暖小时数3000及93年原煤价热价进行计算得到的，供其他地区参考，所得经济保温厚度是最小的保温厚度。

5.3.4 对最小保温厚度进行修正的规定（将原标准表中注列入正文）。

本条给出了采用其他保温材料或导热系数与介质温度和表中规定不同时的最小保温厚度的修正公式。

5.3.5 关于管道保温厚度随供热管网供热面积增大而增大的规定（保持原标准第5.3.3条）。

管道经济保温厚度是从控制单位管长热损失的角度而制定的，但在供热量一定的前提下，随着管道长度增加，管网总热损失也将增加。从合理利用能源和保证距热源最远点的供暖质量来说，除了控制单位管长热损失之外，还应控制管网输送时的总热损失，因此提出采暖建筑面积大于或等于5万 m² 时，应将200～300mm 管径的保温厚度在表5.3.3 最小保温厚度的基础上再增加10mm，使输送效率提高到规定的水平。

附录 A 全国主要城镇采暖期有关参数及建筑物耗热量、采暖耗煤量指标

对全国主要城镇采暖期有关参数及建筑物耗热量、采暖耗煤量指标的规定（修改原标准附录一）。

本附录列出了我国累年日平均温度小于等于 5℃在 90 天以上地区主要城镇的采暖期天数、采暖期室外平均温度、采暖期度日数及建筑物耗热量、采暖耗煤量指标，供执行本标准，进行采暖能耗计算时采用。附表 A 中的采暖期天数、采暖期室外平均温度和采暖期度日数，与国标《建筑气候区划标准》（GB50187—93）是一致的。

附录 B 围护结构传热系数的修正系数 ε_i 值

对不同地区、不同朝向围护结构传热系数修正系数的规定（修改原标准附录二）。

附录 B 中围护结构传热系数 ε_i 值的数据，除西安地区双玻窗及双层窗的数据是新补充之外，其余均保留原标准附录二附表 2.1 的数据。附表 B 中单层窗系指单层窗框镶单层窗玻璃的窗户；双玻窗系指单层窗框镶嵌双层窗玻璃的窗户；双层窗系指两樘单层窗框镶单层窗玻璃的窗户；三玻窗系指单层窗框镶嵌三层玻璃两的窗户。

附录 C 外墙平均传热系数的计算

在外墙受周边热桥影响条件下，对其平均传热系数计算方法的规定（新增附录）。

外墙周边出现的混凝土圈梁、抗震柱等构成的热桥，对其平均传热系数的影响较大，特别是在保温度条件下，影响更大。二维温度场模拟计算结果表明，在37砖墙条件下，混凝土梁、柱等周边热桥，能使墙体的平均传热系数比主体部位的传热系数增加10%左右；在内保温条件下，混凝土梁、柱等周边热桥，能使墙体的平均传热系数比主体部位的传热系数增加51%～59%（保温层愈厚，增加愈大）；在外保温条件下，这种影响仅为2%～5%（保温层较厚，影响愈小）。平屋顶一般都是外保温和夹芯保温墙体，如不考虑这种影响，则传热量计算结果与实际差距较大。为使计算结果与实际接近一步，并为使用方便起见，本附录对外墙平均传热系数作了一种简化计算方法。这一方法是将二维度场简化为一维温度场，然后按面积加权平均法求得外墙平均传热系数。用这一方法求得的外墙平均传热系数，一般要比二维温度场模拟计算结果精小一些（约小2%～6%），考虑到两者差别不大，并为使用方便起见，故采用这一简化计算方法。这一简化计算方法与国际标准ISO6946/2中提出的方法是类似的。

附录 D 关于面积和体积的计算

对面积和体积计算方法的规定（修改和补充原标准附录四）。

为使采暖能耗的计算方法具有可比性，本附录对面积和体积的计算方法作出了规定。与原标准附录四相比，本附录对面面积的计算方法作了修改和补充，如D.0.9地面面积的计算方法中，将原来的端头地面和非端头地面，修改为周边地面和非周边地面，以便与通常的地面传热计算方法更接近。D.0.10地板面积的计算是新增条文。原标准计算中的楼梯间内墙改为楼梯间隔墙。其余条文未变。